工程造价实训校企合作系列教材

BIM 建筑工程计量与计价实训（第5版）

BIM Jianzhu Gongcheng
Jiliang yu Jijia Shixun

主　编　陈淑珍　李红立

副主编　樊志光　曾　赟　王　浩　王妙灵

主　审　张　巍

U0241306

重庆大学出版社

内容提要

本书分为建筑工程计量和建筑工程计价上、下两篇。上篇建筑工程计量详细介绍了如何识图,如何从清单定额和平法图集角度进行分析,确定算什么,如何算的问题;讲解了如何应用广联达 BIM 土建计量平台 GTJ 软件完成工程量的计算。下篇建筑工程计价主要介绍了如何运用广联达云计价平台 GCCP 完成工程量清单计价的全过程,并提供了报表实例。通过本书的学习,可以让学生掌握正确的算量流程和组价流程,掌握软件的应用方法,并能够独立完成工程量计算和清单计价。

本书可作为高校工程造价专业的实训教材,也可以作为 GIAC 工程造价电算化应用技能认证考试教材,以及建筑工程技术、工程管理等专业的教学参考用书和岗位技能培训教材。

图书在版编目(CIP)数据

BIM 建筑工程计量与计价实训 / 陈淑珍, 李红立主编.
5 版 . -- 重庆 : 重庆大学出版社, 2025. 1. -- (工程造价
实训校企合作系列教材). -- ISBN 978-7-5689-5113-5

Ⅰ. TU723.32

中国国家版本馆 CIP 数据核字第 20256NL451 号

BIM 建筑工程计量与计价实训
(第 5 版)

主　编　陈淑珍　李红立

副主编　樊志光　曾　赟　王　浩　王妙灵

主　审　张　巍

责任编辑:林青山　　版式设计:林青山

责任校对:邹　忌　　责任印制:赵　晟

*

重庆大学出版社出版发行

出版人:陈晓阳

社址:重庆市沙坪坝区大学城西路 21 号

邮编:401331

电话:(023)88617190　88617185(中小学)

传真:(023)88617186　88617166

网址:http://www.cqup.com.cn

邮箱:fxk@cqup.com.cn(营销中心)

全国新华书店经销

重庆市正前方彩色印刷有限公司印刷

*

开本:889mm × 1194mm　1/16　印张:21.75　字数:660 千

2019 年 8 月第 1 版　2025 年 1 月第 5 版　2025 年 1 月第 17 次印刷

印数:68 501—72 000

ISBN 978-7-5689-5113-5　定价:59.00 元

前　言

在"数字中国"战略与《"十四五"建筑业发展规划》的推动下,建筑行业正加速向数字化、智能化转型。住建部明确提出,需深化工程造价改革,构建数字化计量与计价体系,以提升工程管理效能和行业可持续发展能力。职业教育作为技术技能人才培养的主阵地,亟需通过教材革新,实现产教深度融合,回应行业对"懂技术、精业务、守底线"的高素质造价人才需求。

为全面贯彻党的教育方针,落实立德树人根本任务,深入推动习近平新时代中国特色社会主义思想和党的二十大精神进教材。重庆工程职业技术学院联合工程造价龙头企业(广联达科技股份有限公司)、重庆市住房和城乡建设工程造价总站、多所高职及本科院校,对工程造价课程教材进行改革和创新,实施"多元七共":共同调研、共设体系、共编标准、共建课程、共编资源、共享成果、共同育人,保证教材的真实性、典型性、先进性,实现教材职业性与教育性的有机融合。本教材主要具有以下特点:

(1)思政引领,德技并修。以"价值塑造"为核心,广联达等行业龙头深度参与课程设计,将"诚信造价""工匠精神"等思政元素融入真实项目案例,构建"不造假,会造价"的育人主线。通过企业导师进课堂、职业伦理研讨等校企深入合作,实现知识传授、技能培养与价值引领的有机统一,体现"校能教、企能认、生能受"的课程思政新高度。

(2)四维融合,精准对标。教材打破地域与学制壁垒,多个区域(重庆、广东、江苏等)共研,高职院校+应用型本科院校+广联达公司深度合作,贯通高职与本科培养梯度,以"造价员"岗位能力为轴心,将"1+X"证书考核点、全国职业院校技能大赛内容等融入教材任务,形成"岗课赛证"四维融合的实训体系,助力学生实现"学习—认证—就业"无缝衔接。

(3)项目驱动,八步进阶。教材以企业真实项目"1号办公楼"为载体,按"识图→计量→计价→审核"工作过程,设置16个教学单元、54个任务节点。每个任务设置"学习目标"→"任务说明"→"任务分析"→"任务实施"→"任务结果"→"任务拓展"→"反馈评价"→"自我总结"八步进阶模块,依托"八步精准施教法",模拟企业工作场景,强化学生解决复杂问题的能力。

(4)动态更新,紧贴前沿。教材自2019年首版以来,历经四次迭代,持续纳入最新计量计价规范、22G101平法图集等行业新规,同步更新广联达BIM土建计量平台GTJ、云计价GCCP等软件操作指南,确保教学内容与行业"四新"(新技术、新工艺、新规范、新标准)同步。

(5)数实一体,资源融通。构建"纸质教材+数字资源+数智平台"三维学习生态:

数字教材:配套数字教材(重庆大学出版社出版,书号:978-7-89446-897-0),支持移动端学习;

数智平台:广联达认证考试平台可自动批改学生作业,生成学情分析报告,实现"在线操作平台"随学随练、AI智能"广小二"随学随问、"云评价"随学随评,打造"教学-实践-反馈"闭环。

混合教学:配套SPOC课程(含微课、题库),支持"对分课堂"翻转教学,实现"课前导学—课中内化—课后拓展"全流程覆盖。

新版教材配套资源、教学软件以及授课模式说明如下:

(1)教材及配套资源

本教材《BIM建筑工程计量与计价实训》配套案例为《1号办公楼施工图(含土建和安装)》,对接"四新",及时吸收造价行业最新清单、新定额、22G平法,按照新的内容全面更新实训教学配套资源,切实提高实际教学质量。具体教学资源如下:

①BIM建筑工程计量与计价实训数字教材。

②BIM建筑工程计量与计价实训教学指南。

③BIM建筑工程计量与计价实训授课PPT。

④BIM建筑工程计量与计价实训教学参考视频。

⑤BIM建筑工程计量与计价实训阶段参考答案。

⑥BIM建筑工程计量与计价实训拓展题库。

（2）教学软件

①广联达BIM土建计量平台GTJ。

②广联达云计价平台GCCP。

③广联达测评认证考试平台：学生提交土建工程／计价工程成果后自动评分，出具评分报告，并自动汇总全班成绩，快速掌握学生的作答提交数据和学习情况。

④广小二智能客服：24小时在线智能客服机器人，以互动问答的方式解决使用软件过程中遇到的基础操作、报错提示、信息查询等问题。

（3）教学方式

在授课方式上，建议老师"SPOC+对分课堂"混合式翻转教学模式模进行教学，充分合理、有效利用课程资料包的所有内容，高效完成教学任务，提升课堂教学效果。将课堂教学从传统的以知识传授为中心，转变为以培养学生的自主能力、创新能力和动手能力为中心是"SPOC+对分课堂"混合式翻转教学的最终目标。"SPOC+对分课堂"混合式翻转教学模式以任务为驱动，包括课前导学、课中研学、课后练学三个阶段，形成了基于任务驱动的"课前、课中、课后"闭环。

基于"SPOC+对分课堂"的混合式翻转教学模式

本教材由重庆工程职业技术学院陈淑珍、李红立主编，广联达科技股份有限公司樊志光、重庆工程学院曾赟、重庆大学城市科技学院王浩、王妙灵担任副主编。具体编写分工如下：陈淑珍、李红立和樊志光负责全书的体系设计；陈淑珍负责编写第1章、第3章、第9—14章、第15章（15.7、15.8节）、第16章；李红立负责编写第15章（15.1—15.6节）编写；王浩负责编写第5—8章；王妙灵负责编写第2章、第4章；樊志光负责编写绪论，组织全书配套数字资源建设，深度对接产业需求，推动教材内容与技术迭代同步；曾赟负责第2章、第4—8章的修订工作。全书由陈淑珍统稿，重庆大学管理科学与房地产学院张巍教授主审。

本教材在编写过程中，虽然经过反复斟酌和校对，但由于时间紧迫、编者学识有限，书中难免存在不妥之处，有待于教学使用的检验，恳请读者提出宝贵意见，以便后期修改完善。

编　者

2024年11月

目录
CONTENTS

0 绪 论

1)BIM给造价行业带来的优势

(1)提高工程量的准确性

从理论上讲,从工程图纸上得出的工程量是一个唯一确定的数值,然而不同的造价人员由于受各自的专业知识水平所限,他们对图纸的理解不同,最后会得到不同的数据。利用BIM技术计算工程量,主要是运用三维图形算量软件中的建模法和数据导入法。建模法是在计算机中绘制建筑物基础、墙、柱、梁、板、楼梯等构件模型图,然后软件根据设置的清单和定额工程量计算规则,充分利用几何数学的原理自动计算工程量。计算时以楼层为单位,在计算机界面中输入相关构件数据,建立整栋楼层基础、墙、柱、梁、板、楼梯等的建筑模型,根据建好的模型进行工程量计算。数据导入法是将工程图纸的CAD电子文档直接导入三维图形算量软件,软件会智能识别工程设计图中的各种建筑结构构件,快速虚拟出仿真建筑,结合对构件属性的定义,以及对构件进行转化就能准确计算出工程量。这两种基于BIM技术计算工程量的方法,不仅可以减少造价人员对经验的依赖,同时还可以使工程量的计算更加准确真实。BIM的5D模型可以为整个项目的各个时期的造价管理提供精确依据,再通过模型获得施工各个时期甚至任意时间段的工程量,大大降低了造价人员的计算量,极大地提高了工程量的准确性。

(2)提升工程结算效率

工程结算中一个比较麻烦的问题就是核对工程量。尤其对单价合同而言,在单价确定的情况下,工程量对合同总价的影响很大,因此核对工程量就显得尤为重要。钢筋、模板、混凝土、脚手架等在工程中被大量采用的材料,都是造价工程师核对工程量的要点,需要耗费大量的时间和精力。BIM技术引入后,承包商利用BIM模型对该施工阶段的工程量进行一定的修改及深化,并将其包含在竣工资料里提交给业主,经过设计单位审核后,作为竣工图的一个最主要组成部分转交给咨询公司进行竣工结算,施工单位和咨询公司基于这个BIM模型导出的工程量是一致的。这就意味着承包商在提交竣工模型的同时也提交了工程量,设计单位在审核模型的同时就已经审核了工程量。即是说,只要是项目参与人员,无论是咨询单位、设计单位,还是施工单位或业主,所有获得这个BIM模型的人,得到的工程量都是一样的,从而大大提高了工程结算的效率。

(3)提高核心竞争力

造价人员是否会被BIM技术所取代呢？其实不然,只要造价人员积极了解BIM技术给造价行业带来的变革,积极提升自身的能力,就不会被取代。

当然,如果造价人员的核心竞争力仅体现在对数字、计算等简单重复的工作,那么软件的高度自动化计算一定会取代造价人员。相反,如果造价人员能够掌握一些软件很难取代的知识,比如精通清单、定额、项目管理等,BIM软件还将成为提高造价人员专业能力的好帮手。因此,BIM技术的引入和普及发展,不过是淘汰专业技术能力差的从业人员。算量是基础,软件只是减少了工作强度,这样会让造价人员的工作不再局限于算量这一小部分,而是上升到对整个项目的全面掌握,例如全过程造价管理、项目管理、精通合同、施工技术、法律法规等,掌握这些能显著提高造价人员核心竞争力的专业能力,将会为造价人员带来更好的职业发展。

2)BIM在全过程造价管理中的应用

(1)BIM在投资决策阶段的应用

投资决策阶段是建设项目最关键的一个阶段,它对项目工程造价的影响为70%~90%,利用BIM技术,可以通过相关的造价信息以及BIM数据模型来比较精确地预估不可预见费用,减少风险,从而更加准确地确定投资估算。在进行多方案比选时,还可通过BIM技术进行方案的造价对比,选择更合理的方案。

(2)BIM在设计阶段的应用

设计阶段对整个项目工程造价管理有十分重要的影响。通过BIM模型的信息交流平台,各参与方可以在早期介入建设工程中。在设计阶段使用的主要措施是限额设计,通过它可以对工程变更进行合理控制,确保总投资不增加。完成建设工程设计图纸后,将图纸内的构成要素通过BIM数据库与相应的造价信息相关联,实现限额设计的目标。

在设计交底和图纸审查时,通过BIM技术,可以将与图纸相关的各个内容汇总到BIM平台进行审核。利用BIM的可视化模拟功能,进行模拟、碰撞检查,减少设计失误,降低因设计错误或设计冲突导致的返工费用,实现设计方案在经济和技术上的最优。

(3)BIM在招投标阶段的应用

BIM技术的推广与应用,极大地提高了招投标管理的精细化程度和管理水平。招标单位通过BIM模型可以准确计算出招标所需的工程量,编制招标文件,最大限度地减少施工阶段因工程量问题产生的纠纷。投标单位的经济标是基于较为准确的模型工程量清单基础上制订的,同时可以利用BIM模型进一步完善施工组织设计,进行重大施工方案预演,做出较为优质的技术标,从而综合有效地制订本单位的投标策略,提高中标率。

(4)BIM在施工阶段的应用

在进度款支付时,往往会因为数据难以统一而花费大量的时间和精力,利用BIM技术中的5D模型可以直观地反映不同建设时间点的工程量完成情况,并及时进行调整。BIM还可以将招投标文件、工程量清单、进度审核预算等进行汇总,便于成本测算和工程款的支付。另外,利用BIM技术的虚拟碰撞检查,可以在施工前发现并解决碰撞问题,有效地减少变更次数,从而有利于控制工程成本,加快工程进度。

(5)BIM在竣工验收阶段的应用

传统模式下的竣工验收阶段,造价人员需要核对工程量,重新整理资料,审核细化甚至具体到梁柱,由于造价人员的经验水平和计算逻辑不尽相同,因此在对量过程中经常产生争议。

BIM模型可将前几个阶段的量价信息进行汇总,真实完整地记录建设全过程发生的各项数据,提高工程结算效率并更好地控制建造成本。

3)BIM对建设工程全过程造价管理模式带来的改变

(1)建设工程项目采购模式的选择变化

建设工程全过程造价管理作为建设工程项目管理的一部分,其能否顺利开展和实施与建设工程项目采购模式(承发包模式)是密切相关的。

目前,在我国建设工程领域应用最为广泛的采购模式是DBB模式,即设计—招标—施工模式。在DBB模式下应用BIM技术,可为设计单位提供更好的设计软件和工具,增强设计效果,但是由于缺乏各阶段、各参与方之间的共同协作,BIM技术作为信息共享平台的作用和价值将难以实现,BIM技术在全过程造价管理中的应用价值将被大大削弱。

相对于 DBB 模式，在我国目前的建设工程市场环境下，DB 模式（设计—施工模式）更加有利于 BIM 的实施。在 DB 模式下，总承包商从项目开始到项目结束都承担着总的管理及协调工作，有利于 BIM 在全过程造价管理中的实施，但是该模式下也存在着业主过于依赖总承包商的风险。

（2）工作方式的变化

传统的建设工程全过程造价管理是从建设工程项目投资决策开始，到竣工验收直至试运行投产为止，对所有的建设阶段进行全方位、全面的造价控制和管理，其工作方式多为业主主导，具体由一家造价咨询单位承担全过程的造价管理工作。这种工作方式能够有效避免多头管理，利于明确职责与风险，使全过程造价管理工作系统地开展与实施。但在这种工作方式下，项目参建各方无法有效融入造价管理全过程。

在基于 BIM 的全过程造价管理体系下，全过程造价管理工作不再仅仅是造价咨询单位的职责，甚至不是由其承担主要职责。项目各参与方在早期便介入项目中，共同进行全过程造价管理，工作方式不再是传统的由造价咨询单位与各个参与方之间的"点对点"的形式，而是各个参与方之间的造价信息都聚集在 BIM 信息共享平台上，组成信息"面"。因此，工作方式变成造价咨询单位、各个项目参与方与 BIM 平台之间的"点对面"的形式，信息的交流从"点"升级为"面"，信息传递更为及时、准确，造价管理的工作效率也更高。

（3）组织架构的变化

传统的建设工程全过程造价管理的工作组织架构较为简单，负责全过程造价管理的造价咨询单位是组织架构中的主导，各参与方之间的造价管理人员配合造价咨询单位完成全过程造价管理工作。

在基于 BIM 的建设工程全过程造价管理体系下，各参与方最理想的组织架构应该是类似于集成项目交付（Integrated Project Delivery，IPD）模式下的组织架构，即由各参与方抽调具备基于 BIM 技术能力的造价管理人员，组建基于 BIM 的造价管理工作小组（该工作小组不再以造价咨询单位为主导，甚至可以不再需要造价咨询单位的参与）。这个基于 BIM 的造价管理工作小组以业主为主导，从建设工程项目投资决策阶段开始，到项目竣工验收直至试运行投产为止，贯穿建设工程的所有阶段，涉及所有项目参与方，承担建设工程全过程的造价管理工作。这种组织架构有利于 BIM 信息流的集成与共享，有利于各阶段之间、各参与方之间造价管理工作的协调与合作，有利于建设工程全过程造价管理工作的开展与实施。

国外大量成功的实践案例证明，只有找到适合 BIM 特点的项目采购模式、工作方式、组织架构，才能更好地发挥 BIM 的应用价值，才能更好地促进基于 BIM 的建设工程全过程造价管理体系的实施。

4）将 BIM 应用于建设工程全过程造价管理的障碍

（1）具备基于 BIM 的造价管理能力的专业人才缺乏

基于 BIM 的建设工程全过程造价管理，要求造价管理人员在早期便参与到建设工程项目中来，参与决策、设计、招投标、施工、竣工验收等全过程，从技术、经济的角度出发，在精通造价管理知识的基础上，熟知 BIM 应用技术，制订基于 BIM 的造价管理措施及方法，能够通过 BIM 进行各项造价管理工作的实施，与各参与方之间进行信息共享、组织协调等工作，这对造价管理人员的素质要求更为严格。显然，在我国目前的建筑业环境中，既懂 BIM，又精通造价管理的人才十分缺乏，这些都不利于我国 BIM 技术的应用及推广。

（2）基于 BIM 的建设工程全过程造价管理应用模式障碍

BIM 意味着一种全新的行业模式，而传统的工程承发包模式并不足以支持 BIM 的实施，因此需要一种新的适应 BIM 特征的建设工程项目承发包模式。目前应用最为广泛的 BIM 应用模式是集成产品开发（Integrated Product Development，IPD）模式，即把建设单位、设计单位、施工单位及材料设备供应商等集合在一起，各方基于 BIM 进行有效合作，优化建设工程的各个阶段，减少浪费，实现建设工程效益最大化，进而促进基于BIM的全过程造价管理的顺利实施。IPD模式在建设工程中收到了很好的效果,然而即使在国外,也是通过长期的摸索,最终形成了相应的制度及合约模板,才使得IPD模式的推广应用成为可能。将BIM技术引入我国建筑业中,IPD是一个很好的可供借鉴的应用模式,然而由于我国当前的建筑工程市场仍不成熟,相应的制度仍不完善,与国外的应用环境差别较大,因此IPD模式在我国的应用及推广也会面临很多问题。

上篇
建筑工程计量

1 算量基础知识

通过本章的学习,你将能够:
(1)掌握软件算量的基本原理;
(2)掌握软件算量的操作流程;
(3)掌握软件绘图学习的重点;
(4)能够正确识读建筑施工图和结构施工图。

1.1 软件算量基本原理

通过本节的学习,你将能够:
掌握软件算量的基本原理。

建筑工程量的计算是一项工作量大而繁重的工作,工程量计算的算量工具也随着信息化技术的发展,经历算盘、计算器、计算机表格、计算机建模几个阶段,如图1.1所示。现在我们采用的是通过建筑模型进行工程量的计算。

目前建筑设计输出的图纸绝大多数采用二维设计,提供建筑的平、立、剖面图纸,对建筑物进行表达。而建模算量则是将建筑平、立、剖面图结合,建立建筑的空间模型。模型的正确建立可以准确地表达各类构件之间的空间位置关系,土建算量软件则按计算规则计算各类构件的工程量,构件之间的扣减关系则根据模型由程序进行处理,从而准确计算出各类构件的工程量。为方便工程量的调用,将工程量以代码的方式提供,套用清单与定额时可以直接套用,如图1.2所示。

图1.1　　　　　　　　　　　　　　　图1.2

使用土建算量软件进行工程量计算,已经从手工计算的大量书写与计算转化为建立建筑模型。无论用手工算量还是软件算量,都有一个基本的要求,那就是知道算什么以及如何算。知道算什么,是做好算量工作的第一步,也就是业务关,手工算、软件算只是采用了不同的手段而已。

软件算量的重点:一是快速地按照图纸的要求,建立建筑模型;二是将算出来的工程量和工程量清单及定额进行关联;三是掌握特殊构件的处理及灵活应用。

1.2 软件算量操作流程

通过本节的学习,你将能够:
描述软件算量的基本操作流程。

在进行实际工程的绘制和计算时,GTJ相对以往的GCL与GGJ来说,在操作上有很多相同的地方,但在流程上更加有逻辑性,也更简便,大体流程如图1.3所示。

图1.3

1)分析图纸

拿到图纸后应先分析图纸,熟悉工程建筑结构图纸,正确识读图纸。

2)新建工程/打开文件

启动软件后,会出现新建工程的界面,左键单击即可,如果已有工程文件,单击打开文件即可,详细步骤见"2.1 新建工程"部分内容。

3)工程设置

工程设置包括基本设置、土建设置和钢筋设置三大部分。在基本设置中可以进行工程信息和楼层设置;在土建设置中可以进行计算设置和计算规则设置;在钢筋设置中可以进行计算设置、比重设置、弯钩设置、损耗设置和弯曲调整值设置。

4)建立模型

建立模型有两种方式:第一种是通过CAD识别,第二种是通过手工绘制。CAD识别包括识别构件和识别图元。手工绘制包括定义属性、套用做法及绘制图元。在建模过程中,可以通过建立轴网→建立构件→设置属性/做法套用→绘制构件完成建模。轴网的创建可以为整个模型的创建确定基准,建立的构件包括柱、墙、门窗洞、梁、板、楼梯、装修、土方、基础等。新创建出的构件需要设置属性,并进行做法套用,包括清单和定额项的套用。最后,在绘图区域将构件绘制到相应的位置即可完成建模。

5)云检查

模型绘制好后可以进行云检查,软件会从业务方面检查构件图元之间的逻辑关系。

6)汇总计算

云检查无误后,进行汇总计算,计算钢筋和土建工程量。

7)查量

汇总计算后,查看钢筋和土建工程量,包括查看钢筋三维显示、钢筋及土建工程量的计算式。

8)查看报表

最后是查看报表,包括钢筋报表和土建报表。

> **【说明】**
> 在进行构件绘制时,针对不同的结构类型,采用不同的绘制顺序,一般为:
> 框架结构:柱→梁→板→砌体结构→基础→其他。
> 剪力墙结构:剪力墙→墙柱→墙梁→板→基础→其他。
> 砖混结构:砌体墙→门窗洞→构造柱→圈梁→板→基础→其他。
> 软件做工程的处理流程一般为:
> 先地上、后地下:首层→二层→三层→……→顶层→基础层。
> 先主体、后零星:柱→梁→板→基础→楼梯→零星构件。

1.3 软件绘图学习的重点——点、线、面的绘制

软件算量基本
原理及操作流程

通过本节的学习,你将能够:
掌握软件绘图的重点。

GTJ20225主要是通过绘图建立模型的方式来进行工程量的计算,构件图元的绘制是软件使用中的重要部分。对绘图方式的了解是学习软件算量的基础,下面概括介绍软件中构件的图元形式和常用的绘制方法。

1)构件图元的分类

工程实际中的构件按照图元形状可以分为点状构件、线状构件和面状构件。
①点状构件包括柱、门窗洞口、独立基础、桩、桩承台等。
②线状构件包括梁、墙、条基等。
③面状构件包括现浇板、筏板等。
不同形状的构件,有不同的绘制方法。

2)"点"画法和"直线"画法

(1)"点"画法

"点"画法适用于点状构件(如柱)和部分面状构件(如现浇板),其操作方法如下:

①在"构件工具条"中选择一种已经定义好的构件,如KZ-1,如图1.4所示。

图1.4

②在"建模"选项卡下的"绘图"面板中选择"点",如图1.5所示。

图1.5

③在绘图区,用鼠标左键单击一点作为构件的插入点,完成绘制。

(2)"直线"画法

"直线"画法主要用于线状构件(如梁和墙)。当需要绘制一条或多条连续直线时,可以采用绘制"直线"的方式,其操作方法如下:

①在"构件工具条"中选择一种已经定义好的构件,如墙QTQ-1。

②在"建模"选项卡下的"绘图"面板中选择"直线",如图1.6所示。

图1.6

③用鼠标点取第一点,再点取第二点即可画出一道墙,再点取第三点,就可以在第二点和第三点之间画出第二道墙,以此类推。这种画法是系统默认的画法。当需要在连续画的中间从一点直接跳到一个不连续的地方时,先单击鼠标右键临时中断,然后再到新的轴线交点上继续点取第一点开始连续画图,如图1.7所示。

图1.7

1.4 建筑施工图

通过本节的学习,你将能够:

(1)熟悉建筑设计总说明的主要内容;

(2)熟悉建筑施工图及其详图的重要信息。

对于房屋建筑土建施工图纸,大多数分为建筑施工图和结构施工图。建筑施工图纸大多由总平面布置图、建筑设计说明、各层平面图、立面图、剖面图、节点详图、楼梯详图等组成。下面就这些分类结合《1号办公楼施工图(含土建和安装)》分别对其功能、特点逐一进行介绍。

1)总平面布置图

(1)概念

建筑总平面布置图表明新建房屋所在基础有关范围内的总体布置,它反映新建、拟建、原有和拆除的房屋、构筑物等的位置和朝向,室外场地、道路、绿化等的布置,地形、地貌、标高等以及原有环境的关系和邻界情况等。建筑总平面图也是房屋及其他设施施工的定位、土方施工以及绘制水、暖、电等管线总平面图和施工总平面图的依据。

(2)对编制工程预算的作用

①结合拟建建筑物位置,确定塔吊的位置及数量。

②结合场地总平面位置情况,考虑是否存在二次搬运。

③结合拟建工程与原有建筑物的位置关系,考虑土方支护、放坡、土方堆放调配等问题。

④结合拟建工程之间的关系,综合考虑建筑物的共有构件等问题。

2)建筑设计说明

(1)概念

建筑设计说明是对拟建建筑物的总体说明。

(2)包含的主要内容

①建筑施工图目录。

②设计依据:设计所依据的标准、规范、规定、文件等。

③工程概况:内容一般应包括建筑名称、建设地点、建设单位、建筑面积、建筑基底面积、建筑工程等级、设计使用年限、建筑层数和建筑高度、防火设计建筑分类和耐火等级、人防工程防护等级、屋面防水等级、地下室防水等级、抗震设防烈度等,以及能反映建筑规模的主要技术经济指标,如住宅的套型和套数(包括每套的建筑面积、使用面积、阳台建筑面积,房间的使用面积可在平面图中标注)、旅馆的客房间数和床位数、医院的门诊人次和住院部的床位数、车库的停车泊位数等。

④建筑物定位及设计标高、高度。

⑤图例。

⑥用料说明和室内外装修。

⑦对采用新技术、新材料的做法说明及对特殊建筑造型和必要建筑构造的说明。

⑧门窗表及门窗性能(防火、隔声、防护、抗风压、保温、空气渗透、雨水渗透等)、用料、颜色、玻璃、五金件等的设计要求。

⑨幕墙工程(包括玻璃、金属、石材等)及特殊的屋面工程(包括金属、玻璃、膜结构等)的性

能及制作要求，平面图、预埋件安装图等，以及防火、安全、隔声构造。

⑩电梯（自动扶梯）选择及性能说明（功能、载重量、速度、停站数、提升高度等）。

⑪墙体及楼板预留孔洞需封堵时的封堵方式说明。

⑫其他需要说明的问题。

3)各层平面图

在窗台上边用一个水平剖切面将房子水平剖开，移去上半部分，从上向下透视它的下半部分，可看到房子的四周外墙、墙上的门窗、内墙和墙上的门，以及房子周围的散水、台阶等。将看到的部分都画出来，并注上尺寸，就是平面图。

4)立面图

在与房屋立面平行的投影面上所作房屋的正投影图，称为建筑立面图，简称立面图。其中，反映主要出入口或比较显著地反映房屋外貌特征的那一面的立面图，称为正立面图，其余的立面图相应地称为背立面图和侧立面图。

5)剖面图

剖面图的作用是对无法在平面图及立面图上表述清楚的局部剖切，以表述清楚建筑内部的构造，从而补充说明平面图、立面图所不能显示的建筑物内部信息。

6)楼梯详图

楼梯详图由楼梯剖面图、平面图组成。由于平面图、立面图只能显示楼梯的位置，而无法清楚地显示楼梯的走向、踏步、标高、栏杆等细部信息，因此设计中一般把楼梯用详图表达。

7)节点详图表示方法

为了补充说明建筑物细部的构造，从建筑物的平面图、立面图中特意引出需要说明的部位，对相应部位作进一步详细描述就构成了节点详图。下面就节点详图的表示方法作简要说明。

①被索引的详图在同一张图纸内，如图1.8所示。

图1.8

②被索引的详图不在同一张图纸内，如图1.9所示。

图1.9

③被索引的详图参见图集，如图1.10所示。

图1.10

④索引的剖视详图在同一张图纸内,如图1.11所示。

图1.11

⑤索引的剖视详图不在同一张图纸内,如图1.12所示。

图1.12

1.5 结构施工图

通过本节的学习,你将能够:
(1)熟悉结构设计总说明的主要内容;
(2)熟悉结构施工图及其详图的重要信息。

结构施工图纸一般包括图纸目录、结构设计总说明、基础平面图及其详图、墙柱定位图、各层结构平面图(模板图、板配筋图、梁配筋图)、墙柱配筋图及其留洞图、楼梯及其他构筑物详图(水池、坡道、电梯机房、挡土墙等)。

对造价工作者来讲,结构施工图主要是计算混凝土、模板、钢筋等工程量,进而计算其造价,而为了计算这些工程量,还需要了解建筑物的钢筋配置、摆放信息,了解建筑物的基础及其垫层、墙、梁、板、柱、楼梯等的混凝土强度等级、截面尺寸、高度、长度、厚度、位置等信息,造价工作角度也着重从这些方面加以详细阅读。下面结合《1号办公楼施工图(含土建和安装)》分别对其功能、特点进行逐一介绍。

1)结构设计总说明

(1)主要内容
①工程概况:建筑物的位置、面积、层数、结构抗震类别、设防烈度、抗震等级、建筑物合理使用年限等。
②工程地质情况:土质情况、地下水位等。

③设计依据。

④结构材料类型、规格、强度等级等。

⑤分类说明建筑物各部位设计要点、构造及注意事项等。

⑥需要说明的隐蔽部位的构造详图，如后浇带加强、洞口加强筋、锚拉筋、预埋件等。

⑦重要部位图例等。

（2）编制预算时需注意的问题

①建筑物抗震等级、设防烈度、檐高、结构类型等信息，作为钢筋搭接、锚固的计算依据。

②土质情况，作为针对土方工程组价的依据。

③地下水位情况，考虑是否需要采取降排水措施。

④混凝土强度等级、保护层等信息，作为查套定额、计算钢筋的依据。

⑤钢筋接头的设置要求，作为计算钢筋的依据。

⑥砌体构造要求，包括构造柱、圈梁的设置位置及配筋、过梁的参考图集、砌体加固钢筋的设置要求或参考图集，作为计算圈梁、构造柱、过梁的工程量及钢筋量的依据。

⑦砌体的材质及砌筑砂浆要求，作为套砌体定额的依据。

⑧其他文字性要求或详图，有时不在结构平面图纸中画出，但应计算其工程量，举例如下：

a. 现浇板分布钢筋；

b. 施工缝止水带；

c. 次梁加筋、吊筋；

d. 洞口加强筋；

e. 后浇带加强钢筋等；

f. 双层布筋的板的马凳筋。

2）基础平面图及其详图

编制预算时需注意的问题：

①基础类型决定查套的子目。

②基础详图情况，帮助理解基础构造，特别注意基础标高、厚度、形状等信息，了解在基础上生根的柱、墙等构件的标高及插筋情况。

③注意基础平面图及详图的设计说明，有些内容不画在平面图上，而是以文字的形式表达。

3）柱子平面布置图及柱表

编制预算时需注意的问题：

①对照柱子位置信息（b边、h边的偏心情况）及梁、板、建筑平面图柱的位置，从而理解柱子作为支座类构件的准确位置，为以后计算梁、墙、板等工程量做准备。

②柱子不同标高部位的配筋及截面信息（常以柱表或平面标注的形式出现）。

③特别注意柱子生根部位及高度截止信息，为理解柱子高度信息做准备。

4）梁平面布置图

编制预算时需注意的问题：

①结合剪力墙平面布置图、柱平面布置图、板平面布置图综合理解梁的位置信息。

②结合柱子位置，理解梁跨的信息，进一步理解主梁、次梁的概念及在计算工程量过程中的次序。

③注意图纸说明，捕捉关于次梁加筋、吊筋、构造钢筋的文字说明信息，防止漏项。

5）板平面布置图

编制预算时需注意的问题：

①结合图纸说明，阅读不同板厚的位置信息。

②结合图纸说明，理解受力筋范围信息。

③结合图纸说明，理解负弯矩钢筋的范围及其分布筋，并根据信息调整好板分布筋的计算设置。

④仔细阅读图纸说明，捕捉关于洞口加强筋、阳角加筋、温度筋等信息，防止漏项。

6)楼梯结构详图

编制预算时需注意的问题：

①结合建筑平面图，了解不同楼梯的位置。

②结合建筑立面图、剖面图，理解楼梯的使用性能。

③结合建筑楼梯详图及楼层的层高、标高等信息，理解不同踏步板的数量、休息平台、平台的标高及尺寸。

④结合图纸说明及相应踏步板的钢筋信息，理解楼梯钢筋的布置情况，注意分布筋的特殊要求。

⑤结合详图及位置，阅读梯板厚度、宽度及长度，平台厚度及面积，楼梯井宽度等信息，为计算楼梯实际混凝土体积做准备。

评价反馈

序号	评价项目	评价标准	满分	评价			综合评分
				自评	互评	师评	
1	软件算量的基本原理	正确理解软件算量的基本原理。	10				
2	软件算量操作流程	正确分析软件算量的操作流程。	10				
3	软件绘图学习重点	(1)正确进行构件图元的分类； (2)正确描述"点"画法适用范围及操作方法； (3)正确描述"直线"画法适用范围及操作方法。	20				
4	图纸识读	(1)正确识读案例工程建筑施工图纸； (2)正确识读案例工程结构施工图纸。	50				
5	工作过程	(1)遵守纪律,按时提交工作成果； (2)乐学善学,具备自主学习能力； (3)求真务实,实践中国工匠精神； (4)团结协作,积极参与小组活动； (5)与时俱进,创新智慧领航前行。	10				
	小计		100				

自我总结

请针对任务的完成情况,进行相关知识点与技能点、知识难点与重点、工作流程与方法、自我感受等内容进行梳理与总结。

2　建筑工程量计算准备工作

通过本章的学习,你将能够:
(1)正确选择清单与定额规则,以及相应的清单库和定额库;
(2)正确选择钢筋规则;
(3)正确输入檐高、结构类型、抗震等级等工程信息;
(4)正确定义楼层及统一设置各类构件混凝土强度等级;
(5)正确进行工程计算设置;
(6)按图纸定义绘制轴网。

2.1　新建工程

通过本节的学习,你将能够:
(1)正确选择清单与定额规则,以及相应的清单库和定额库;
(2)正确选择钢筋规则;
(3)区分钢筋不同汇种方式。

一、任务说明
根据《1号办公楼施工图(含土建和安装)》,在软件中完成新建工程的各项设置。

二、任务分析
①清单与定额规则及相应的清单库和定额库都是做什么用的?
②清单规则和定额规则如何选择?
③钢筋规则如何选择?

三、任务实施
1)分析图纸

在新建工程前,应先分析图纸中"结构设计总说明(一)"中"四、本工程设计遵循的标准、规范规程"中第6条《混凝土结构施工图平面整体表示方法 制图规则和构造详图》22G101—1、2、3,软件算量要依照此规定。

2) 新建工程

① 在分析图纸、了解工程的基本概况之后,启动软件,进入软件"开始"界面,如图2.1所示。

图2.1

② 鼠标左键单击界面上的"新建工程",进入新建工程界面,输入各项工程信息。

工程名称:按工程图纸名称输入,保存时会作为默认的文件名。本工程名称输入为"1号办公楼"。

计算规则:如图2.2所示。

图2.2

平法规则:选择"22系平法规则"。

单击"创建工程",即完成了工程的新建。

四、任务结果
任务结果如图2.2所示。

新建工程

2.2 工程设置

通过本节的学习,你将能够:
(1)正确进行工程信息输入;
(2)正确进行工程计算设置。

一、任务说明
根据《1号办公楼施工图(含土建和安装)》,在软件中完成工程的各项设置。

二、任务分析

①软件中工程的设置都有哪些?
②室外地坪标高的设置如何查询?

三、任务实施

创建工程后,进入软件界面,如图2.3所示,分别对基本设置、土建设置、钢筋设置进行修改。

图2.3

1)基本设置

首先对基本设置中的工程信息进行修改,单击"工程信息",出现如图2.4所示的界面。

	属性名称	属性值
2	工程名称:	1号办公楼
3	项目所在地:	
4	详细地址:	
5	建筑类型:	居住建筑
6	建筑用途:	住宅
7	地上层数(层):	4
8	地下层数(层):	1
9	裙房层数:	
10	建筑面积(m²):	3155
11	地上面积(m²):	(0)
12	地下面积(m²):	(0)
13	人防工程:	无人防
14	檐高(m):	14.85
15	结构类型:	框架结构
16	基础形式:	独立基础
17	□ 建筑结构等级参数:	
18	抗震设防类别:	
19	抗震等级:	三级抗震
20	□ 地震参数:	
21	设防烈度:	7
22	基本地震加速度 (g):	
23	设计地震分组:	
24	环境类别:	

工程信息　计算规则　编制信息　自定义

图2.4

蓝色字体部分需要填写,黑色字体所示信息只起标识作用,可以不填,不影响计算结果。
由图纸结施-01(1)可知:
结构类型为框架结构;
抗震设防烈度为7度;
框架抗震等级为三级。
由图纸建施-09可知:
室外地坪相对±0.000标高为-0.45 m。
檐高:14.85 m(设计室外地坪到屋面板板顶的高度为14.4 m+0.45 m=14.85 m)。

【注意】
①常规的抗震等级由结构类型、设防烈度、檐高3项确定。
②若设计中已知抗震等级,可直接填写抗震等级,不必填写结构类型、设防烈度、檐高3项。

填写信息如图2.5所示。

图2.5

2)土建设置

土建规则在前面"新建工程"时已选择,此处不需要修改。

3)钢筋设置

①"计算设置"修改,如图2.6所示。

图2.6

a.修改柱计算设置:依据结施-03基础详图中独立基础1—1至4—4剖面图,可知柱在基础插筋锚固区的箍筋数量为2,修改后如图2.7所示。

图2.7

b.修改剪力墙计算设置:依据结施-01(1)中"2-钢筋接头形式及要求",可知剪力墙的纵筋搭接接头错开百分率≤25%,修改后如图2.8所示。

图2.8

c.修改梁计算设置。结施-05中说明"4-主次梁交接处,主梁内次梁两侧按右图各附加3组箍筋,间距50 mm,直径同主梁箍筋"。

单击"框架梁",修改"27-次梁两侧共增加箍筋数量"为"6",如图2.9所示。

图2.9

d.修改板计算设置:结施-01(2)中"(7)板内分布钢筋除注明者外见表2.1"。

表2.1　板内分布钢筋

楼板厚度(mm)	≤110	120~160
分布钢筋配置	φ6@200	φ8@200

单击"板",修改"3-分布钢筋配置"为"同一板厚的分布筋相同",如图2.10所示,单击"确定"按钮即可。

图2.10

根据结施-01（1）中"2-钢筋接头形式及要求"，可知板的纵筋搭接接头错开百分率为≤25%，修改后如图2.11所示。

板 / 坡道	9	负筋/跨板受力筋在板内的弯折长度	板厚-2*保护层
	10	纵筋搭接接头错开百分率	≤25%
叠合板(整厚)			

图2.11

查看各层板结构施工图，"跨板受力筋标注长度位置"为"支座外边线"，"板中间支座负筋标注是否含支座"为"否"，"单边标注支座负筋标注长度位置"为"支座内边线"，修改后如图2.12所示。

	25	柱上板带/板带暗梁的箍筋起始位置	距柱边50mm
板 / 坡道	26	柱上板带/板带暗梁的箍筋加密长度	3*h
叠合板(整厚)	27	跨板受力筋标注长度位置	支座外边线
	28	柱上板带暗梁部位是否扣除平行板带筋	是
预制柱	29	⊟ 负筋	
预制梁	30	单标注负筋锚入支座的长度	能直锚就直锚,否则按公式计算:ha-bhc+15*d
预制墙	31	板中间支座负筋标注是否含支座	否
	32	单边标注支座负筋标注长度位置	支座内边线
空心楼盖板	33	负筋根数计算方式	向上取整+1

图2.12

e.修改基础计算设置：依据结施-03基础详图中独基处止水板做法，可知独立基础下部钢筋弯折为l_a，综合基础的混凝土强度等级C30，抗震等级三级，钢筋为三级钢等信息，可知$l_a = 37d$，修改后如图2.13所示。

	17	独立基础边长≥设定值时,受力钢筋长度为	四周钢筋:边长-2*bhc,其余钢筋:0.9*边长
主肋梁	18	独立基础钢筋根数计算方式	向上取整+1
次肋梁	19	独立基础下部钢筋弯折长度	37*d
	20	独立基础上部钢筋弯折长度	0
楼梯	21	独基钢筋按平均长度计算	否
基础	22	独基与基础梁平行重叠部位是否布置独基钢筋	否

图2.13

②"搭接设置"修改。结施-01（1）"八、钢筋混凝土结构构造"中"2.钢筋接头形式及要求"下的"（1）框

架梁、框架柱当受力钢筋直径≥16 mm时,采用直螺纹机械连接,接头性能等级为一级;当受力钢筋直径<16 mm时,可采用绑扎搭接"。单击并修改"搭接设置",如图2.14所示。非框架梁因图纸中未说明搭接情况,可不修改。

	钢筋直径范围	连接形式								墙柱垂直筋定尺	其余钢筋定尺
		基础	框架梁	非框架梁	柱	板	墙水平筋	墙垂直筋	其它		
1	⊟ HPB235,HPB300										
2	3~10	绑扎	绑扎	绑扎	绑扎	绑扎	绑扎	绑扎	绑扎	12000	12000
3	12~14	绑扎	绑扎	绑扎	绑扎	绑扎	绑扎	绑扎	绑扎	9000	9000
4	16~22	直螺纹连接	直螺纹连接	直螺纹连接	直螺纹连接	直螺纹连接	直螺纹连接	电渣压力焊	电渣压力焊	9000	9000
5	25~32	套管挤压	直螺纹连接	套管挤压	直螺纹连接	套管挤压	套管挤压	套管挤压	套管挤压	9000	9000
6	⊟ HRB335,HRB335E,HRBF335,HRBF335E										
7	3~10	绑扎	绑扎	绑扎	绑扎	绑扎	绑扎	绑扎	绑扎	12000	12000
8	12~14	绑扎	绑扎	绑扎	绑扎	绑扎	绑扎	绑扎	绑扎	9000	9000
9	16~22	直螺纹连接	直螺纹连接	直螺纹连接	直螺纹连接	直螺纹连接	直螺纹连接	电渣压力焊	电渣压力焊	9000	9000
10	25~50	套管挤压	直螺纹连接	套管挤压	直螺纹连接	套管挤压	套管挤压	套管挤压	套管挤压	9000	9000
11	⊟ HRB400,HRB400E,HRBF400,HRBF400E,RR...										
12	3~10	绑扎	绑扎	绑扎	绑扎	绑扎	绑扎	绑扎	绑扎	12000	12000
13	12~14	绑扎	绑扎	绑扎	绑扎	绑扎	绑扎	绑扎	绑扎	9000	9000
14	16~22	直螺纹连接	直螺纹连接	直螺纹连接	直螺纹连接	直螺纹连接	直螺纹连接	电渣压力焊	电渣压力焊	9000	9000
15	25~50	套管挤压	直螺纹连接	直螺纹连接	直螺纹连接	套管挤压	套管挤压	套管挤压	套管挤压	9000	9000
16	⊟ 冷轧带肋钢筋										
17	4~10	绑扎	绑扎	绑扎	绑扎	绑扎	绑扎	绑扎	绑扎	12000	12000
18	10.5~12	绑扎	绑扎	绑扎	绑扎	绑扎	绑扎	绑扎	绑扎	9000	9000
19	⊟ 冷轧扭钢筋										
20	6.5~10	绑扎	绑扎	绑扎	绑扎	绑扎	绑扎	绑扎	绑扎	12000	12000
21	12~14	绑扎	绑扎	绑扎	绑扎	绑扎	绑扎	绑扎	绑扎	9000	9000

图2.14

③钢筋定尺长度默认值与定额的计算规则取值相同,不修改。

④比重设置修改。单击"比重设置",进入"比重设置"对话框,将直径为6.5 mm的钢筋比重复制到直径为6 mm的钢筋比重中,如图2.15所示。

图2.15

【注意】

市面上直径6 mm的钢筋较少,一般采用6.5 mm的钢筋。

其余不需要修改。

四、任务结果
见以上各图。

计算设置

2.3 新建楼层

通过本小节的学习,你将能够:
(1)定义楼层;
(2)定义各类构件混凝土强度等级设置。

一、任务说明

根据《1号办公楼施工图(含土建和安装)》,在软件中完成新建工程的楼层设置。

二、任务分析

①软件中新建工程的楼层应如何设置?
②如何对楼层进行添加或删除操作?
③各层混凝土强度等级、砂浆标号的设置,对哪些计算有影响?
④工程楼层的设置应依据建筑标高还是结构标高?两者区别是什么?
⑤基础层的标高应如何设置?

三、任务实施

1)分析图纸

层高按照《1号办公楼施工图(含土建和安装)》结施-05中"结构层楼面标高表"建立,见表2.2。

表2.2 结构层楼面标高表

楼层	层底标高(m)	层高(m)
屋顶	14.4	—
4	11.05	3.35
3	7.45	3.6
2	3.85	3.6
1	-0.05	3.9
-1	-3.95	3.9

2)建立楼层

(1)楼层设置

单击"工程设置"→"楼层设置",进入"楼层设置"界面,如图2.16所示。

鼠标定位在首层,单击"插入楼层",则插入地上楼层;鼠标定位在基础层,单击"插入楼层",则插入地下室。按照楼层表(表2.2)修改层高。

①软件默认给出首层和基础层。

②首层的结构底标高输入为-0.05 m,层高输入为3.9 m, 板厚根据结施-09~12(1)说明"图中未注明板顶标高同结构楼层标高,除标注外板厚均为120 mm"设置为120 mm。鼠标左键选择首层所在的行,单击"插入楼层",添加第2层,层高输入为3.6 m,板厚默认为120 mm。

图2.16

③按照建立2层同样的方法，建立3层和4层，3层层高为3.6 m，4层层高为3.35 m。

④鼠标左键选择基础层所在的行，单击"插入楼层"，添加地下一层，地下一层的层高为3.9 m。

⑤根据结施-03基础详图5—5，知基础底标高为-6.3 m，基础层从-6.3~-3.95 m，故设置基础层层高为2.35 m。

⑥根据建施-12中1—1剖面图，可知屋面层层高为900 mm。

修改层高后，如图2.17所示。

图2.17

（2）混凝土强度等级及保护层厚度修改

在结施-01（1）"七、主要结构材料"的"2.混凝土"中，混凝土强度等级见表2.3。

表2.3　混凝土强度等级

混凝土所在部位	混凝土强度等级	备注
基础垫层	C15	
独立基础、地梁	C30	
基础层~屋面主体结构：墙、柱、梁、板、楼梯	C30	
其余各结构构件：构造柱、过梁、圈梁等	C25	

在建施-01、结施-01（1）中提到砌块墙体、砖墙都为M5水泥砂浆砌筑，修改砂浆标号为M5，砂浆类型为水泥砂浆。

在结施-01(1)"八、钢筋混凝土结构构造"中,主筋的混凝土保护层厚度信息如下:

基础钢筋:40 mm;

梁:20 mm;

柱:25 mm;

板:15 mm。

首层混凝土强度、砂浆类型、保护层厚度分别修改后,如图2.18所示。

楼层混凝土强度和锚固搭接设置 (1号办公楼 首层, -0.05 ~ 3.85 m)

	抗震等级	混凝土强度等级	混凝土类型	砂浆标号	砂浆类型	HPB235(A) ...	保护层厚度(mm)	备注
垫层	(非抗震)	C15	特细砂塑性...	M5	水泥砂浆	(39)	(25)	垫层
基础	(三级抗震)	C30 ▾	特细砂塑性...	M5	水泥砂浆	(32)	(40)	包含所有的基...
基础梁 / 承台梁	(三级抗震)	C30	特细砂塑性...			(32)	(40)	包含基础梁...
柱	(三级抗震)	C30	特细砂塑性...	M5	水泥砂浆	(32)	25	包含框架柱、...
剪力墙	(三级抗震)	C30	特细砂塑性...			(32)	20	剪力墙、预制墙
人防门框墙	(三级抗震)	C30	特细砂塑性...			(32)	(15)	人防门框墙
暗柱	(三级抗震)	C30	特细砂塑性...			(32)	20	包含暗柱、约...
端柱	(三级抗震)	C30	特细砂塑性...			(32)	(20)	端柱
墙梁	(三级抗震)	C30	特细砂塑性...			(32)	(20)	包含连梁、暗...
框架梁	(三级抗震)	C30	特细砂塑性...			(32)	20	包含楼层框架...
非框架梁	(非抗震)	C30	特细砂塑性...			(30)	20	包含非框架梁...
现浇板	(非抗震)	C30	特细砂塑性...			(30)	(15)	包含现浇板、...
楼梯	(非抗震)	C30	特细砂塑性...			(30)	(20)	包含楼梯、直...
构造柱	(三级抗震)	C25	特细砂塑性...			(36)	(25)	构造柱
圈梁 / 过梁	(三级抗震)	C25	特细砂塑性...			(36)	(25)	包含圈梁、过梁
砌体墙柱	(非抗震)	C15	特细砂干硬...	M5	水泥砂浆	(39)	(25)	包含砌体柱、...
其它	(非抗震)	C30	特细砂塑性...	M5	水泥砂浆	(30)	(20)	包含除以上构...
叠合板(预制底板)	(非抗震)	C30	特细砂塑性...			(30)	(15)	包含叠合板(预...

图2.18

【注意】

各部分钢筋的混凝土保护层厚度同时应满足不小于主筋直径的要求。

首层修改完成后,单击左下角"复制到其他楼层",如图2.19所示。

选择其他所有楼层,单击"确定"按钮即可,如图2.20所示。

	抗震等级	混凝土强度等级	混凝土类型	砂浆标号	砂浆类型	HPB235(A) ...	HRB335(B) ...	端 HRB40 ...
垫层	(非抗震)	C15	特细砂塑性...	M5	水泥砂浆	(39)	(38/42)	(40/44)
基础	(三级抗震)	C30	特细砂塑性...	M5	水泥砂浆	(32)	(30/34)	(37/41)
基础梁 / 承台梁	(三级抗震)	C30	特细砂塑性...			(32)	(30/34)	(37/41)
柱	(三级抗震)	C30	特细砂塑性...	M5	水泥砂浆	(32)	(30/34)	(37/41)
剪力墙	(三级抗震)	C30	特细砂塑性...			(32)	(30/34)	(37/41)
人防门框墙	(三级抗震)	C30	特细砂塑性...			(32)	(30/34)	(37/41)
墙柱	(三级抗震)	C30	特细砂塑性...			(32)	(30/34)	(37/41)
墙梁	(三级抗震)	C30	特细砂塑性...			(32)	(30/34)	(37/41)

基本锚固设置　复制到其他楼层　恢复默认值(D)　导入钢筋设置　导出钢筋设置

图2.19

图2.20

四、任务结果

完成楼层设置,如图2.21所示。

楼层混凝土强度和锚固搭接设置 (1号办公楼 第3层, 7.45 ~ 11.05 m)

	抗震等级	混凝土强度等级	混凝土类型	砂浆标号	砂浆类型	锚固						搭接						保护层厚度(mm)
						HP...	HRB...	HR...	HRB...	冷...	冷轧扭	HPB...	HRB3...	HRB...	HRB5...	冷...	冷轧扭	
垫层	(非抗震)	C15	特细砂塑性...	M5	水泥砂浆	(39)	(38/..	(40/..	(48/53)	(45)	(45)	(47)	(46/50)	(48/53)	(58/64)	(54)	(54)	(25)
基础	(三级抗震)	C30	特细砂塑性...	M5	水泥砂浆	(32)	(30/..	(37/..	(45/49)	(37)	(35)	(45)	(42/48)	(52/57)	(63/69)	(52)	(49)	(40)
基础梁/承台梁	(三级抗震)	C30	特细砂塑性...			(32)	(30/..	(37/..	(45/49)	(37)	(35)	(45)	(42/48)	(52/57)	(63/69)	(52)	(49)	(40)
柱	(三级抗震)	C30	特细砂塑性...	M5	水泥砂浆	(32)	(30/..	(37/..	(45/49)	(37)	(35)	(45)	(42/48)	(52/57)	(63/69)	(52)	(49)	25
剪力墙	(三级抗震)	C30	特细砂塑性...			(32)	(30/..	(37/..	(45/49)	(37)	(35)	(38)	(36/41)	(44/49)	(54/59)	(44)	(42)	20
人防门框墙	(三级抗震)	C30	特细砂塑性...			(32)	(30/..	(37/..	(45/49)	(37)	(35)	(45)	(42/48)	(52/57)	(63/69)	(52)	(49)	(15)
暗柱	(三级抗震)	C30	特细砂塑性...			(32)	(30/..	(37/..	(45/49)	(37)	(35)	(45)	(42/48)	(52/57)	(63/69)	(52)	(49)	20
端柱	(三级抗震)	C30	特细砂塑性...			(32)	(30/..	(37/..	(45/49)	(37)	(35)	(45)	(42/48)	(52/57)	(63/69)	(52)	(49)	(20)
墙梁	(三级抗震)	C30	特细砂塑性...			(32)	(30/..	(37/..	(45/49)	(37)	(35)	(38)	(36/41)	(44/49)	(54/59)	(44)	(42)	(20)
框架梁	(三级抗震)	C30	特细砂塑性...			(32)	(30/..	(37/..	(45/49)	(37)	(35)	(38)	(36/41)	(44/49)	(54/59)	(44)	(42)	20
非框架梁	(非抗震)	C30	特细砂塑性...			(30)	(29/..	(35/..	(43/47)	(35)	(35)	(36)	(35/38)	(42/47)	(52/56)	(42)	(42)	20
现浇板	(非抗震)	C30	特细砂塑性...			(30)	(29/..	(35/..	(43/47)	(35)	(35)	(36)	(35/38)	(42/47)	(52/56)	(42)	(42)	(15)
楼梯	(非抗震)	C30	特细砂塑性...			(30)	(29/..	(35/..	(43/47)	(35)	(35)	(42)	(41/45)	(49/55)	(60/66)	(49)	(49)	(20)
构造柱	(三级抗震)	C25	特细砂塑性...			(36)	(35/..	(42/..	(50/56)	(42)	(40)	(50)	(49/53)	(59/64)	(70/78)	(59)	(56)	(25)
圈梁/过梁	(三级抗震)	C25	特细砂塑性...			(36)	(35/..	(42/..	(50/56)	(42)	(40)	(50)	(49/53)	(59/64)	(70/78)	(59)	(56)	(25)
砌体墙柱	(非抗震)	C15	特细砂干硬...	M5	水泥砂浆	(39)	(38/..	(40/..	(48/53)	(45)	(45)	(47)	(46/50)	(48/53)	(58/64)	(54)	(54)	(25)
其它	(非抗震)	C30	特细砂塑性...	M5	水泥砂浆	(30)	(29/..	(35/..	(43/47)	(35)	(35)	(36)	(35/38)	(42/47)	(52/56)	(42)	(42)	(20)
叠合板(预制底板)	(非抗震)	C30	特细砂塑性...			(30)	(29/..	(35/..	(43/47)	(35)	(35)	(42)	(41/45)	(49/55)	(60/66)	(49)	(49)	(15)

图 2.21

新建楼层

2.4 建立轴网

通过本小节的学习,你将能够:
(1)按图纸定义轴网;
(2)对轴网进行二次编辑。

一、任务说明

根据《1号办公楼施工图(含土建和安装)》,在软件中完成轴网建立。

二、任务分析

①建施与结施图中,采用什么图的轴网最全面?
②轴网中上下开间、左右进深如何确定?

三、任务实施

1)建立轴网

楼层建立完毕后,需要建立轴网。施工时用放线来定位建筑物的位置,使用软件做工程时则是用轴网来定位构件的位置。

(1)分析图纸

由建施-03可知,该工程的轴网是简单的正交轴网,上下开间的轴距相同,左右进深的轴距也相同。

(2)轴网的定义

①选择导航树中的"轴线"→"轴网",单击鼠标右键,选择"定义"按钮,将软件切换到轴网的定义界面。

②单击"新建"按钮，选择"新建正交轴网"，新建"轴网-1"。

③输入"下开间"，在"常用值"下面的列表中选择要输入的轴距，双击鼠标即添加到轴距中；或者在"添加"按钮下的输入框中输入相应的轴网间距，单击"添加"按钮或回车即可。按照图纸从左到右的顺序，"下开间"依次输入3300，6000，6000，7200，6000，6000，3300。因为上下开间轴距相同，所以上开间可以不输入轴距。

④切换到"左进深"的输入界面，按照图纸从下到上的顺序，依次输入左进深的轴距为2500，4700，2100，6900。修改轴号分别为Ⓐ，Ⓤ/A，Ⓑ，Ⓒ，Ⓓ。因为左右进深的轴距相同，所以右进深可以不输入轴距。

⑤可以看到，右侧的轴网图显示区域已经显示了定义的轴网，轴网定义完成（图2.23）。

2）轴网的绘制

（1）绘制轴网

①轴网定义完毕后，切换到绘图界面。

②弹出"请输入角度"对话框，提示用户输入定义轴网需要旋转的角度。本工程轴网为水平竖直方向的正交轴网，旋转角度按软件默认输入"0"即可，如图2.22所示。

③单击"确定"按钮，绘图区显示轴网，这样就完成了对本工程轴网的定义和绘制。

如果要将右进深、上开间的轴号和轴距显示出来，在绘图区域，用鼠标左键单击"修改轴号位置"，按住鼠标左键拉框选择所有轴线，按右键确定；选择"两端标注"，然后单击"确定"按钮即可，如图2.23所示。

图2.22

图2.23

（2）轴网的其他功能

①设置插入点：用于轴网拼接，可以任意设置插入点（不在轴线交点处或在整个轴网外都可以设置）。

②修改轴号和轴距：当检查到已经绘制的轴网有错误时，可以直接修改。

③软件提供了辅助轴线用于构件辅轴定位。辅轴在任意界面都可以直接添加。辅轴主要有两点、平行、点角、圆弧。

四、任务结果

完成轴网，如图2.24所示。

图2.24

五、总结拓展

①新建工程中，主要确定工程名称、计算规则以及做法模式。蓝色字体的参数值影响工程量计算值，按照图纸输入，其他信息只起标识作用。

②首层标记在楼层列表中的首层列，可以选择某一层作为首层。勾选后，该层作为首层，相邻楼层的编码自动变化，基础层的编码不变。

③底标高是指各层的结构底标高。软件中只允许修改首层的底标高，其他层底标高自动按层高反算。

④相同板厚是软件给出的默认值，可以按工程图纸中最常用的板厚设置。在绘图输入新建板时，会自动默认取这里设置的数值。

⑤可以按照结构设计总说明对应构件选择混凝土强度等级和类型。对修改的标号和类型，软件会以反色显示。在首层输入相应的数值完毕后，可以使用右下角的"复制到其他楼层"命令，把首层的数值复制到参数相同的楼层。各个楼层的混凝土强度等级、保护层厚度设置完成后，就完成了对工程楼层的建立，可以进入"绘图输入"进行建模计算。

⑥有关轴网的编辑、辅助轴线的详细操作，请查阅"帮助"菜单中的文字帮助→绘图输入→轴线。

⑦建立轴网时，输入轴距有两种方法：常用的数值可以直接双击；常用值中没有的数据直接添加即可。

⑧当上下开间或者左右进深的轴距不一样时（即错轴），可以使用轴号自动生成功能将轴号排序。

⑨比较常用的建立辅助轴线的功能：二点辅轴（直接选择两个点绘制辅助轴线）；平行辅轴（建立平行于任意一条轴线的辅助轴线）；圆弧辅轴（可以通过选择3个点绘制辅助轴线）。

⑩在任何图层下都可以添加辅轴。轴网绘制完成后，就进入"绘图输入"部分。"绘图输入"部分可以按照后面章节的流程进行。

建立轴网

评价反馈

序号	评价项目	评价标准	满分	评价			综合评分
				自评	互评	师评	
1	新建工程	(1)清单和定额规则选择恰当; (2)清单库、定额库选择正确; (3)平法规则和汇总方式选择正确。	10				
2	工程设置	(1)工程信息输入正确; (2)工程计算规则选择恰当; (3)钢筋设置正确。	20				
3	新建楼层	(1)首层底标高输入正确; (2)各层层高输入正确; (3)混凝土强度等级输入正确; (4)保护层厚度输入正确; (5)新建楼层熟练程度。	30				
4	绘制轴网	(1)开间、进深数据正确; (2)轴线标高正确; (3)轴线绘制熟练程度。	30				
5	工作过程	(1)遵守纪律,按时提交工作成果; (2)乐学善学,具备自主学习能力; (3)求真务实,实践中国工匠精神; (4)团结协作,积极参与小组活动; (5)与时俱进,创新智慧领航前行。	10				
小计			100				

注:"云对比"详见11.7节。

自我总结

请针对任务的完成情况,对相关知识点与技能点、知识难点与重点、工作流程与方法、自我感受等内容进行梳理与总结。

3 首层工程量计算

通过本章的学习,你将能够:

(1)定义柱、墙、梁、板、门窗、楼梯等构件;

(2)绘制柱、墙、梁、板、门窗、楼梯等图元;

(3)掌握飘窗、过梁、圈梁、构造柱在GTJ2021软件中的处理方法;

(4)掌握暗柱、连梁在GTJ2021软件中的处理方法。

3.1 首层柱工程量计算

通过本节的学习,你将能够:

(1)依据定额和清单确定柱的分类和土建工程量计算规则;

(2)依据平法、定额和清单确定柱的钢筋类型及钢筋工程量计算规则;

(3)应用造价软件定义各种柱(如矩形柱、圆形柱、参数化柱、异形柱)的属性并套用做法;

(4)应用造价软件绘制本层柱图元;

(5)统计并核查本层柱的个数、土建及钢筋工程量。

一、任务说明

①完成首层各种柱的定义、做法套用及图元绘制。

②汇总计算,统计并核查本层柱的土建及钢筋工程量。

二、任务分析

①各种柱在计量时的主要尺寸有哪些? 从哪个图中什么位置找到? 有多少种柱?

②工程量计算中柱都有哪些分类? 都套用什么清单和定额?

③软件如何定义各种柱? 各种异形截面端柱如何处理?

④构件属性、做法套用、图元之间有什么关系?

⑤如何统计本层柱的土建和钢筋工程量?

三、任务实施

1)分析图纸

在《1号办公楼施工图(含土建和安装)》结施-04的柱表中得到柱的截面信息,本层以矩形框架柱为主,主要信息见表3.1。

表3.1 柱表

类型	名称	混凝土强度等级	截面尺寸（mm）	标高	角筋	b一侧中部筋	h一侧中部筋	箍筋类型号	箍筋
矩形框架柱	KZ1	C30	500×500	基础顶~+3.85	4Φ22	3Φ18	3Φ18	1(4×4)	Φ8@100
	KZ2	C30	500×500	基础顶~+3.85	4Φ22	3Φ18	3Φ18	1(4×4)	Φ8@100/200
	KZ3	C30	500×500	基础顶~+3.85	4Φ25	3Φ18	3Φ18	1(4×4)	Φ8@100/200
	KZ4	C30	500×500	基础顶~+3.85	4Φ25	3Φ20	3Φ20	1(4×4)	Φ8@100/200
	KZ5	C30	600×500	基础顶~+3.85	4Φ25	4Φ20	3Φ20	1(5×4)	Φ8@100/200
	KZ6	C30	500×600	基础顶~+3.85	4Φ25	3Φ20	4Φ20	1(4×5)	Φ8@100/200

还有一部分剪力墙柱（YBZ约束边缘构件）如图3.1所示。

图3.1

2)现浇混凝土柱基础知识

(1)清单计算规则学习

柱清单计算规则见表3.2。

表3.2 柱清单计算规则

编号	项目名称	单位	计算规则
010502001	矩形柱	m³	按设计图示尺寸以体积计算。柱高：
010502002	构造柱	m³	(1)有梁板的柱高,应自柱基上表面(或楼板上表面)至上一层楼板上表面之间的高度计算
010502003	异形柱	m³	(2)无梁板的柱高,应自柱基上表面(或楼板上表面)至柱帽下表面之间的高度计算 (3)框架柱的柱高:应自柱基上表面至柱顶高度计算 (4)构造柱按全高计算,嵌接墙体部分(马牙槎)并入柱身体积计算 (5)依附柱上的牛腿和升板的柱帽,并入柱身体积计算
010515001	现浇构件钢筋	t	按设计图示钢筋(网)长度(面积)乘单位理论质量计算

（2）定额计算规则学习

柱定额计算规则见表3.3。

表3.3 柱定额计算规则

编号	项目名称	单位	计算规则
AE0022-0023	现浇混凝土 矩形柱	m³	混凝土的工程量按设计图示尺寸以体积计算。不扣除构件内钢筋、螺栓、预埋铁件及0.3 m²以内的孔洞所占体积 （1）柱高的计算规定： ①有梁板的柱高,应自柱基上表面(或梁板上表面)至上一层楼板上表面之间的高度计算
AE0026-0027	现浇混凝土 多边形(异形)柱	m³	②无梁板的柱高,应自柱基上表面(或梁板上表面)至柱帽下表面之间的高度计算 ③有楼隔层的柱高,应以柱基上表面至梁上表面高度计算
AE0030-0031	现浇混凝土 构造柱	m³	④无楼隔层的柱高,应以柱基上表面至柱顶高度计算 （2）附属于柱的牛腿,并入柱身体积内计算 （3）构造柱(抗震柱)应包括"马牙槎"体积在内,以"m³"计算
AE0177-0179	现浇钢筋	t	钢筋、铁件工程量按设计图示钢筋长度乘以单位理论质量以"t"计算 ①长度：按设计图示长度(钢筋中轴线长度)计算。钢筋搭接长度按设计图示及规范进行计算 ②接头：钢筋的搭接(接头)数量按设计图示及规范计算,设计图示及规范未标明的,以构件的单根钢筋确定。水平钢筋直径ϕ10以内按每12 m长计算一个搭接(接头)；ϕ10以上按每9 m长计算一个搭接(接头)。竖向钢筋搭接(接头)按自然层计算,当自然层层高大于9 m时,除按自然层计算外,应增加每9 m或12 m长计算的接头量 ③箍筋：箍筋长度(含平直段10d)按箍筋中轴线周长加23.8d计算,设计平直段长度不同时允许调整 ④设计图未明确钢筋根数、以间距布置的钢筋根数时,按向上取整加1的原则计算
AE0136	矩形柱模板	100 m²	
AE0138-0139	多边形(异形)柱模板	100 m²	按模板与混凝土的接触面积以"m²"计算
AE0141	构造柱模板	100 m²	
AE0173	高度超过3.6 m 每超过1 m(柱)	100 m²	模板支撑高度大于3.6 m时,按超过部分全部面积计算工程量

（3）柱平法知识

柱类型有框架柱、转换柱、芯柱等。从形状上可分为圆形柱、矩形柱、异形柱等。柱钢筋的平法表示有两种：一是列表注写方式；二是截面注写方式。

①列表注写。在柱表中注写柱编号、柱段起止标高、几何尺寸(含柱截面对轴线的偏心情况)与配筋信息、箍筋信息,如图3.2所示。

柱号	标高	$b \times h$(圆柱直径D)	b_1	b_2	h_1	h_2	全部纵筋	角筋	b边一侧中部筋	h边一侧中部筋	箍筋类型号	箍筋	备注
KZ1	−0.030~19.470	750×700	375	375	150	550	24⊕25				1(5×4)	Φ10@100/200	
	19.470~37.470	650×600	325	325	150	450		4⊕22	5⊕22	4⊕20	1(4×4)	Φ10@100/200	—
	37.470~59.070	550×500	275	275	150	350		4⊕22	5⊕22	4⊕20	1(4×4)	Φ8@100/200	
XZ1	−0.030~8.670						8⊕25				按标准构造详图	Φ10@100	③×Ⓑ轴KZ1中设置

图 3.2

②截面注写。在同一编号的柱中选择一个截面,以直接注写截面尺寸和柱纵筋及箍筋信息,如图3.3所示。

图 3.3

3)柱的属性定义

(1)矩形框架柱 KZ1

①在导航树中单击"柱"→"柱",在"构件列表"中单击"新建"→"新建矩形柱",如图3.4所示。

图 3.4

②在属性编辑框中输入相应的属性值,框架柱的属性定义如图3.5所示。

（2）矩形楼梯短柱TZ1

复制KZ1为TZ1，根据结施-13，在属性编辑框中修改相应的属性值，首层梯柱的顶标高为1.9 m，如图3.6所示。

图3.5　　　　　　　　　　　图3.6

【注意】

①名称：根据图纸输入构件的名称KZ1，该名称在当前楼层的当前构件类型下是唯一的。

②结构类别：类别会根据构件名称中的字母自动生成，如KZ生成的是框架柱，也可以根据实际情况进行选择，KZ1为框架柱。

③定额类别：选择为普通柱。

④截面宽度（B边）：KZ1柱的截面宽度为500 mm。

⑤截面高度（H边）：KZ1柱的截面高度为500 mm。

⑥全部纵筋：表示柱截面内所有的纵筋，如24Φ28；如果纵筋有不同的级别和直径，则使用"+"连接，如4Φ28+16Φ22。此处KZ1的全部纵筋值设置为空，采用角筋、B边一侧中部筋和H边一侧中部筋详细描述。

⑦角筋/B边一侧中部筋/H边一侧中部筋：只有当全部纵筋属性值为空时才可输入，根据结施-04的柱表可知KZ1的角筋为4Φ22，B边一侧中部筋为3Φ8，H边一侧中部筋为3Φ8。

⑧箍筋：KZ1的箍筋为Φ8@100（4×4）。

⑨节点区箍筋：不填写，软件自动取箍筋加密值。

⑩箍筋肢数：通过单击当前框中省略号按钮选择肢数类型，KZ1的箍筋肢数为4×4肢箍。

⑪钢筋级别ϕ（一级）、Φ（二级）、Φ（三级），在输入时分别采用A、B、C进行输入。

（3）参数化柱（以首层约束边缘柱YBZ1为例）

①新建柱，选择"新建参数化柱"。

②在弹出的"选择参数化图形"对话框中,设置截面类型与具体尺寸,如图3.7所示。单击"确认"按钮后显示属性列表。

图3.7

③参数化柱的属性定义,如图3.8所示。

	属性名称	属性值
1	名称	YBZ1
2	截面形状	L-d形
3	结构类别	暗柱
4	定额类别	框架薄壁柱
5	截面宽度(B边)(...	500
6	截面高度(H边)(...	500
7	全部纵筋	12Φ20
8	材质	商品混凝土
9	混凝土类型	(特细砂塑性混凝土(坍...
10	混凝土强度等级	(C30)
11	混凝土外加剂	(无)
12	泵送类型	(混凝土泵)
13	泵送高度(m)	(3.85)
14	截面面积(m²)	0.16
15	截面周长(m)	2
16	顶标高(m)	层顶标高(3.85)
17	底标高(m)	层底标高(-0.05)

图3.8

【注意】

①截面形状:可以单击当前框中的省略号按钮,在弹出的"选择参数化图形"对话框中进行再次编辑。

②截面宽度(B边):柱截面外接矩形的宽度。
③截面高度(H边):柱截面外接矩形的高度。

(4)异形柱(以首层YZB2为例)

①新建柱,选择"新建异形柱"。

②在弹出的"异形截面编辑器"中绘制线式异形截面,单击"设置插入点",选择YZB2转角中心点作为插入点,单击"确定"按钮后可编辑其属性,如图3.9所示。

图3.9

③异形柱的属性定义,如图3.10所示。

	属性名称	属性值	附加
1	名称	YBZ2	
2	截面形状	异形	☐
3	结构类别	暗柱	☐
4	定额类别	框架薄壁柱	☐
5	截面宽度(B边)(…	500	☐
6	截面高度(H边)(…	700	☐
7	全部纵筋	14Φ20	☐
8	材质	商品混凝土	☐
9	混凝土类型	(特细砂塑性混凝…	☐
10	混凝土强度等级	(C30)	☐
11	混凝土外加剂	(无)	
12	泵送类型	(混凝土泵)	
13	泵送高度(m)		
14	截面面积(m²)	0.2	☐
15	截面周长(m)	2.4	☐
16	顶标高(m)	层顶标高	☐
17	底标高(m)	层底标高	☐
18	备注		☐
19	⊞ 钢筋业务属性		
37	⊞ 土建业务属性		
42	⊞ 显示样式		

图3.10

【注意】

对于YBZ1和YBZ2的钢筋信息的输入,单击"定义"按钮,进入"截面编辑"对话框,进行纵筋和箍筋的输入,如图3.11所示为YBZ1的输入。

图3.11

(5)圆形框架柱(拓展)

选择"新建"→"新建圆形柱",方法同矩形框架柱属性定义。本工程无圆形框架柱,属性信息均是假设的。圆形框架柱的属性定义如图3.12所示。

	属性名称	属性值	附加
1	名称	KZ(圆形)	
2	结构类别	框架柱	☐
3	定额类别	普通柱	☐
4	截面半径(mm)	400	☐
5	全部纵筋	16Φ22	☐
6	箍筋	Φ10@100/200	☐
7	节点区箍筋		☐
8	箍筋类型	螺旋箍筋	☐
9	材质	商品混凝土	☐
10	混凝土类型	(特细砂塑性混…	☐
11	混凝土强度等级	(C30)	☐
12	混凝土外加剂	(无)	☐
13	泵送类型	(混凝土泵)	

图3.12

【注意】

截面半径:设置圆形柱截面半径,可用"数值/数值"来表示变截面柱,输入格式为"柱底截面半径/柱顶截面半径"(圆形柱没有截面宽、截面高属性)。

4)做法套用

柱构件定义好后,需要进行套用做法操作。套用做法是指构件按照计算规则计算汇总出做法工程量,方便进行同类项汇总,同时与计价软件数据对接。构件套用做法,可通过手动添加清单定额、查询清单定额库添加、查询匹配清单定额添加实现。

单击"定义",在弹出的"定义"界面中,单击构件做法,可通过查询清单库的方式添加清单。KZ1混凝土的清单项目编码为010502001;KZ1模板的清单项目编码为011702002。通过查询定额库可以添加定额,正确选择对应定额项,KZ1的做法套用如图3.13所示,TZ1的做法套用如图3.14所示,暗柱YBZ1、YBZ2并入墙体计算,其做法套用如图3.15所示。

	编码	类别	名称	项目特征	单位	工程量表达式	表达式说明
1	⊟ 010502001	项	矩形柱	1.混凝土种类:商品砼 2.混凝土强度等级:C30	m3	TJ	TJ<体积>
2	AE0117	定	砼泵输送砼 输送泵车排除量(m3/h)60		m3	TJ	TJ<体积>
3	AE0023	定	矩形柱 商品砼		m3	TJ	TJ<体积>
4	011702002	项	矩形柱	模板高度: 3.9M	m2	MBMJ	MBMJ<模板面积>
5	AE0136	定	现浇混凝土模板 矩形柱		m2	MBMJ	MBMJ<模板面积>
6	AE0173	定	构件超高模板 高度超过3.6m每超过1m 柱		m2	CGMBMJ	CGMBMJ<超高模板面积>

图3.13

	编码	类别	名称	项目特征	单位	工程量表达式	表达式说明
1	⊟ 010502001	项	矩形柱	1.混凝土种类:商品砼 2.混凝土强度等级:C30 3.TZ1	m3	TJ	TJ<体积>
2	AE0117	定	砼泵输送砼 输送泵车排除量(m3/h)60		m3	TJ	TJ<体积>
3	AE0023	定	矩形柱 商品砼		m3	TJ	TJ<体积>
4	⊟ 011702002	项	矩形柱 模板高度: 3.6M以内	模板高度: 1.95m	m2	MBMJ	MBMJ<模板面积>
5	AE0136	定	现浇混凝土模板 矩形柱		m2	MBMJ	MBMJ<模板面积>

图3.14

	编码	类别	名称	项目特征	单位	工程量表达式	表达式说明
1	⊟ 010504001	项	直形墙 C30	1.混凝土种类:商品砼 2.混凝土强度等级:C30	m3	TJ	TJ<体积>
2	AE0049	定	直形墙 厚度200mm以内 商品砼		m3	TJ	TJ<体积>
3	AE0117	定	砼泵输送砼 输送泵车排除量(m3/h)60		m3	TJ	TJ<体积>
4	⊟ 011702011	项	直形墙	模板高度: 3.9M	m2	MBMJ	MBMJ<模板面积>
5	AE0152	定	现浇混凝土模板 直形墙		m2	MBMJ	MBMJ<模板面积>
6	AE0175	定	构件超高模板 高度超过3.6m每超过1m 墙		m2	CGMBMJ	CGMBMJ<超高模板面积>

图3.15

5)柱的画法讲解

柱定义完毕后,切换到绘图界面。

(1)点绘制

通过"构件列表"选择要绘制的构件KZ1,用鼠标捕捉①轴与Ⓓ轴的交点,直接单击鼠标左键即可完成柱KZ1的绘制,如图3.16所示。

图3.16

（2）偏移绘制

偏移绘制常用于绘制不在轴线交点处的柱，Ⓓ轴上、④~⑤轴之间的TZ1不能直接用鼠标选择点绘制，需要使用"Shift键+鼠标左键"相对于基准点偏移绘制。

①把光标放在Ⓓ轴和④轴的交点处，同时按下"Shift"键和鼠标左键，弹出"输入偏移量"对话框。由结施-13可知，TZ1的中心相对于Ⓓ轴与④轴交点向右偏移1650 mm，在对话框中输入X="1500+150"，Y="50"，表示水平方向偏移量为1650 mm，竖直方向向上偏移50 mm，如图3.17所示。

图3.17

②单击"确定"按钮，TZ1就偏移到指定位置了，如图3.18所示。

图3.18

（3）智能布置

某区域轴线相交处的柱都相同时，可采用"智能布置"方法来绘制柱。如结施-04中，②~⑦轴与Ⓓ轴的6个交点处都为KZ3,即可利用此功能快速布置。选择KZ3,单击"建模"→"智能布置",选择按"轴线"布置,如图3.19所示。

然后在图框中框选要布置柱的范围,单击鼠标右键确定,则软件自动在所有范围内所有轴线相交处布置上KZ3,如图3.20所示。

图3.19 图3.20

（4）镜像

通过图纸分析可知,①~④轴的柱与⑤~⑧轴的柱是对称的,因此,在绘图时可以使用一种简单的方法:先绘制①~④轴的柱,然后使用"镜像"功能绘制⑤~⑧轴的柱。操作步骤如下:

①选中①~④轴间的柱,单击"建模"页签下"修改"面板中的"镜像"命令,如图3.21所示。

图3.21

②点中显示栏的"中点",捕捉④~⑤轴的中点,可以看到屏幕上有一个黄色的三角形,选中第二点,单击鼠标右键确定即可,如图3.22所示。在状态栏的地方会提示需要进行的下一步操作。

图3.22

（5）利用辅助轴线绘制暗柱

通过图纸结施-04可计算出暗柱的墙中心线位置,单击"通用操作"里的"平行辅轴",绘制辅助轴线,如图3.23所示。

图3.23

通过点绘制和镜像修改,绘制出的暗柱如图3.24所示

图3.24

6)闯关练习

老师讲解演示完毕,可登录测评认证平台安排学生练习。学生打开测评认证平台考试端,练习完毕提交工程文件后系统可自动评分。老师可在网页直接查看学生成绩汇总和作答数据统计。平台可帮助老师和学生专注学习本身,实现快速评分、成绩汇总和分析。

方式一:老师安排学生到测评认证考试平台闯关模块进行相应的关卡练习,增加练习的趣味性和学生的积极性。

方式二:老师自己安排练习。

(1)老师安排随堂练习

老师登录测评认证平台(http://kaoshi.glodonedu.com/),在考试管理页面,单击"安排考试"按钮,如图3.25所示。

图 3.25

步骤一：填写考试基础信息，如图 3.26 所示。

安排考试

① 第一步，填写基本信息 ——— ② 第二步，权限设置

基本信息填写不全，请先暂存试卷，后续进行补充，考试的基本信息填写完整才能正式发布

* 考试名称： 首层柱钢筋量计算 ①

* 考试时间： ▬▬▬▬▬ 🗓 ～ :▬▬▬▬▬ 🗓 ②

* 考试时长(分钟)： 30

* 试卷： 选择试卷 CGGTJ101-计算首层柱工程量 ③

暂存　　下一步，权限设置 ④

图 3.26

①填写考试名称：首层柱钢筋量计算。

②选择考试的开始时间与结束时间（自动计算考试时长）。

③单击"选择试卷"按钮选择试卷。

选择试题时，可从"我的试卷库"中选择，也可从"共享试卷库"中选择，如图 3.27 所示。

图 3.27

步骤二：考试设置，如图 3.28 所示。

①添加考生信息，从群组选择中选择对应的班级学生。

②设置成绩查看权限：交卷后立即显示考试成绩。

③设置防作弊的级别：0级。

④设置可进入考试的次数（留空为不限制次数）。

① 第一步，填写基本信息 ——— ② 第二步，权限设置

基本信息填写不全，请先暂存试卷，后续进行补充，考试的基本信息填写完整才能正式发布

▼ 基本权限

　　*考试参与方式：◉ 私有考试 ❓ ①

　　　　　　　👥7　　添加考生

▼ 高级权限

　　*成绩权限：◉ 可以查看成绩 ❓ ②　　　◯ 不可以查看成绩 ❓

　　　　　　☑交卷后立即显示考试成绩　　□允许考试结束后下载答案

　　*考试位置：◉ PC端 ❓　　◯ WEB端 ❓

　　③ *防作弊：◉ 0级：不开启防作弊 ❓

　　　　　　　◯ 1级：启用考试专用桌面 ❓

　　　　　　　◯ 2级：启用考试专用桌面和文件夹 ❓

　　进入考试次数：[　　]次 ❓

图3.28

发布成功后，可在"未开始的考试"中查看，如图3.29所示。

图3.29

【小技巧】

　　建议提前安排好实战任务，设置好考试的时间段，在课堂上直接让学生练习即可；或者直接使用闯关模块安排学生进行练习，与教材内容配套使用。

（2）参加老师安排的任务

步骤一：登录考试平台。从桌面上双击打开广联达测评认证4.0考试端，用学生账号登录考试平台，如图3.30所示。

步骤二：参加考试。老师安排的考试位于"待参加考试"页签，找到要参加的考试，单击"进入考试"即可，如图3.31所示。

图 3.30

图 3.31

(3)考试过程跟进

考试过程中,单击考试右侧的"成绩分析"按钮,即可进入学生作答监控页面,如图 3.32 所示。

图 3.32

在成绩分析页面,老师可以详细看到每位学生的作答状态:未参加考试、未交卷、作答中、已交卷,如图 3.33 所示。这 4 种状态分别如下:

图 3.33

①未参加考试:考试开始后,学生从未进入过考试作答页面。

②未交卷:考试开始后,学生进入过作答页面,没有交卷又退出考试了。

③作答中:当前学生正在作答页面。

④已交卷:学生进入过考试页面,并完成了至少 1 次交卷,当前学生不在作答页面。

（4）查看考试结果（图3.34）

图3.34

考试结束后，老师可以在成绩分析页面查看考试的数据统计及每位考生的考试结果和成绩分析，如图3.35所示。

评分报告

序号	构件类型	标准工程量(千克)	工程量(千克)	偏差(%)	基准分	得分	得分分析
1	▼柱	8348.578	8348.578	0	92.4731	92.4729	
2	▼工程1	8348.578	8348.578	0	92.4731	92.4729	
3	▼首层	8348.578	8348.578	0	92.4731	92.4729	
4	ΦC20,1,0,柱	2350.4	2350.4	0	25.8064	25.8064	
5	ΦC18,1,0,柱	1792.896	1792.896	0	25.8064	25.8064	
6	ΦC25,1,0,柱	1687.224	1687.224	0	13.9785	13.9785	
7	ΦC22,1,0,柱	577.76	577.76	0	5.3763	5.3763	
8	ΦC16,1,0,柱	24.984	24.984	0	1.6129	1.6129	
9	ΦC8,1,0,柱	1902.42	1902.42	0	19.3548	19.3548	
10	ΦC10,1,0,柱	12.894	12.894	0	0.5376	0.5376	
11	▼暗柱/端柱	1052.82	1052.82	0	7.5269	7.5269	
12	▼工程1	1052.82	1052.82	0	7.5269	7.5269	
13	▼首层	1052.82	1052.82	0	7.5269	7.5269	
14	ΦC10,1,0,暗柱/端柱	410.88	410.88	0	3.2258	3.2258	
15	ΦC20,1,0,暗柱/端柱	641.94	641.94	0	4.3011	4.3011	

图3.35

【提示】

其他章节，老师可参照本"闯关练习"的做法，安排学生在闯关模块进行练习，或在测评认证考试平台布置教学任务。

四、任务结果

单击"工程量"页签下的"云检查"，云检查无误后进行汇总计算（或者按快捷键"F9"），弹出"汇总计算"对话框，选择首层下的柱，如图3.36所示。

图3.36

汇总计算后,在"工程量"页签下可以查看"土建计算"结果,见表3.4;"钢筋计算"结果,见表3.5。

表3.4　首层柱清单、定额工程量

编码	项目名称	单位	工程量明细
010502001001	矩形柱 [项目特征] (1)混凝土种类:商品混凝土 (2)混凝土强度等级:C30	m³	31.98
AE0023	矩形柱 商品混凝土	10 m³	3.198
AE0117	混凝土泵输送混凝土 输送泵车排除量(m³/h)60	100 m³	0.3198
010502001002	矩形柱 [项目特征] (1)混凝土种类:商品混凝土 (2)混凝土强度等级:C30 (3)TZ1	m³	0.117
AE0023	矩形柱 商品混凝土	10 m³	0.0117
AE0117	混凝土泵输送混凝土 输送泵车排除量(m³/h)60	100 m³	0.00117
010504001001	直形墙 C30 (1)混凝土种类:商品混凝土 (2)混凝土强度等级:C30	m³	2.808
AE0049	直形墙 厚度200 mm以内 商品混凝土	10 m³	0.2808
AE0117	混凝土泵输送混凝土 输送泵车排除量(m³/h)60	100 m³	0.02808
011702002001	矩形柱 [项目特征] 模板高度:3.9 m	m²	252.72
AE0136	现浇混凝土模板 矩形柱	100 m²	2.5272
AE0173	构件超高模板 高度超过3.6 m每超过1 m柱	100 m²	0.1944

续表

编码	项目名称	单位	工程量明细
011702002002	矩形柱 ［项目特征］ (1)模板高度：1.95 m (2)TZ1模板	m²	1.95
AE0136	现浇混凝土模板 矩形柱	100 m²	0.0195
11702011001	直形墙 模板高度：3.9 m	m²	34.32
AE0152	现浇混凝土模板 直形墙	100 m²	0.3432
AE0175	构件超高模板 高度超过3.6 m每超过1 m墙	100 m²	0.0264

表3.5 首层柱钢筋工程量

汇总信息	汇总信息钢筋总重(kg)	构件名称	构件数量	HRB400
暗柱/端柱	1029.772	YBZ1［1740］	2	468.584
		YBZ2［1739］	2	561.188
		合计		1029.772
柱	8287.52	KZ-1［1743］	4	992.768
		KZ-2［1741］	6	1336.35
		KZ-3［1735］	6	1450.494
		KZ-4［1738］	12	3248.604
		KZ-5［1744］	2	611.014
		KZ-6［1752］	2	611.014
		TZ1［2133］	1	37.276
		合计		8287.52

五、总结拓展

1)查改标注

框架柱主要使用"点"绘制，或者用偏移辅助"点"绘制。如果有相对轴线偏心的柱，则可使用以下"查改标注"的方法进行偏心的设置和修改，操作步骤如下：

①选中图元，单击"建模"→"柱二次编辑"→"查改标注"，如图3.37所示。

②按回车键，依次修改绿色字体的标注信息，全部修改后用鼠标左键单击屏幕的其他位置即可，右键结束命令，如图3.38所示。

图3.37

图3.38

2)修改图元名称

如果需要修改已经绘制的图元名称,可采用以下两种方法:

①"转换图元"功能。如果要把一个构件的名称替换成另一个名称,如把KZ6修改为KZ1,可以使用"转换图元"功能。选中KZ6,单击鼠标右键选择"转换图元",则会弹出"转换图元"对话框,如图3.39所示,将KZ6修改成KZ1即可。

图3.39

②通过属性列表修改。选中图元,"属性列表"对话框中会显示图元的属性,点开下拉名称列表,选择需要的名称,如图3.40所示。

3)"构件图元名称显示"功能

柱构件绘到图上后,如果需要在图上显示图元的名称,可使用"视图"选项卡下的"显示设置"功能。在弹出如图3.41所示"显示设置"对话框中,勾选显示的图元或显示名称,方便查看和修改。

图3.40　　　　　　　　　　　　　　图3.41

例如,显示柱子及其名称,则在柱显示图元及显示名称后面打钩,也可通过按"Z"键将柱图元显示出来,按"Shift+Z"键将柱图元名称显示出来。

4)柱的属性

在柱的属性中有标高的设置,包括底标高和顶标高。软件默认竖向构件是按照层底标高和层顶标高,可根据实际情况修改构件或图元的标高。

5)构件属性编辑

在对构件进行属性编辑时,属性编辑框中有两种颜色的字体:蓝色字体和黑色字体。蓝色字体显示的是构件的公有属性,黑色字体显示的是构件的私有属性。对公有属性部分进行操作,所做的改动对同层所有同名称构件起作用。

问题思考

(1)在绘图界面怎样调出柱属性编辑框对图元属性进行修改?
(2)在参数化柱模型中找不到的异形柱如何定义?

首层柱定义及绘制

评价反馈

序号	评价项目	评价标准	满分	自评	互评	师评	综合评分
1	柱的属性定义	(1)新建柱构件操作正确; (2)柱的属性定义操作正确。	25				
2	柱的做法套用	(1)柱的清单列项正确; (2)柱的定额列项正确。	20				
3	柱的绘制	(1)柱绘制方法选择恰当; (2)柱的绘制操作正确; (3)绘制图元速度及准确性。	25				
4	柱的工程量计算、查看和校核	(1)能够根据需要计算所需工程量; (2)能够根据需要查看所需工程量; (3)能够正确校核工程量。	20				
5	工作过程	(1)遵守纪律,按时提交工作成果; (2)乐学善学,具备自主学习能力; (3)求真务实,实践中国工匠精神; (4)团结协作,积极参与小组活动; (5)与时俱进,创新智慧领航前行。	10				
小计			100				

自我总结

请针对任务的完成情况,对相关知识点与技能点、知识难点与重点、工作流程与方法、自我感受等内容进行梳理与总结。

3.2 首层剪力墙工程量计算

通过本节的学习,你将能够:
(1)依据定额和清单确定剪力墙的分类和土建工程量计算规则;
(2)依据平法、定额和清单确定剪力墙的钢筋类型及钢筋工程量计算规则;
(3)正确定义剪力墙的属性并套用做法;
(4)正确绘制本层剪力墙图元;
(5)统计并核查本层剪力墙的个数、土建及钢筋工程量;
(6)掌握连梁在软件中的处理方式。

一、任务说明

①完成首层剪力墙的属性定义、做法套用及图元绘制。
②汇总计算,统计并核查本层剪力墙的土建及钢筋工程量。

二、任务分析

①剪力墙在计量时的主要尺寸有哪些?从哪个图中什么位置找到?
②工程量计算中,剪力墙都有哪些分类?都套用什么清单和定额?
③软件中,如何定义剪力墙?如何正确绘制剪力墙图元?
④当剪力墙墙中线与轴线不重合时,该如何处理?
⑤剪力墙中的暗柱、端柱、连梁,分别如何计算土建和钢筋工程量?如何套用清单、定额?
⑥电梯井壁剪力墙的施工措施有什么不同?

三、任务实施

1)分析图纸

(1)分析剪力墙

分析结施-04、结施-01,可以得到首层剪力墙的信息,见表3.6。

表3.6 剪力墙表

序号	类型	名称	混凝土型号	墙厚(mm)	标高	水平筋	竖向筋	拉筋
1	内墙	Q3	C30	200	−0.05~+3.85	ⱷ12@150	ⱷ14@150	ⱷ8@450

(2)分析连梁

连梁是剪力墙的一部分。结施-06中,剪力墙上有LL1(1),尺寸为200 mm×1000 mm,下方有门洞,箍筋为ⱷ10@100(2),上部纵筋为4ⱷ22,下部纵筋为4ⱷ22,侧面纵筋为Gⱷ12@200。

2)剪力墙清单、定额计算规则学习

(1)清单计算规则学习

剪力墙清单计算规则见表3.7。

表3.7 剪力墙清单计算规则

编号	项目名称	单位	计算规则
010504001	直形墙	m³	按设计图示尺寸以体积计算。扣除门窗洞口及单个面积>0.3 m²的孔洞所占体积
011702011	直形墙模板	m²	按模板与现浇混凝土构件的接触面积计算
011702013	短肢剪力墙、电梯井壁	m²	按模板与现浇混凝土构件的接触面积计算

（2）定额计算规则

剪力墙定额计算规则见表3.8。

表3.8 剪力墙定额计算规则

编号	项目名称	单位	计算规则
AE0049	直形墙 厚度200 mm以内 商品混凝土	m³	按设计图示尺寸以体积计算
AE0152	现浇混凝土模板 直形墙	100 m²	按模板与现浇混凝土构件的接触面积计算
AE0175	高度超过3.6 m 每超过1 m墙	100 m²	模板支撑高度>3.6 m时,按超过部分全部面积计算工程量

3)剪力墙属性定义

（1）新建剪力墙

在导航树中选择"墙"→"剪力墙",在"构件列表"中单击"新建"→"新建内墙",如图3.42所示。

在"属性列表"中对图元属性进行编辑,如图3.43所示。

（2）新建连梁

在导航树中选择"梁"→"连梁",在"构件列表"中单击"新建"→"新建矩形连梁",如图3.44所示。

在"属性列表"中对图元属性进行编辑,如图3.45所示。

图3.42

图3.43

属性列表	
属性名称	属性值
1　名称	LL1(1)
2　截面宽度(mm)	200
3　截面高度(mm)	1000
4　轴线距梁左边…	(100)
5　全部纵筋	
6　上部纵筋	4Φ22
7　下部纵筋	4Φ22
8　箍筋	Φ10@100(2)
9　胶数	2
10　拉筋	(Φ6)
11　侧面纵筋(总配…	GΦ12@200
12　材质	商品混凝土
13　混凝土类型	(特细砂塑性混凝土(坍…
14　混凝土强度等级	(C30)
15　混凝土外加剂	(无)
16　泵送类型	(混凝土泵)
17　泵送高度(m)	(3.85)
18　截面周长(m)	2.4
19　截面面积(m²)	0.2
20　起点顶标高(m)	层顶标高(3.85)
21　终点顶标高(m)	层顶标高(3.85)

图 3.44　　　　　　　　　　　　　　　　　图 3.45

4)做法套用

①剪力墙做法套用与前面 YBZ1 和 YBZ2 一样,可采用"做法刷",如图 3.46 所示。

	编码	类别	名称	项目特征	单位	工程量表达式	表达式说明
1	⊟ 010504001	项	直形墙 C30	[项目特征] 1.混凝土种类:商品砼 2.混凝土强度等级:C30	m3	TJ	TJ<体积>
2	AE0049	定	直形墙 厚度200mm以内 商品砼		m3	TJ	TJ<体积>
3	AE0117	定	砼泵输送砼 输送泵车排除量(m3/h)60		m3	TJ	TJ<体积>
4	⊟ 011702011	项	直形墙	模板高度: 3.9m	m2	MBMJ	MBMJ<模板面积>
5	AE0175	定	构件超高模板 高度超过3.6m每超过1m 墙		m2	CGMBMJ	CGMBMJ<超高模板面积>
6	AE0152	定	现浇混凝土模板 直形墙		m2	MBMJ	MBMJ<模板面积>

图 3.46

②在剪力墙里连梁是归到剪力墙里的,连梁做法套用如图 3.47 所示。

图 3.47

5)画法讲解

（1）剪力墙的画法

剪力墙定义完毕后，切换到绘图界面。

①直线绘制。在导航树中选择"墙"→"剪力墙"，通过"构件列表"选择要绘制的构件Q3，依据结施-04可知，剪力墙和暗柱都是200 mm厚，且内外边线对齐，用鼠标捕捉左下角的YBZ1，左键单击Q3的起点，再左键单击终点即可完成绘制。在暗柱处满绘剪力墙。

②对齐。用直线完成Q3的绘制后，检查剪力墙是否与YBZ1和YBZ2对齐，如果不对齐，可采用"对齐"功能将剪力墙和YBZ对齐。选中Q3，单击"对齐"，左键单击需要对齐的目标线，再左键单击选择图元需要对齐的边线，完成绘制，如图3.48所示。

图 3.48

（2）连梁的画法

连梁定义完毕后，切换到绘图界面。采用"直线"绘制的方法绘制。

通过"构件列表"选择"梁"→"连梁"→"LL1"，单击"建模"→"直线"，依据结施-05可知，连梁和剪力墙都是200 mm厚，且内外边线对齐，用鼠标捕捉剪力墙的一个端点作为连梁LL1(1)的起点，再捕捉剪力墙的另一个端点作为终点即可，如图3.49所示。

图 3.49

四、任务结果

绘制完成后，单击"工程量"选项卡下的"汇总计算"，进行汇总计算工程量，或者按"F9"键进行汇总计算。再选择"查看报表"，单击"设置报表范围"，选择首层剪力墙、暗柱和连梁，单击"确定"按钮，首层剪力墙清单、定额工程量见表3.9。

表3.9 首层剪力墙清单、定额工程量

编码	项目名称	单位	工程量明细
010504001001	直形墙 C30 [项目特征] (1)混凝土种类:商品混凝土 (2)混凝土强度等级:C30	m³	6.694
AE0049	直形墙 厚度200 mm以内 商品混凝土	10 m³	0.6694
AE0117	混凝土泵输送混凝土 输送泵车排除量(m³/h)60	100 m³	0.06694
011702011001	直形墙 模板高度:3.9 m	m²	68.32
AE0152	现浇混凝土模板 直形墙	100 m²	0.6832
AE0175	构件超高模板 高度超过3.6 m 每超过1 m墙	100 m²	0.0774

首层剪力墙钢筋工程量见表3.10。

表3.10 首层剪力墙钢筋工程量

汇总信息	汇总信息钢筋总重(kg)	构件名称	构件数量	HPB300	HRB400
剪力墙	705.849	Q3[2208]	2		480.886
		Q3[2209]	1		224.963
		合计			705.849
连梁	113.087	LL1(1)[2896]	1	1.044	112.043
		合计		1.044	112.043

五、总结拓展

对属性编辑框中的"附加"进行勾选,方便用户对所定义的构件进行查看和区分。

问题思考

(1)剪力墙为什么要区分内、外墙定义?

(2)电梯井壁墙的内侧模板是否存在超高?

(3)电梯井壁墙的内侧模板和外侧模板是否套用同一定额?

首层剪力墙的
定义及绘制

评价反馈

序号	评价项目	评价标准	满分	评价			综合评分
				自评	互评	师评	
1	剪力墙的属性定义	(1)新建剪力墙构件操作正确; (2)剪力墙的属性定义操作正确。	25				

续表

序号	评价项目	评价标准	满分	评价			综合评分
				自评	互评	师评	
2	剪力墙的做法套用	(1)剪力墙的清单列项正确; (2)剪力墙的定额列项正确。	20				
3	剪力墙的绘制	(1)剪力墙绘制方法选择恰当; (2)剪力墙的绘制操作正确; (3)绘制图元速度及准确性。	25				
4	剪力墙的工程量计算、查看和校核	(1)能够根据需要计算所需工程量; (2)能够根据需要查看所需工程量; (3)能够正确校核工程量。	20				
5	工作过程	(1)遵守纪律,按时提交工作成果; (2)乐学善学,具备自主学习能力; (3)求真务实,实践中国工匠精神; (4)团结协作,积极参与小组活动; (5)与时俱进,创新智慧领航前行。	10				
	小计		100				

自我总结

请针对任务的完成情况,对相关知识点与技能点、知识难点与重点、工作流程与方法、自我感受等内容进行梳理与总结。

3.3 首层梁工程量计算

通过本节的学习,你将能够:

(1)依据定额和清单确定梁的分类和土建工程量计算规则;

(2)依据平法、定额和清单确定梁的钢筋类型及钢筋工程量计算规则;

(3)定义梁的属性,进行正确的做法套用;

(4)绘制梁图元,正确对梁进行二次编辑;

(5)统计并核查本层梁的个数、土建及钢筋工程量。

一、任务说明

①完成首层梁的属性定义、做法套用及图元绘制。

②汇总计算,统计本层梁的钢筋及土建工程量。

二、任务分析

①梁在计量时的主要尺寸有哪些?可以从哪个图中什么位置找到?有多少种梁?

②梁是如何套用清单定额的?软件中如何处理变截面梁?

③梁的标高如何调整?起点顶标高和终点顶标高不同会有什么结果?

④绘制梁时，如何实现精确定位？

⑤各种不同名称的梁如何能快速套用做法？

⑥参照22G101—1第2-33~2-48页，分析框架梁、非框架梁、屋框梁、悬臂梁纵筋及箍筋的配筋构造。

⑦如何统计并核查本层梁的土建和钢筋工程量？

三、任务实施

1)分析图纸

①分析结施-06，从左至右、从上至下，本层有框架梁和非框架梁两种。

②框架梁KL1~KL10b及非框架梁L1的主要信息见表3.11。

表3.11　梁表

序号	类型	名称	混凝土强度等级	截面尺寸（mm）	顶标高	备注
1	框架梁	KL1(1)	C30	250×500	层顶标高	钢筋信息参考结施-06
		KL2(2)	C30	300×500	层顶标高	
		KL3(3)	C30	250×500	层顶标高	
		KL4(1)	C30	300×600	层顶标高	
		KL5(3)	C30	300×500	层顶标高	
		KL6(7)	C30	300×500	层顶标高	
		KL7(3)	C30	300×500	层顶标高	
		KL8(1)	C30	300×600	层顶标高	
		KL9(3)	C30	300×600	层顶标高	
		KL10(3)	C30	300×600	层顶标高	
		KL10a(3)	C30	300×600	层顶标高	
		KL10b(1)	C30	300×600	层顶标高	
2	非框架梁	L1(1)	C30	300×550	层顶标高	

2)现浇混凝土梁基础知识学习

（1）清单计算规则学习

梁清单计算规则见表3.12。

表3.12　梁清单计算规则

编号	项目名称	单位	计算规则
010503002	矩形梁	m³	按设计图示尺寸以体积计算。伸入墙内的梁头、梁垫并入梁体积内。梁长： (1)梁与柱连接时，梁长算至柱侧面 (2)主梁与次梁连接时，次梁长算至主梁侧面
011702006	矩形梁	m²	按模板与现浇混凝土构件的接触面积计算

续表

编号	项目名称	单位	计算规则
010505001	有梁板	m³	按设计图示尺寸以体积计算,有梁板(包括主梁、次梁与板)按梁、板体积之和计算
011702014	有梁板	m²	按模板与现浇混凝土构件的接触面积计算

(2)定额计算规则学习

梁定额计算规则见表3.13。

表3.13 梁定额计算规则

编号	项目名称	单位	计算规则
AE0037—0038	现浇混凝土 矩形梁	10 m³	混凝土的工程量按设计图示体积以"m³"计算,不扣除构件内钢筋、螺栓、预埋铁件及单个面积 0.3 m² 以内的孔洞所占体积 (1)梁与柱(墙)连接时,梁长算至柱(墙)侧面 (2)次梁与主梁连接时,次梁长算至主梁侧面 (3)伸入砌体墙内的梁头、梁垫体积,并入梁体积内计算 (4)梁的高度算至梁顶,不扣除板的厚度
AE0044	弧形梁及拱形梁(商品混凝土)	10 m³	同上
AE0144	矩形梁 模板	100 m²	按模板与混凝土的接触面积以"m²"计算。梁与柱、梁与梁等连接重叠部分,以及深入墙内的梁头接触部分,均不计算模板面积
AE0150	弧形梁 模板	100 m²	按模板与混凝土的接触面积以"m²"计算。梁与柱、梁与梁等连接重叠部分,以及深入墙内的梁头接触部分,均不计算模板面积
AE0174	高度超过 3.6 m 每增1 m 梁	100 m²	模板支撑高度在 3.6 m 以上、8 m 以下时,执行超高相应定额子目,按超过部分全部面积计算工程量
AE0072—0073	现浇混凝土板 有梁板	10 m³	按设计图示尺寸以体积计算。有梁板(包括主梁、次梁与板)按梁、板体积合并计算
AE0157	有梁板 模板	100 m²	按模板与混凝土的接触面积以"m²"计算。现浇钢筋混凝土板单孔面积≤0.3 m²孔洞所占的面积不予扣除,洞侧壁模板亦不增加,单孔面积>0.3 m²时,应予扣除,洞侧壁模板面积并入板模板工程量内计算;深入墙内的梁头、板头接触部分,均不计算模板面积

(3)梁平法知识

梁类型有楼层框架梁、屋面框架梁、框支梁、非框架梁、悬挑梁等。梁平面布置图上采用平面注写方式或截面注写方式表达。

①平面注写:在梁平面布置图上,分别在不同编号的梁中各选一根梁,在其上注写截面尺寸和配筋具体数值的方式来表达梁平法施工图,如图3.50所示。平面注写包括集中标注与原位标注,集中标注表达梁的通用数值,原位标注表达梁的特殊数值。当集中标注中的某项数值不适用于梁的某部位时,则将该项数值原位标注。施工时,原位标注取值优先。

②截面注写:在分标准层绘制的梁平面布置图上,分别在不同编号的梁中各选择一根梁用剖面号引出配筋图,并在其上注写截面尺寸和配筋具体数值的方式来表达梁平法施工图,如图3.51所示。

图 3.50

图 3.51

③框架梁钢筋类型及软件输入方式:以上/下部通长筋为例,侧面钢筋、箍筋、拉筋为例,见表3.14。

表 3.14 框架梁钢筋类型及软件输入方式

钢筋类型	输入格式	说明
上部通长筋	2⻥22	数量+级别+直径,有不同的钢筋信息用"+"连接,注写时将角部纵筋写在前面
	2⻥25+2⻥22	
	4⻥20 2/2	当存在多排钢筋时,使用"/"将各排钢筋自上而下分开

续表

钢筋类型	输入格式	说明
上部通长筋	2⊉20/2⊉22	当存在多排钢筋时,使用"/"将各排钢筋自上而下分开
	1-2⊉25	图号-数量+级别+直径,图号为悬挑梁弯起钢筋图号
	2⊉25+(2⊉22)	当有架立筋时,架立筋信息输在加号后面的括号中
下部通长筋	2⊉22	数量+级别+直径,有不同的钢筋信息用"+"连接
	2⊉25+2⊉22	
	4⊉20 2/2	当存在多排钢筋时,使用"/"将各排钢筋自上而下分开
	2⊉20/2⊉22	
侧面钢筋（总配筋值）	G4⊉16或N4⊉16	梁两侧侧面筋的总配筋值
	G⊉16@100或N⊉16@100	
箍筋	20⊉8(4)	数量+级别+直径(肢数),肢数不输入时按肢数属性中的数据计算
	⊉8@100(4)	级别+直径+@+间距(肢数),加密区间距和非加密区间距用"/"分开,加密区间距在前,非加密区间距在后
	⊉8@100/200(4)	
	13⊉8@100/200(4)	此种输入格式主要用于指定梁两端加密箍筋数量的设计方式。"/"前面表示加密区间距,后面表示非加密区间距。当箍筋肢数不同时,需要在间距后面分别输入相应的肢数
	9⊉8@100/12⊉12@150/⊉16@200(4)	此种输入格式表示从梁两端到跨内,按输入的间距、数量依次计算。当箍筋肢数不同时,需要在间距后面分别输入相应的肢数
	10⊉10@100(4)/⊉8@200(2)	此种输入格式主要用于加密区和非加密区箍筋信息不同时的设计方式。"/"前面表示加密区间距,后面表示非加密区间距
	⊉10@100(2)[2500];⊉12@100(2)[2500]	此种输入格式主要用于同一跨梁内不同范围存在不同箍筋信息的设计方式
拉筋	⊉16	级别+直径,不输入间距按照非加密区箍筋间距的2倍计算
	4⊉16	排数+级别+直径,不输入排数按照侧面纵筋的排数计算
	⊉16@100或⊉16@100/200	级别+直径+@+间距,加密区间距和非加密区间距用"/"分开,加密区间距在前,非加密区间距在后
支座负筋	4⊉16或2⊉22+2⊉25	数量+级别+直径,有不同的钢筋信息用"+"连接
	4⊉16 2/2或4⊉14/3⊉18	当存在多排钢筋时,使用"/"将各排钢筋自上而下分开
	4⊉16-2500	数量+级别+直径-长度,长度表示支座筋伸入跨内的长度。此种输入格式主要用于支座筋指定伸入跨内长度的设计方式
	4⊉16 2/2-2000/1500	数量+级别+直径+数量/数量+长度/长度。该输入格式表示:第一排支座筋2⊉16,伸入跨内2000,第二排支座筋2⊉16伸入跨内1500
跨中筋	4⊉16或2⊉22+2⊉25	数量+级别+直径,有不同的钢筋信息用"+"连接
	4⊉16 2/2或4⊉14/3⊉18	当存在多排钢筋时,使用"/"将各排钢筋自上而下分开
	4⊉16+(2⊉18)	当有架立筋时,架立筋信息输在加号后面的括号中
	2-4⊉16	图号-数量+级别+直径,图号为悬挑梁弯起钢筋图号

钢筋类型	输入格式	说明
下部钢筋	4⎈16 或 2⎈22+2⎈25	数量+级别+直径,有不同的钢筋信息用"+"连接
	4⎈16 2/2 或 6⎈14(−2)/4	当存在多排钢筋时,使用"/"将各排钢筋自上而下分开。当有下部钢筋不全部伸入支座时,将不伸入的数量用(−数量)的形式表示
次梁加筋	4	数量,表示次梁两侧共增加的箍筋数量,箍筋的信息和长度与梁一致
	4⎈16(2)	数量+级别+直径+肢数,肢数不输入时按照梁的箍筋肢数处理
	4⎈16(2)/3⎈18(4)	数量+级别+直径+肢数/数量+级别+直径+肢数,不同位置的次梁加筋可以使用"/"隔开
吊筋	4⎈16 或 4⎈14/3⎈18	数量+级别+直径,不同位置的次梁吊筋信息可以使用"/"隔开
加腋钢筋	4⎈16 或 4⎈14+3⎈18	数量+级别+直径,有不同的钢筋信息用"+"连接
	4⎈16 2/2 或 4⎈14/3⎈18	当存在多排钢筋时,使用"/"将各排钢筋自上而下分开
	4⎈16;3⎈18	数量+级别+直径;数量+级别+直径,左右端加腋钢筋信息不同时用";"隔开。没有分号隔开时,表示左右端配筋相同

3)梁的属性定义

(1)框架梁

在导航树中单击"梁"→"梁",在"构件列表"中单击"新建"→"新建矩形梁",新建矩形梁KL6(7)。根据KL6(7)在结施-06中的标注信息,在"属性列表"中输入相应的属性值,如图3.52所示。

图3.52

【注意】

名称:根据图纸输入构件的名称KL6(7),该名称在当前楼层的当前构件类型下唯一。

结构类别:结构类别会根据构件名称中的字母自动生成,也可根据实际情况进行选择。梁的结构类别下拉框选项中有7类,按照实际情况,此处选择"楼层框架梁",如图3.53所示。

跨数量:梁的跨数量,直接输入。没有输入时,提取梁跨后会自动读取。

截面宽度(mm):梁的宽度,KL6(7)的梁宽为300,在此输入300。

图3.53

截面高度(mm):输入梁的截面高度,KL6(7)的梁高为500,在此输入500。

轴线距梁左边线距离:按默认即可。

箍筋:KL6(7)的箍筋信息为Φ10@100/200(2)。

肢数:通过单击3点按钮选择肢数类型,KL6(7)为2肢箍。

上部通长筋:根据图纸集中标注,KL6(7)的上部通长筋为2Φ25。

下部通长筋:根据图纸集中标注,KL6(7)无下部通长筋。

侧面构造或受扭筋(总配筋值):格式G或N+数量+级别+直径,其中G表示构造钢筋,N表示抗扭钢筋,根据图纸集中标注,KL6(7)有构造钢筋2根+三级钢+12的直径(G2Φ12)。

拉筋:当有侧面纵筋时,软件按"计算设置"中的设置自动计算拉筋信息。当构件需要特殊处理时,可根据实际情况输入。

定额类别:可选择有梁板或非有梁板,该工程中框架梁大部分按有梁板进行定额类别的确定。

材质:有自拌混凝土、商品混凝土和预制混凝土3种类型,根据工程实际情况选择,该工程选用"商品混凝土"。

混凝土类型:当前构件的混凝土类型,可根据实际情况进行调整。这里的默认取值与楼层设置里的混凝土类型一致。

混凝土强度等级:混凝土的抗压强度。默认取值与楼层设置里的混凝土强度等级一致,根据图纸,框架梁的混凝土强度等级为C30。

钢筋业务属性:如图3.54所示。

其他钢筋:除了当前构件中已经输入的钢筋外,还有需要计算的钢筋,则可通过其他钢筋来输入。

其他箍筋:除了当前构件中已经输入的箍筋外,还有需要计算的箍筋,则可通过其他箍筋来输入。

保护层厚度:软件自动读取楼层设置中框架梁的保护层厚度为20 mm,如果当前构件需要特殊处理,则可根据实际情况进行输入。

图3.54

图3.55

（2）非框架梁

非框架梁的属性定义同上面的框架梁。对于非框架梁,在定义时,需要在属性的"结构类别"中选择相应的类别,如"非框架梁",其他属性与框架梁的输入方式一致,如图3.55所示。

4)梁的做法套用

梁构件定义好后,需要进行做法套用操作。打开"定义"界面,选择"构件做法",单击"添加清单",添加混凝土有梁板清单项010505001和有梁板模板清单项011702014。在混凝土有梁板下添加定额AE0073、AE0117,在有梁板模板下添加定额AE0157、AE0174。单击"项目特征",根据工程实际情况将项目特征填写完整。

框架梁KL6的做法套用如图3.56所示。

非框架梁L1的做法套用如图3.57所示。

框架梁KL1(弧形梁)的做法套用如图3.58所示。

根据结施-13中楼梯平面图分析,位于④轴、⑪轴上的TL-1不在计算整体楼梯的水平投影面积范围内,应该单独计算梁的工程量,TL-1的做法套用如图3.59所示。

	编码	类别	名称	项目特征	单位	工程量表达式	表达式说明
1	— 010505001	项	有梁板	1.混凝土种类:商品混凝土 2.混凝土强度等级:C30	m3	TJ	TJ<体积>
2	AE0073	定	有梁板 商品砼		m3	TJ	TJ<体积>
3	AE0117	定	砼泵输送砼 输送泵车排除量(m3/h)60		m3	TJ	TJ<体积>
4	— 011702014	项	有梁板	1.支撑高度:3.9m 2.部位:梁	m2	MBMJ	MBMJ<模板面积>
5	AE0157	定	现浇混凝土模板 有梁板		m2	MBMJ	MBMJ<模板面积>
6	AE0174	定	构件超高模板 高度超过3.6m每超过1m 梁		m2	CGMBMJ	CGMBMJ<超高模板面积>

图3.56

	编码	类别	名称	项目特征	单位	工程量表达式	表达式说明
1	— 010505001	项	有梁板	1.混凝土种类:商品混凝土 2.混凝土强度等级:C30	m3	TJ	TJ<体积>
2	AE0073	定	有梁板 商品砼		m3	TJ	TJ<体积>
3	AE0117	定	砼泵输送砼 输送泵车排除量(m3/h)60		m3	TJ	TJ<体积>
4	— 011702014	项	有梁板	1.支撑高度:3.9m 2.部位:梁	m2	MBMJ	MBMJ<模板面积>
5	AE0157	定	现浇混凝土模板 有梁板		m2	MBMJ	MBMJ<模板面积>
6	AE0174	定	构件超高模板 高度超过3.6m每超过1m 梁		m2	CGMBMJ	CGMBMJ<超高模板面积>

图3.57

	编码	类别	名称	项目特征	单位	工程量表达式	表达式说明
1	— 010505001	项	有梁板	[项目特征] 1.混凝土种类:商品砼 2.混凝土强度等级:C30 3.弧形梁	m3	TJ	TJ<体积>
2	AE0044	定	弧形梁及拱形梁 商品砼		m3	TJ	TJ<体积>
3	AE0117	定	砼泵输送砼 输送泵车排除量(m3/h)60		m3	TJ	TJ<体积>
4	— 011702014	项	有梁板	弧形梁模板高度:3.9m	m2	MBMJ	MBMJ<模板面积>
5	AE0150	定	现浇混凝土模板 弧形梁		m2	MBMJ	MBMJ<模板面积>
6	AE0174	定	构件超高模板 高度超过3.6m每超过1m 梁		m2	CGMBMJ	CGMBMJ<超高模板面积>

图3.58

	编码	类别	名称	项目特征	单位	工程量表达式	表达式说明
1	— 010503002	项	矩形梁	[项目特征] 1.混凝土种类:商品砼 2.混凝土强度等级:C30	m3	TJ	TJ<体积>
2	AE0038	定	矩形梁 商品砼		m3	TJ	TJ<体积>
3	AE0117	定	砼泵输送砼 输送泵车排除量(m3/h)60		m3	TJ	TJ<体积>
4	— 011702006	项	矩形梁	模板高度:1.95m	m2	MBMJ	MBMJ<模板面积>
5	AE0144	定	现浇混凝土模板 矩形梁		m2	MBMJ	MBMJ<模板面积>

图3.59

5)梁画法讲解

梁在绘制时,要先绘制主梁后绘制次梁。通常,按先上后下、先左后右的方向来绘制,以保证所有的梁都能够绘制完全。

(1)直线绘制

梁为线性构件,直线形的梁采用"直线"绘制比较简单,如KL6。在绘图界面,单击"直线"命令,单击梁的起点①轴与⑪轴的交点,单击梁的终点⑧轴与⑪轴的交点即可,如图3.60所示。1号办公楼中KL2~KL10b、非框架梁L1都可采用直线绘制。

图3.60

（2）弧形绘制

在绘制③~④轴与Ⓐ~Ⓐ/A轴间的KL1(1)时，先从③轴与Ⓐ轴交点出发，将左偏心距离设置为250，绘制一段3500 mm的直线，切换成"起点圆心终点弧"模式（图3.61），捕捉圆心，再捕捉终点，右键确定，完成KL1弧形段的绘制。

弧形段也可采用两点小弧的方式进行绘制，如果能准确确定弧上3个点，还可采用三点画弧的方式绘制。

KL1(1)在绘制时，假如直线段和弧形段是分开进行绘制的，需要将其进行"合并"。

（3）梁柱对齐

在绘制KL6时，对于Ⓓ轴上①~⑧轴间的KL6，其中心线不在轴线上，但由于KL6与两端框架柱一侧平齐，因此，除了采用"Shift+左键"的方法偏移绘制之外，还可使用"对齐"命令。

①在轴线上绘制KL6(7)，绘制完成后，选择"建模"页签下"修改"面板中的"对齐"命令，如图3.62所示。

图3.61   图3.62

②根据提示，先选择柱上侧的边线，再选择梁上侧的边线，对齐成功后如图3.63所示。

图3.63

（4）偏移绘制

对于有些梁,如果端点不在轴线的交点或其他捕捉点上,可采用偏移绘制,也就是采用"Shift+左键"的方法捕捉轴线交点以外的点来绘制。

例如,绘制L1,两个端点分别为:①轴与④轴交点偏移X=2300+200,Y=−3250−150。①轴与⑤轴交点偏移X=0,Y=−3250−150。

将光标放在①轴和④轴的交点处,同时按下"Shift"键和鼠标左键,在弹出的"输入偏移值"对话框中输入相应的数值,单击"确定"按钮,这样就选定了第一个端点。采用同样的方法,确定第二个端点来绘制L1。

（5）镜像绘制梁图元

①~④轴上布置的KL7~KL9与⑤~⑧轴上的KL7~KL9是对称的,因此可采用"镜像"命令绘制此图元。点选镜像图元,单击鼠标右键选择"镜像",单击对称点一,再单击对称点二,在弹出的对话框中选择"否"即可。

首层梁的定义
和绘制（一）

6）梁的二次编辑

梁绘制完毕后,只是对梁集中标注的信息进行了输入,还需输入原位标注的信息。由于梁是以柱和墙为支座的,提取梁跨和原位标注之前,需要绘制好所有的支座。图中梁显示为粉色时,表示还没有进行梁跨提取和原位标注的输入,也不能正确地对梁钢筋进行计算。

对于有原位标注的梁,可通过输入原位标注来把梁的颜色变为绿色;对于没有原位标注的梁,可通过重提梁跨来把梁的颜色变为绿色,如图3.64所示。

软件中用粉色和绿色对梁进行区别,目的是提醒哪些梁已经进行了原位标注的输入,便于检查,防止出现忘记输入原位标注,影响计算结果的情况。

图3.64

（1）原位标注

梁的原位标注主要有支座钢筋、跨中筋、下部钢筋、架立钢筋。另外,变截面也需要在原位标注中输入。下面以⑧轴的KL4为例,介绍梁的原位标注信息输入。

①在"梁二次编辑"面板中选择"原位标注"。

②选择要输入原位标注的KL4,绘图区显示原位标注的输入框,下方显示平法表格。

③对应输入钢筋信息,有两种方式:

一是在绘图区域显示的原位标注输入框中输入,比较直观,如图3.65所示。

图3.65

二是在"梁平法表格"中输入,如图3.66所示。

梁平法表格																	
复制跨数据	粘贴跨数据	输入当前列数据	删除当前列数据	页面设置	调换起始跨	悬臂钢筋代号											
位置	名称	跨号	标高		构件尺寸(mm)							上通长筋	上部钢筋			下通长筋	下
			起点标高	终点标高	A1	A2	A3	A4	跨长	截面(B*H)	距左边线距离		左支座钢筋	跨中钢	右支座钢筋		
1 <4+50,...	KL4(1)	1	3.85	3.85	(300)	(200)	(250)	(250)	(7150)	(300*600)	(150)	2Φ22	5Φ22 3/2		5Φ22 3/2		

图3.66

绘图区域输入：按照图纸标注中KL4的原位标注信息输入；"1跨左支座筋"输入"5⊕22 3/2"，按"Enter"键确定；跳到"1跨跨中筋"，此处没有原位标注信息，不用输入，可以直接按"Enter"键跳到下一个输入框，或者用鼠标选择下一个需要输入的位置。例如，选择"1跨右支座筋"输入框，输入"5⊕22 3/2"；按"Enter"键跳到"下部钢筋"，输入"4⊕25"。

【注意】

输入后按"Enter"键跳转的方式，软件默认的跳转顺序是左支座筋、跨中筋、右支座筋、下部筋，然后下一跨的左支座筋、跨中筋、右支座筋、下部筋。如果想要自己确定输入的顺序，可用鼠标选择需要输入的位置，每次输入之后，需要按"Enter"键或单击其他方框确定。

（2）重提梁跨

当遇到以下问题时，可使用"重提梁跨"功能：

①原位标注计算梁的钢筋需要重提梁跨，软件在提取了梁跨后才能识别梁的跨数、梁支座并进行计算。

②由于图纸变更或编辑梁支座信息，导致梁支座减少或增加，影响了梁跨数量，使用"重提梁跨"可以重新提取梁跨信息。

重提梁跨的操作步骤如下：

第一步：在"梁二次编辑"面板中选择"重提梁跨"，如图3.67所示。

第二步：在绘图区域选择梁图元，出现如图3.68所示的提示信息，单击"确定"按钮即可。

图3.67   图3.68

图3.69

（3）设置支座

如果存在梁跨数与集中标注中不符的情况，则可使用此功能进行支座的设置工作。操作步骤如下：

第一步：在"梁二次编辑"面板中选择"设置支座"，如图3.69所示。

第二步：鼠标左键选择需要设置支座的梁，如KL3，如图3.70所示。

图3.70

第三步：鼠标左键选择或框选作为支座的图元，右键确认，如图3.71所示。

图3.71

第四步:当支座设置错误时,还可采用"删除支座"的功能进行删除,如图3.72所示。

(4)梁标注的快速复制功能

分析结施-06,可以发现图中有很多同名的梁(如KL1,KL2,KL5,KL7,KL8,KL9等)。这时,不需要对每道梁都进行原位标注,直接使用软件提供的复制功能,即可快速对梁进行原位标注。

①梁跨数据复制。工程中不同名称的梁,梁跨的原位标注信息相同,或同一道梁不同跨的原位标注信息相同,通过该功能可以将当前选中的梁跨数据复制到目标梁跨上。复制内容主要是钢筋信息。例如KL3,其③~④轴的原位标注与⑤~⑥轴完全一致,这时可使用梁跨数据复制功能,将③~④轴跨的原位标注复制到⑤~⑥轴中。

第一步:在"梁二次编辑"面板中选择"梁跨数据复制",如图3.73所示。

图3.72　　　　　　　　　　　　　　　　　　　图3.73

第二步:在绘图区域选择需要复制的梁跨,单击鼠标右键结束选择,需要复制的梁跨选中后显示为红色,如图3.74所示。

图3.74

第三步:在绘图区域选择目标梁跨,选中的梁跨显示为黄色,单击鼠标右键完成操作,如图3.75所示。

图3.75

②应用到同名梁。当遇到以下问题时,可使用"应用到同名梁"功能。

如果图纸中存在多个同名称的梁,且原位标注信息完全一致,就可采用"应用到同名梁"功能来快速地实现原位标注信息的输入。如结施-06中有4道KL8,只需对一道KL8进行原位标注,运用"应用到同名梁"功能,实现快速标注。

第一步:在"梁二次编辑"面板中选择"应用到同名梁",如图3.76所示。

图3.76

第二步:选择应用方法,软件提供了3种选择,根据实际情况选用即可。包括同名称未提取跨梁、同名称已提取跨梁、所有同名称梁。单击"查看应用规则",可查看应用同名梁的规则。

同名称未提取跨梁:未识别的梁为浅红色,这些梁没有识别跨长和支座等信息。

同名称已提取跨梁:已识别的梁为绿色,这些梁已经识别了跨长和支座信息,但是原位标注信息没有输入。

所有同名称梁:不考虑梁是否已经识别。

【注意】

　　未提取梁跨的梁,图元不能捕捉。

第三步:用鼠标左键在绘图区域选择梁图元,单击右键确定,完成操作,则软件弹出应用成功的提示,在此可看到有几道梁应用成功。

第四步:应用到同名称梁后,要注意检查被应用到的梁的原位标注是否正确。例如KL5,使用"应用到同名称梁"后,并不是镜像标注,所以KL5需原位标注完后再进行镜像绘制。

(5)梁的吊筋和次梁加筋

在做实际工程时,吊筋和次梁加筋的布置方式一般都是在"结构设计总说明"中集中说明的,此时需要批量布置吊筋和次梁加筋。

《1号办公楼施工图(含土建和安装)》在"结构设计总说明"中的钢筋混凝土梁第三条说明:在主次梁相交处,均在次梁两侧各设3组箍筋,且注明了箍筋肢数、直径同梁箍筋,间距为50 mm,因此需设置次梁加筋。在结施-05~08的说明中也对次梁加筋进行了说明。

①在"梁二次编辑"面板中单击"生成吊筋",如图3.77所示。

②在弹出的"生成吊筋"对话框中,根据图纸输入次梁加筋的钢筋信息,如图3.78所示。假如有吊筋,也可在此输入生成。

③设置完成后,单击"确定"按钮,然后在图中选择要生成次梁加筋的主梁和次梁,单击右键确定,即可完成吊筋的生成。

图3.77　　　　　　　　　　　　　　　　图3.78

【注意】

必须在提取梁跨后,才能使用此功能自动生成;运用此功能同样可以整楼生成。

④二层梯柱下方与KL6交接处,楼梯连接梁与框架梁、非框架梁连接处的次梁加筋可在平法表格中单独输入。

(6)配置梁侧面钢筋(拓展)

首层梁中次梁加筋和吊筋的布置

如果图纸原位标注中标注了侧面钢筋的信息,或是结构设计总说明中标明了整个工程的侧面钢筋配筋,那么,除了在原位标注中输入外,还可使用"生成侧面钢筋"的功能来批量配置梁侧面钢筋。

①在"梁二次编辑"面板中选择"生成侧面筋"。

②在弹出的"生成侧面筋"对话框中,点选"梁高"或是"梁腹板高"定义侧面钢筋,如图3.79所示,可利用插入行添加侧面钢筋信息,高和宽的数值要求连续。

图3.79

其中"梁腹板高设置"可以修改相应下部纵筋排数对应的"梁底至梁下部纵筋合力点距离s"。

根据规范和平法,梁腹板高度H_w应取有效高度,需要算至下部钢筋合力点。下部钢筋只有一排时,合力点为下部钢筋的中心点,则$H_w=H_b$(梁高)−板厚−保护层−下部钢筋半径,s=保护层+$D/2$;当下部钢筋为两排时,s一般取60 mm;当不需要考虑合力点时,则s输入0,表示腹板高度H_w=梁高−板厚。用户可根据实际情况进行修改,如图3.80所示。

图3.80

③软件生成方式支持"选择图元"和"选择楼层"。"选择图元"在楼层中选择需要生成侧面钢筋的梁,单击鼠标右键确定。"选择楼层"则在右侧选择需要生成侧面筋的楼层,该楼层中所有的梁均生成侧面钢筋,如图3.81所示。

图3.81

【说明】

生成的侧面钢筋支持显示钢筋三维。

利用此功能默认是输入原位标注侧面钢筋,遇支座断开,若要修改做法,进入"计算设置"中的"框架梁",可选择其他做法。

四、任务结果

1)查看钢筋工程量计算结果

前面部分没有涉及构件图元钢筋计算结果的查看,主要是因为竖向构件在上下层没有绘制时,无法正确计算搭接和锚固,对于梁这类水平构件,本层相关图元绘制完毕,就可以正确地计算钢筋工程量,并可以查看计算结果。

首先,选择"工程量"选项卡下的"汇总计算",选择要计算的层进行钢筋工程量计算,然后就可以选择已经计算过的构件进行计算结果的查看。

①通过"编辑钢筋"查看每根钢筋的详细信息:选择"钢筋计算结果"面板下的"编辑钢筋",下面还是以KL4为例进行说明。

钢筋显示顺序为按跨逐个显示,如图3.82所示的第一行计算结果中,"筋号"对应到具体钢筋;"图号"是软件对每一种钢筋形状的编号。"计算公式"和"公式描述"是对每根钢筋的计算过程进行的描述,方便查量和对量;"搭接"是指单根钢筋超过定尺长度之后所需要的搭接长度和接头个数。

图3.82

"编辑钢筋"中的数据还可以进行编辑,可根据需要对钢筋的信息进行修改,然后锁定该构件。

②通过"查看钢筋量"来查看计算结果:选择钢筋量菜单下的"查看钢筋量",或者在工具条中选择"查看钢筋量"命令,拉框选择或者点选需要查看的图元。软件可以一次性显示多个图元的计算结果,如图3.83所示。

图 3.83

图中显示构件的钢筋量,可按不同的钢筋类别和直径列出,并可对选择的多个图元的钢筋量进行合计。

首层所有梁的钢筋工程量统计可单击"查看报表",见表3.15(见报表中《构件汇总信息明细表》)。

表3.15 梁钢筋工程量

汇总信息	汇总信息钢筋总重(kg)	构件名称	构件数量	HPB300	HRB400
梁	12575.546	KL1(1)	2	3.6	692.424
		KL10(3)	1	3.842	648.972
		KL10a(3)	1	2.26	340.36
		KL10b(1)	1	1.017	132.923
		KL2(2)	2	5.198	771.13
		KL3(3)	1	4.8	632.909
		KL4(1)	1	2.034	290.162
		KL5(3)	4	17.176	2613.728
		KL6(7)	1	10.622	1646.202
		KL7(3)	2	9.04	1322.938
		KL8(1)	4	7.91	1492.37
		KL9(3)	2	9.04	1651.468
		L1(1)	1	1.157	132.175
		TL-1(非平台梁)	1		38.744
		TL-1(非平台梁)	1		20.508
		合计		77.696	12427.015

2)查看土建工程量计算结果

①参照KL6(7)属性的定义方法,将剩余框架梁按图纸要求定义。

②用直线、三点画弧、对齐、镜像等方法将KL1~KL10b,以及非框架梁L1、TL1按图纸要求绘制。绘制完成后,如图3.84所示。

图3.84

③汇总计算,首层梁清单定额工程量见表3.16。

表3.16 首层梁清单定额工程量

编码	项目名称	单位	工程量明细
010505001001	有梁板 [项目特征] (1)混凝土种类:商品混凝土 (2)混凝土强度等级:C30 (3)弧形梁	m³	1.6825
AE0044	弧形梁及拱形梁 商品混凝土	10 m³	0.16825
AE0117	混凝土泵输送混凝土 输送泵车排除量(m³/h)60	100 m³	0.016825
010505001002	有梁板 [项目特征] (1)混凝土种类:商品混凝土 (2)混凝土强度等级:C30	m³	38.4082
AE0073	有梁板 商品混凝土	10 m³	3.84082
AE0117	混凝土泵输送砼 输送泵车排除量(m³/h)60	100 m³	0.384082
010503002001	矩形梁 [项目特征] (1)混凝土种类:商品混凝土 (2)混凝土强度等级:C30	m³	0.34
AE0038	矩形梁 商品混凝土	10 m³	0.034
AE0117	混凝土泵输送砼 输送泵车排除量(m³/h)60	100 m³	0.0034
011702014001	有梁板 [项目特征] 模板高度:3.9 m	m²	16.8254
AE0150	现浇混凝土模板 弧形梁	100 m²	0.168254
AE0174	构件超高模板 高度超过3.6 m每超过1 m 梁	100 m²	0.168254

续表

编码	项目名称	单位	工程量明细
011702014002	有梁板 ［项目特征］ 模板高度:3.9 m	m²	330.07
AE0157	现浇混凝土模板 有梁板	100 m²	3.3007
AE0176	构件超高模板 高度超过3.6 m每超过1 m 板	100 m²	2.59005
011702006001	矩形梁 ［项目特征］ 模板高度:1.95 m	m²	4.25
AE0144	现浇混凝土模板 矩形梁	100 m²	0.0425

注:墙内的TL1（非平台梁）需要套做法,TL1（休息平台梁）、TL1（连系梁）不套做法,在楼梯中套做法。

五、总结拓展

①梁的原位标注和平法表格的区别:选择"原位标注"时,可以在绘图区域梁图元的位置输入原位标注的钢筋信息,也可以在下方显示的表格中输入原位标注信息;选择"梁平法表格"时只显示下方的表格,不显示绘图区域的输入框。

②捕捉点的设置:绘图时,无论是利用点画、直线还是其他绘制方式,都需要捕捉绘图区域的点,以确定点的位置和线的端点。该软件提供了多种类型点的捕捉,可以在状态栏设置捕捉,绘图时可以在"捕捉工具栏"中直接选择要捕捉的点类型,方便绘制图元时选取点,如图3.85所示。

图3.85

③设置悬挑梁的弯起钢筋:当工程中存在悬挑梁并且需要计算弯起钢筋时,在软件中可以快速地进行设置及计算。首先,进入"计算设置"→"节点设置"→"框架梁",在第29项设置悬挑梁钢筋图号,软件默认是2号图号,可以单击按钮选择其他图号(软件提供了6种图号供选择),节点示意图中的数值可进行修改。

计算设置的修改范围是全部悬挑梁,如果修改单根悬挑梁,应选中单根梁,在平法表格"悬臂钢筋代号"中修改。

④如果梁在图纸上有两种截面尺寸,软件是不能定义同名称构件的,因此需重新加下脚标来定义。

问 题思考

(1)梁属于线性构件,可否使用矩形绘制？如果可以,哪些情况适合用矩形绘制？

(2)智能布置梁后,若位置与图纸位置不一样,怎样调整？

(3)如何绘制弧形梁？

评价反馈

序号	评价项目	评价标准	满分	评价			综合评分
				自评	互评	师评	
1	梁的属性定义	(1)新建梁构件操作正确; (2)梁的属性定义操作正确。	25				
2	梁的做法套用	(1)梁的清单列项正确; (2)梁的定额列项正确。	20				
3	梁的绘制	(1)梁绘制方法选择恰当; (2)梁的绘制操作正确; (3)梁二次编辑操作正确; (4)绘制图元速度及准确性。	25				
4	梁的工程量计算、查看和校核	(1)能够根据需要计算所需工程量; (2)能够根据需要查看所需工程量; (3)能够正确校核工程量。	20				
5	工作过程	(1)遵守纪律,按时提交工作成果; (2)乐学善学,具备自主学习能力; (3)求真务实,实践中国工匠精神; (4)团结协作,积极参与小组活动; (5)与时俱进,创新智慧领航前行。	10				
	小计		100				

自我总结

请针对任务的完成情况,对相关知识点与技能点、知识难点与重点、工作流程与方法、自我感受等内容进行梳理与总结。

3.4 首层板工程量计算

通过本节的学习,你将能够:
(1)依据定额和清单分析现浇板的工程量计算规则;
(2)分析图纸,进行正确的识图,读取板的土建及钢筋信息;
(3)定义现浇板、板受力筋、板负筋及分布筋的属性;
(4)绘制首层现浇板、板受力筋、板负筋及分布筋;
(5)统计板的土建及钢筋工程量。

一、任务说明

①完成首层板的属性定义、做法套用及图元绘制。
②汇总计算,统计本层板的土建及钢筋工程量。

二、任务分析

①首层板在计量时的主要尺寸有哪些？从哪个图中什么位置可以找到？有多少种板？

②板的钢筋类别有哪些？如何进行定义和绘制？

③板是如何套用清单定额的？

④板的绘制方法有哪几种？

⑤各种不同名称的板如何能快速套用做法？

三、任务实施

1)分析图纸

根据结施-10来定义和绘制板及板的钢筋。

进行板的图纸分析时,应注意以下几个要点:

①本页图纸说明、厚度说明、配筋说明。

②板的标高。

③板的分类,相同板的位置。

④板的特殊形状。

⑤受力筋、板负筋的类型,跨板受力筋的位置和钢筋布置。

分析结施-09~12,可以从中得到板的相关信息,主要信息见表3.17。

表3.17　板表

序号	类型	名称	混凝土强度等级	板厚h(mm)	板顶标高	备注
1	普通楼板	LB-120	C30	120	层顶标高	楼板
		LB-130	C30	130	层顶标高	楼板
		LB-160	C30	160	层顶标高	楼板
2	飘窗板	飘窗板100	C30	100	0.6 m	非楼板
3	平台板	PTB1	C30	100	1.9 m	非楼板
4	楼梯间楼板	PTB1（计入楼板）	C30	100	层顶标高	楼板
5	阳台板	阳台板140	C30	140	层顶标高	楼板

注：本工程飘窗板在挑檐中绘制,在板中不定义。

根据结施-10,详细查看首层板及板配筋信息。

在软件中,完整的板构件由现浇板、板筋(包含受力筋及负筋)组成,因此,板构件的钢筋计算包括以下两个部分:板定义中的钢筋、绘制及表格输入的板筋(包括受力筋和负筋)。

2)现浇板定额、清单计算规则学习

(1)清单计算规则学习

板清单计算规则见表3.18。

表3.18　板清单计算规则

编号	项目名称	单位	计算规则
010505001	有梁板	m³	按设计图示尺寸以体积计算,有梁板(包括主梁、次梁与板)按梁、板体积之和计算
011702014	有梁板 模板	m²	按模板与现浇混凝土构件的接触面积计算
010505008	雨篷、悬挑板、阳台板	m³	按设计图示尺寸以墙外部分体积计算。包括伸出墙外的牛腿和雨篷反挑檐的体积
011702023	雨篷、悬挑板、阳台板	m²	按图示外挑部分尺寸的水平投影面积计算,挑出墙外的悬臂梁及板边不另计算

注:顶标高1.9 m处的平台板在本节不套清单和定额,在楼梯中套做法。

（2）定额计算规则学习

板定额计算规则见表3.19。

表3.19　板定额计算规则

编号	项目名称	单位	计算规则
AE0072	现浇混凝土 有梁板 自拌混凝土	100 m³	按设计图示尺寸以体积计算。不扣除构件内钢筋、预埋铁件所占体积,伸入墙内的梁头、梁垫并入梁体积内
AE0073	现浇混凝土 有梁板 商品混凝土	100 m³	
AE0089	悬挑板 商品砼	10 m²	雨篷(悬挑板)按水平投影面积以"m²"计算,挑梁、边梁的工程量并入折算体积内。 挑出梁柱、墙外宽度大于500 mm的线(角)、板(包含空调板、阳光窗、雨篷),执行悬挑板定额子目。 混凝土结构施工中,三面挑出墙(柱)外的阳台板(包边梁、挑梁),执行悬挑板定额子目
AE0164	现浇混凝土模板 悬挑板 直形	100 m²	现浇混凝土悬挑板、雨篷、阳台,按图示外挑部分的水平投影面积以"m²"计算,挑出墙外的悬臂梁及板边不另计算
AE0157	有梁板 现浇混凝土模板	100 m²	按模板与混凝土接触面积以"m²"计算
AE0176	构件超高模板 高度超过3.6 m 每超过1 m板	100 m²	

3)板的属性定义和做法套用

（1）板的属性定义

在导航树中选择"板"→"现浇板",在"构件列表"中选择"新建"→"新建现浇板"。下面以ⓒ~ⓓ轴、②~③轴所围的LB-160为例,新建现浇板LB-160。根据LB-160在图纸中的尺寸标注,在"属性列表"中输入相应的属性值,如图3.86所示。

图 3.86

【说明】

①名称:根据图纸输入构件的名称,该名称在当前楼层的当前构件类型下唯一。

②厚度(mm):现浇板的厚度。

③类别:选项为有梁板、无梁板、平板、拱板、悬挑板、空调板等。

④是否是楼板:主要与计算超高模板、超高体积起点判断有关,若是,则表示构件可以向下找到该构件作为超高计算的判断依据;若否,则表示超高计算的判断与该板无关。

⑤材质:不同地区计算规则对应的材质有所不同。

其中钢筋业务属性,如图 3.87 所示。

图 3.87

【说明】

①保护层厚度:软件自动读取楼层设置中的保护层厚度,如果当前构件需要特殊处理,则可根据实际情况进行输入。

②马凳筋参数图:可编辑马凳筋设置,选择马凳筋图形,填写长度、马凳筋信息,参见"帮助文档"中《GTJ2021 钢筋输入格式详解》"五、板"的"01 现浇板"。

③马凳筋信息:参见《GTJ2021 钢筋输入格式详解》中"五、板"的"01 现浇板"。

④线形马凳筋方向:对Ⅱ型、Ⅲ型马凳筋起作用,设置马凳筋的布置方向。

⑤拉筋:板厚方向布置拉筋时,输入拉筋信息,输入格式:级别+直径+间距×间距或者数量+级别+直径。

⑥马凳筋数量计算方式:设置马凳筋根数的计算方式,默认取"计算设置"中设置的计算方式。

⑦拉筋数量计算方式:设置拉筋根数的计算方式,默认取"计算设置"→"节点设置"中板拉筋布置方式。

其中土建业务属性如图3.88所示。

25	⊟ 土建业务属性	
26	计算设置	按默认计算设置
27	计算规则	按默认计算规则
28	做法信息	按构件做法
29	支模高度	按默认计算设置(4.3)
30	超高底面…	按默认计算设置(-0.45)
31	坡度(°)	0

图3.88

【说明】
　　①计算设置：用户可自行设置构件土建计算信息，软件将按设置的计算方法计算。
　　②计算规则：软件内置全国各地清单及定额计算规则，同时用户可自行设置构件土建计算规则，软件将按设置的计算规则计算。

（2）板的做法套用

板构件定义好后，进行做法套用。

LB-160、LB-130、LB-120的做法套用如图3.89所示。

	编码	类别	名称	项目特征	单位	工程量表达式	表达式说明
1	⊟ 010505001	项	有梁板	1.混凝土种类:商品砼 2.混凝土强度等级:C30	m3	TJ	TJ<体积>
2	AE0073	定	有梁板 商品砼		m3	TJ	TJ<体积>
3	AE0117	定	砼泵输送砼 输送泵车排除量(m3/h)60		m3	TJ	TJ<体积>
4	⊟ 011702014	项	有梁板	模板高度：3.9m	m2	MBMJ	MBMJ<底面模板面积>
5	AE0157	定	现浇混凝土模板 有梁板		m2	MBMJ	MBMJ<底面模板面积>
6	AE0176	定	构件超高模板 高度超过3.6m每超过1m 板		m2	CGMBMJ	CGMBMJ<超高模板面积>

图3.89

阳台板LB-140的做法套用如图3.90所示。

	编码	类别	名称	项目特征	单位	工程量表达式	表达式说明
1	− 010505008	项	雨篷、悬挑板、阳台板	1.混凝土种类:商品混凝土 2.混凝土强度等级:C30 3.折算厚度:140 4.部位:阳台板	m3	TJ	TJ<体积>
2	AE0089	定	悬挑板 商品砼		m2	TYMJ	TYMJ<投影面积>
3	AE0117	定	砼泵输送砼 输送泵车排除量(m3/h)60		m3	TJ	TJ<体积>
4	− 011702023	项	雨篷、悬挑板、阳台板	1.支撑高度:3.9m 2.部位:阳台板	m2	TYMJ	TYMJ<投影面积>
5	AE0164	定	现浇混凝土模板 悬挑板 直形		m2水平投影面积	TYMJ	TYMJ<投影面积>
6	AE0176	定	构件超高模板 高度超过3.6m每超过1m 板		m2	CGMBMJ+CGMMBMJ	CGMBMJ<超高模板面积>+CGMMBMJ<超高侧面模板面积>

图3.90

楼梯间楼板的做法套用如图3.91所示。

	编码	类别	名称	项目特征	单位	工程量表达式	表达式说明
1	⊟ 010505001	项	有梁板	1.混凝土种类:商品砼 2.混凝土强度等级:C30 3.部位:楼梯间楼板100mm厚	m3	TJ	TJ<体积>
2	AE0073	定	有梁板 商品砼		m3	TJ	TJ<体积>
3	AE0117	定	砼泵输送砼 输送泵车排除量(m3/h)60		m3	TJ	TJ<体积>
4	⊟ 011702014	项	有梁板	1.部位：楼梯间楼板100mm厚 2.模板高度：3.9m	m2	MBMJ	MBMJ<底面模板面积>
5	AE0157	定	现浇混凝土模板 有梁板		m2	MBMJ	MBMJ<底面模板面积>
6	AE0176	定	构件超高模板 高度超过3.6m每超过1m 板		m2	CGMBMJ	CGMBMJ<超高模板面积>

图3.91

楼梯休息平台板不套做法,并入整体楼梯水平投影面积计算。

4)板画法讲解

(1)点画绘制板

仍以LB-160为例,定义好楼板属性后,单击"点"命令,在LB-160区域单击鼠标左键,即可布置LB-160,如图3.92所示。

(2)直线绘制板

仍以LB-160为例,定义好160 mm厚楼板LB-160后,单击"直线"命令,鼠标左键单击LB-160边界区域的交点,围成一个封闭区域,即可布置LB-160,如图3.93所示。

图3.92

图3.93

(3)矩形绘制板

图中没有围成封闭区域的位置,可采用"矩形"画法来绘制板。单击"矩形"命令,选择板图元的一个顶点,再选择对角的顶点,即可绘制一块矩形板。

(4)自动生成板

当板下的梁、墙绘制完毕,且图中板类别较少时,可使用"自动生成板"功能,软件会自动根据图中梁和墙围成的封闭区域来生成整层的板。自动生成完毕之后,需要检查图纸,将与图中板信息不符的进行修改,对图中没有板的地方进行删除。

5)板受力筋的属性定义和绘制

(1)板受力筋的属性定义

在导航树中选择"板"→"板受力筋",在"构件列表"中选择"新建"→"新建板受力筋",以结施-10中ⓒ~ⓓ轴、②~③轴上的板受力筋LJ-ⴵ10@150为例,新建板受力筋SLJ-C10布置信息,在属性编辑框中

	属性名称	属性值	附加
1	名称	SLJ-C10@150	
2	类别	底筋	
3	钢筋信息	C10@150	
4	左弯折(mm)	(0)	
5	右弯折(mm)	(0)	
6	备注		
7	⊟ 钢筋业务属性		
8	钢筋锚固	(35)	
9	钢筋搭接	(42)	
10	归类名称	(SLJ-C10@150)	
11	汇总信息	(板受力筋)	
12	计算设置	按默认计算设…	
13	节点设置	按默认节点设…	

图3.94

输入相应的属性值,如图3.94所示。

【说明】

①名称:结施图中没有定义受力筋的名称,用户可根据实际情况输入较容易辨认的名称,这里按钢筋信息输入"SLJ-C10@150"。

②类别:在软件中可以选择底筋、面筋、中间层筋和温度筋,根据图纸信息进行正确选择,在此为底筋,也可以不选择,在后面绘制受力筋时可重新设置钢筋类别。

③钢筋信息:按照图中钢筋信息输入"C10@150"。

④左弯折和右弯折:按照实际情况输入受力筋的端部弯折长度。软件默认为"0",表示按照计算设置中默认的"板厚-2倍保护层厚度"来计算弯折长度。此处关系钢筋计算结果,如果图纸中没有特殊说明,不需要修改。

⑤钢筋锚固和搭接:取楼层设置中设定的数值,可根据实际图纸情况进行修改。

(2)板受力筋的绘制

在导航树中选择"板受力筋",单击"建模",在"板受力筋二次编辑"中单击"布置受力筋",如图3.95所示。

图3.95

布置板的受力筋,按照布置范围有"单板""多板""自定义"和"按受力筋范围"布置;按照钢筋方向有"XY方向""水平"和"垂直"布置;还有"两点""平行边""弧线边布置放射筋"以及"圆心布置放射筋",如图3.96所示。

●单板 ○多板 ○自定义 ○按受力筋范围 ○XY方向 ●水平 ○垂直 ○两点 ○平行边 ○弧线边布置放射筋 ○圆心布置放射筋

图3.96

以Ⓒ~Ⓓ轴与②~③轴的LB-160受力筋布置为例。

①选择布置范围为"单板",布置方向为"XY方向",选择板LB-160,弹出如图3.97所示的对话框。

图3.97

【说明】

①双向布置:适用于某种钢筋类别在两个方向上布置的钢筋信息相同的情况。

②双网双向布置:适用于底筋与面筋在X和Y两个方向上钢筋信息全部相同的情况。

③XY向布置:适用于底筋的X、Y方向信息不同,面筋的X、Y方向信息不同的情况。

④选择参照轴网:可以选择以哪个轴网的水平和竖直方向为基准进行布置,不勾选时,以绘图区域水平方向为X方向、竖直方向为Y方向。

②由于LB-160的板受力筋只有底筋,而且在两个方向上的布置信息是相同的,因此选择"双向布置",在"钢筋信息"中选择相应的受力筋名称SLJ-C10@150,单击"确定"按钮即可布置单板的受力筋,如图3.98所示。

再以Ⓒ~Ⓓ轴与⑤~⑥轴的LB-160的受力筋布置为例,该位置的LB-160只有底筋,板受力筋X、Y方向的底筋信息不相同,则可采用"XY向布置",如图3.99所示。

图3.98 　　　　　　　　　　　　　　　　　图3.99

根据Ⓒ~Ⓓ轴与⑤~⑥轴的LB-160板受力筋布置图(详见结施-10),受力筋布置完成后如图3.100所示。

图3.100

(3)应用同名称板

LB-160的钢筋信息,除了Ⓒ~Ⓓ轴与⑤~⑥轴的LB-160上的板受力筋配筋不同外,其余都是相同的,下面使用"应用同名板"来布置其他同名板的钢筋。

①选择"建模"→"板受力筋二次编辑"→"应用同名板"命令,如图3.101所示。

②选择已经布置上钢筋的Ⓒ~Ⓓ轴与②~③轴的LB-160图元,单击鼠标右键确定,则其他同名称的板都布置上了相同的钢筋信息。同时,Ⓒ~Ⓓ轴与⑤~⑥轴的LB-160也会布置同样的板受力筋,将其对应图纸进行正确修改即可。

图3.101

对于其他板的钢筋,可采用相应的布置方式进行布置。

6)跨板受力筋的定义与绘制

下面以结施-10中Ⓑ~Ⓒ轴、②~③轴的楼板的跨板受力筋Φ12@200为例,介绍跨板受力筋的定义和绘制。

（1）跨板受力筋的属性定义

在导航树中选择"板受力筋"，在板受力筋的"构件列表"中单击"新建"→"新建跨板受力筋"，弹出如图3.102所示的新建跨板受力筋界面。

左标注和右标注：左右两边伸出支座的长度，根据图纸中的标注进行输入。

马凳筋排数：根据实际情况输入。

标注长度位置：可选择支座中心线、支座内边线和支座外边线，如图3.103所示。根据图纸中标注的实际情况进行选择。此工程选择"支座外边线"。

图3.102   图3.103

分布钢筋：结施-01（2）中说明，板厚小于110 mm时，分布钢筋的直径、间距为φ6@200；板厚120~160 mm时，分布钢筋的直径、间距为φ8@200。因此，此处输入φ8@200。

也可以在计算设置中对相应的项进行输入，这样就不用针对每一个钢筋构件进行输入了，具体参考"2.2计算设置"中钢筋设置部分的内容。

（2）跨板受力筋的绘制

对于该位置的跨板受力筋，可采用"单板"和"垂直"布置的方式来绘制。选择"单板"，再选择"垂直"，单击Ⓑ~Ⓒ轴、②~③轴的楼板，即可布置垂直方向的跨板受力筋。其他位置的跨板受力筋采用同样的方式布置。

跨板受力筋绘制完成后，需选中绘制好的跨板受力筋，查看其布置范围，如果布置范围与图纸不符，则需要移动其编辑点至正确的位置，同时，需要查看其左右标注长度是否与图纸一致，不一致时需按图纸修改，如图3.104所示。

7）负筋的属性定义与绘制

下面以结施-10中8号负筋为例，介绍负筋的属性定义和绘制，如图3.105所示。

图3.104

图3.105

（1）负筋的属性定义

进入"板"→"板负筋"，在"构件列表"中单击"新建"→"新建板负筋"。在"属性列表"中定义板负筋的属性，8号负筋的属性定义如图3.106所示。

左标注和右标注：8号负筋只有一侧标注，左标注输入"1500"，右标注输入"0"。

单边标注位置：根据图中实际情况，选择"支座内边线"。

LB-160在②轴上的10号负筋⚊12@200的属性定义，如图3.107所示。

| | 图3.106 | | | 图3.107 |

对于左右均有标注的负筋，有"非单边标注含支座宽"的属性，指左右标注的尺寸是否含支座宽度，这里根据实际图纸情况选择"否"，其他内容与8号负筋输入方式一致。按照同样的方式定义其他的负筋。

（2）负筋的绘制

负筋定义完毕后，回到绘图区域，对②~③轴、Ⓒ~Ⓓ轴的LB-160进行负筋的布置。

①对于上侧8号负筋，单击"板负筋二次编辑"面板上的"布置负筋"，选项栏则会出现布置方式，有按梁布置、按圈梁布置、按连梁布置、按墙布置、按板边布置及画线布置，如图3.108所示。

⦿ 按梁布置 ○ 按圈梁布置 ○ 按连梁布置 ○ 按墙布置 ○ 按板边布置 ○ 画线布置

图3.108

先选择"按梁布置"，再选择梁，按提示栏的提示单击梁，鼠标移动到梁图元上，则梁图元显示一道蓝线，同时显示出负筋的预览图，下侧确定方向，即可布置成功。

②对于②轴上的10号负筋同样选择"按梁布置"，鼠标移动到梁图元上，点击左键生成即可。

本工程中的负筋都可按梁或者按板边布置，也可选择画线布置。

首层板和板筋的
定义及绘制

四、任务结果

1）板构件的任务结果

①根据上述普通楼板LB-160的属性定义方法，将本层剩下的楼板定义好属性。

②用点画、直线、矩形等方法将首层板绘制好，布置完钢筋后如图3.109所示。

图3.109

③汇总计算,首层板清单定额工程量见表3.20。

表3.20 首层板清单定额工程量

编码	项目名称	单位	工程量明细
010505001001	有梁板 [项目特征] (1)混凝土种类:商品混凝土 (2)混凝土强度等级:C30	m³	68.3035
AE0073	有梁板 商品混凝土	10 m³	6.81171
AE0117	混凝土泵输送混凝土 输送泵车排除量(m³/h)60	100 m³	0.681171
010505001002	有梁板 [项目特征] (1)混凝土种类:商品混凝土 (2)混凝土强度等级:C30 (3)部位:楼梯间楼板100 mm厚	m³	0.464
AE0073	有梁板 商品混凝土	10 m³	0.0462
AE0117	混凝土泵输送混凝土 输送泵车排除量(m³/h)60	100 m³	0.00462
010505008001	雨篷、悬挑板、阳台板 [项目特征] (1)混凝土种类:商品混凝土 (2)混凝土强度等级:C30 (3)折算厚度:140 mm (4)部位:阳台板	m³	2.5832
AE0089	悬挑板 商品混凝土	10 m²	1.84518
AE0117	混凝土泵输送混凝土 输送泵车排除量(m³/h)60	100 m³	0.025832
011702014001	有梁板 [项目特征] 模板高度:3.9 m	m²	474.0144
AE0157	现浇混凝土模板 有梁板	100 m²	4.740144
AE0176	构件超高模板 高度超过3.6 m 每超过1 m 板	100 m²	4.753419

续表

编码	项目名称	单位	工程量明细
011702014002	有梁板 [项目特征] (1)部位:楼梯间楼板100 mm厚 (2)模板高度:3.9 m	m²	4.62
AE0157	现浇混凝土模板 有梁板	100 m²	0.0462
AE0176	构件超高模板 高度超过3.6 m每超过1 m 板	100 m²	0.0464
011702023001	雨篷、悬挑板、阳台板 [项目特征] (1)模板高度:3.9 m (2)部位:阳台板	m²	18.4518
AE0164	现浇混凝土模板 悬挑板 直形	100 m²	0.184518
AE0176	构件超高模板 高度超过3.6 m每超过1 m 板	100 m²	0.214254

首层板及板筋绘制后汇总及查看钢筋三维

2)首层板钢筋量汇总表

首层板钢筋量汇总表见表3.21("查看报表"→"构件汇总信息分类统计表")。

表3.21 首层板钢筋工程量 单位:t

汇总信息	HPB300		HRB400			
	$\Phi 8$	合计	$\Phi 8$	$\Phi 10$	$\Phi 12$	合计
板负筋	0.338	0.338	0.083	0.409	1.075	1.567
板受力筋	0.198	0.198	0.163	4.068	0.801	5.032
合计(t)	0.536	0.536	0.246	4.477	1.876	6.599

五、总结拓展

①当板顶标高与层顶标高不一致时,在绘制板后可以通过单独调整这块板的属性来调整标高。

②④轴与⑤轴之间,左边与右边的板可以通过镜像绘制,绘制方法与柱镜像绘制方法相同。

③板属于面式构件,绘制方法和其他面式构件相似。

④在绘制跨板受力筋或负筋时,若左右标注和图纸标注正好相反,进行调整时可以使用"交换标注"功能。

⑤依据结施-10、平法图集以及重庆地区做法,本工程转角阳台板钢筋参考以下规范进行布置,如图3.110所示。

在软件中处理方式如下:

a.转角阳台板⑦轴与⑧轴之间的⑤号跨板受力筋$\Phi 12@100$的布筋范围右侧边线与梁内边线对齐,如图3.111所示。

图3.110

图3.111

b.7根放射筋在"表格算量"中进行输入,如图3.112所示。(表格算量的具体操作见"10表格算量")

图3.112

c. 选中⑤号跨板受力筋Φ12@100,单击编辑钢筋,在编辑钢筋中将分布筋的长度进行调整,加长分布筋范围,作为放射筋的分布筋,如图3.113所示。

图3.113

d.完成"编辑钢筋"后,选中⑤号跨板受力筋Φ12@100,单击通用操作中的"锁定",如图3.114所示。

⑥分析结施-10一、三层顶板配筋图中2—2详图,可知转角阳台板边缘有厚100 mm、高1200 mm的栏板,详细信息如图3.115所示。

图3.114　　　　　　　　　　　　　　　　图3.115

栏板工程量计算的具体操作步骤如下:

a.进入"其它"→"栏板",在"构件列表"中单击"新建"→"新建异形栏板",在"异形截面编辑器"中,采用直线绘制宽100 mm、高1200 mm的矩形,如图3.116所示。确认无误单击"确定"。

图3.116

b.在"属性列表"中定义栏板的属性,如图3.117所示。

c.在"截面编辑"中完成栏板钢筋信息的输入,如图3.118所示。

截面编辑 构件做法

选择 ○纵筋 ●横筋 矩形▾ 隐藏标注 手动设置参考线

○直筋 ●箍筋 编辑弯钩 编辑端头

钢筋信息: C8@100 ▾ 全部纵筋 按截面

	属性名称	属性值	附加
1	名称	LB-1(2-2节点)	
2	截面形状	异形	□
3	截面宽度(mm)	100	□
4	截面高度(mm)	1200	□
5	轴线距左边线…	50	□
6	材质	商品混凝土	□
7	混凝土类型	(特细砂塑性混凝土(坍…	□
8	混凝土强度等级	(C30)	□
9	截面面积(m²)	0.12	□
10	起点底标高(m)	3.05	□
11	终点底标高(m)	3.05	□
12	备注		□

图3.117

图3.118

d.在"构件做法"中输入栏板的做法,如图3.119所示。

	编码	类别	名称	项目特征	单位	工程量表达式	表达式说明
1	⊟ 010505006	项	栏板	1.混凝土种类:商品混凝土 2.混凝土强度等级:C30 3.转角阳台栏板	m3	TJ	TJ<体积>
2	AE0110	定	零星构件 商品砼		m3	TJ	TJ<体积>
3	AE0117	定	砼泵输送砼 输送泵车排除量(m3/h)60		m3	TJ	TJ<体积>
4	⊟ 011702021	项	栏板	1.部位:转角阳台栏板	m2	MBMJ	MBMJ<模板面积>
5	AE0172	定	现浇混凝土模板 零星构件		m3	MBMJ	MBMJ<模板面积>

图3.119

e.采用"直线"绘制的方法,栏板外边线沿着阳台板边进行绘制,如图3.120所示。

图3.120

问题思考

(1)用点画法绘制板需要注意哪些事项？对绘制区域有什么要求？

(2)当板为有梁板时,板与梁相交时的扣减原则是什么？

评价反馈

序号	评价项目	评价标准	满分	评价			综合评分
				自评	互评	师评	
1	板的属性定义	(1)新建板构件、板钢筋操作正确; (2)板构件、板钢筋的属性定义操作正确。	25				
2	板的做法套用	(1)板的清单列项正确; (2)板的定额列项正确。	20				
3	板的绘制	(1)板绘制方法选择恰当; (2)板的绘制操作正确; (3)板钢筋的布置操作正确; (4)绘制图元速度及准确性。	25				
4	板的工程量计算、查看和校核	(1)能够根据需要计算所需工程量; (2)能够根据需要查看所需工程量; (3)能够正确校核工程量。	20				
5	工作过程	(1)遵守纪律,按时提交工作成果; (2)乐学善学,具备自主学习能力; (3)求真务实,实践中国工匠精神; (4)团结协作,积极参与小组活动; (5)与时俱进,创新智慧领航前行。	10				
	小计		100				

自我总结

请针对任务的完成情况,对相关知识点与技能点、知识难点与重点、工作流程与方法、自我感受等内容进行梳理与总结。

3.5　首层砌体结构工程量计算

通过本节的学习,你将能够:

(1)依据定额和清单分析砌体墙的工程量计算规则;

(2)运用点加长度绘制墙图元;

(3)统计本层砌体墙的阶段性工程量;

(4)正确计算砌体加筋工程量。

一、任务说明

①完成首层砌体墙的属性定义、做法套用及图元绘制。

②汇总计算，统计本层砌体墙的工程量。

二、任务分析

①首层砌体墙在计量时的主要尺寸有哪些？从哪个图中什么位置可以找到？有多少种类的墙？

②砌体墙不在轴线交点上时如何使用点加长度绘制？

③砌体墙中清单计算的厚度与定额计算的厚度不一致时该如何处理？墙的清单项目特征描述是如何影响定额匹配的？

④虚墙的作用是什么？如何绘制？

三、任务实施

1)分析图纸

分析建施-01、建施-04、建施-09、结施-01(2)可以得到砌体墙的基本信息,见表3.22。

表3.22　砌体墙

序号	类型	砌筑砂浆	材质	墙厚(mm)	标高	备注
1	外墙	M5 水泥砂浆	陶粒空心砖	250	−0.05~+3.85	梁下墙
2	内墙	M5 水泥砂浆	陶粒空心砖	200	−0.05~+3.85	梁下墙
3	阳台拦板墙	M5 水泥砂浆	砌块墙	100	−0.05~+0.35	零星砌块

2)砌块墙清单、定额计算规则学习

(1)清单计算规则

砌块墙清单计算规则见表3.23。

表3.23　砌块墙清单计算规则

编号	项目名称	单位	计算规则
010402005	空心砖墙	m³	按设计图示尺寸以体积计算
010402B01	零星砌块	m³	按设计图示尺寸以体积计算

(2)定额计算规则

砖墙定额计算规则见表3.24。

表3.24　砖墙定额计算规则

编号	项目名称	单位	计算规则
AD0062	页岩空心砖墙 水泥砂浆 M5	m³	按设计图示尺寸以砌体墙外形体积计算
AD0125	零星砌块 混凝土实心砌块墙 水泥砂浆 干混商品砂浆	m³	按设计图示尺寸以砌体墙外形体积计算

3)砌块墙属性定义

新建砌块墙的方法参见新建剪力墙的方法,这里只是简单地介绍新建砌块墙需要注意的事项。

①内/外墙标志:外墙和内墙要区别定义,除了对自身工程量有影响外,还影响其他构件的智能布

置。这里可以根据工程实际需要对标高进行定义，如图3.121和图3.122所示。本工程是按照软件默认的高度进行设置的，软件会根据定额计算规则对砌块墙和混凝土相交的地方进行自动处理。

	属性名称	属性值
1	名称	200厚陶粒空心砖墙体
2	厚度(mm)	200
3	轴线距左墙皮...	(100)
4	砌体通长筋	
5	横向短筋	
6	材质	页岩空心砖
7	砂浆类型	水泥砂浆
8	砂浆标号	(M5)
9	内/外墙标志	(内墙)
10	类别	砌体墙
11	起点顶标高(m)	层顶标高(3.85)
12	终点顶标高(m)	层顶标高(3.85)
13	起点底标高(m)	层底标高(-0.05)
14	终点底标高(m)	层底标高(-0.05)

图3.121

	属性名称	属性值
1	名称	250厚陶粒空心砖
2	厚度(mm)	250
3	轴线距左墙皮...	(125)
4	砌体通长筋	
5	横向短筋	
6	材质	页岩空心砖
7	砂浆类型	(水泥砂浆)
8	砂浆标号	(M5)
9	内/外墙标志	(外墙)
10	类别	砌体墙
11	起点顶标高(m)	层顶标高(3.85)
12	终点顶标高(m)	层顶标高(3.85)
13	起点底标高(m)	层底标高(-0.05)
14	终点底标高(m)	层底标高(-0.05)

图3.122

②根据结施-01（2）中"7.填充墙（7）墙体加筋为2φ6@200"，需在属性中砌体通长筋中输入钢筋信息"2A6@600"。

4)做法套用

200 mm厚内墙做法套用，如图3.123所示。

	编码	类别	名称	项目特征	单位	工程量表达式	表达式说明
1	⊟ 010401005	项	空心砖墙	1.砖品种、规格、强度等级:200厚陶粒空心砖 2.墙体类型:内墙 3.砂浆强度等级、配合比:M5水泥砂浆砌筑 4.砌筑高度: 3.6M以内	m3	TJ	TJ<体积>
2	AD0062	定	页岩空心砖墙 水泥砂浆 干混商品砂浆		m3	TJ	TJ<体积>

图3.123

250 mm厚外墙做法套用，如图3.124所示。

	编码	类别	名称	项目特征	单位	工程量表达式	表达式说明
1	⊟ 010401005	项	空心砖墙	1.砖品种、规格、强度等级:250厚陶粒空心砖 2.墙体类型:外墙 3.砂浆强度等级、配合比:M5水泥砂浆砌筑 4.砌筑高度: 3.6M以内	m3	TJ	TJ<体积>
2	AD0062	定	页岩空心砖墙 水泥砂浆 干混商品砂浆		m3	TJ	TJ<体积>

图3.124

100 mm厚阳台栏板墙做法套用，如图3.125所示。

	编码	类别	名称	项目特征	单位	工程量表达式	表达式说明
1	⊟ 010402B01	项	零星砌块	1.砖品种、规格、强度等级:100厚砌块墙 2.墙体类型:外墙 3.砂浆强度等级、配合比:M5水泥砂浆砌筑 4.砌筑高度: 0.4m	m3	TJ	TJ<体积>
2	AD0125	定	零星砌块 砼实心砌块墙 水泥砂浆 干混商品砂浆		m3	TJ	TJ<体积>

图 3.125

在卫生间及楼梯井处有三段内墙的高度超过了3.6 m,卫生间处两段墙高为3.9 m(层高)-0.12(板厚)=3.78 m,楼梯井处墙高3.9 m,需要单独进行做法套用,如图3.126—图3.127所示。

	编码	类别	名称	项目特征	单位	工程量表达式	表达式说明
1	⊟ 010401005	项	空心砖墙	1.砖品种、规格、强度等级:200厚煤陶粒空心砖 2.墙体类型:内墙 3.砂浆强度等级、配合比:M5水泥砂浆砌筑 4.砌筑高度: 3.78m	m3	TJ	TJ<体积>
2	AD0062	定	页岩空心砖墙 水泥砂浆 干混商品砂浆		m3	TJ3.6X	TJ3.6X<体积（高度3.6米以下）>
3	AD0062 R*1.3	换	页岩空心砖墙 水泥砂浆 干混商品砂浆 超过3.6m,其超过部分 人工*1.3		m3	TJ3.6S	TJ3.6S<体积（高度3.6米以上）>

图 3.126

	编码	类别	名称	项目特征	单位	工程量表达式	表达式说明
1	⊟ 010401005	项	空心砖墙	1.砖品种、规格、强度等级:200厚陶粒空心砖 2.墙体类型:内墙 3.砂浆强度等级、配合比:M5水泥砂浆砌筑 4.砌筑高度: 3.9m	m3	TJ	TJ<体积>
2	AD0062	定	页岩空心砖墙 水泥砂浆 干混商品砂浆		m3	TJ3.6X	TJ3.6X<体积（高度3.6米以下）>
3	AD0062 R*1.3	换	页岩空心砖墙 水泥砂浆 干混商品砂浆 超过3.6m,其超过部分 人工*1.3		m3	TJ3.6S	TJ3.6S<体积（高度3.6米以上）>

图 3.127

5)画法讲解

（1）直线

直线画法与剪力墙构件中画法类似,可参照剪力墙构件绘制进行操作。

（2）点加长度

在③轴与Ⓐ轴相交处到②轴与Ⓐ轴相交处的墙体,向左延伸了1400 mm(中心线距离),墙体总长度为6000 mm+1400 mm,单击"直线",选择"点加长度",在长度输入框输入"7400",如图3.128所示。在绘图区域单击起点即③轴与Ⓐ轴相交点,再向左找到②轴与Ⓐ轴的相交点,即可实现该段墙体延伸部分的绘制。使用"对齐"命令,将墙体与柱边对齐即可。

图 3.128

（3）偏移绘制

用"Shift+左键"可绘制偏移位置的墙体。在直线绘制墙体状态下,按住"Shift"键的同时单击②轴和Ⓐ轴的相交点,弹出"输入偏移量"对话框,在"X="的地方输入"-1400",单击"确定"按钮,然后单击Ⓐ轴和③轴交点,使用"对齐"命令,将墙体与柱边对齐即可。

按照"直线"画法,将其他位置的砌体墙绘制完毕。

四、任务结果

汇总计算,首层砌体墙清单定额工程量,见表3.25。

表3.25 首层砌体墙清单定额工程量

编码	项目名称	单位	工程量明细
010401005002	空心砖墙 [项目特征] (1)砖品种、规格、强度等级:250 mm厚陶粒空心砖 (2)墙体类型:外墙 (3)砂浆强度等级、配合比:M5水泥砂浆砌筑 (4)砌筑高度:3.6 m以内	m³	80.3631
AD0062	页岩空心砖墙 水泥砂浆 干混商品砂浆	10 m³	8.03631
010401005003	空心砖墙 [项目特征] (1)砖品种、规格、强度等级:200 mm厚陶粒空心砖 (2)墙体类型:内墙 (3)砂浆强度等级、配合比:M5水泥砂浆砌筑 (4)砌筑高度:3.6 m以内	m³	87.2967
AD0062	页岩空心砖墙 水泥砂浆 干混商品砂浆	10 m³	8.72967
010402B01001	零星砌块 [项目特征] (1)砖品种、规格、强度等级:100 mm厚砌块墙 (2)墙体类型:外墙 (3)砂浆强度等级、配合比:M5水泥砂浆砌筑 (4)砌筑高度:0.4 m	m³	0.7224
AD0125	零星砌块 混凝土实心砌块墙 水泥砂浆 干混商品砂浆	10 m³	0.07224
010401005001	空心砖墙 [项目特征] (1)砖品种、规格、强度等级:200 mm厚煤陶粒空心砖 (2)墙体类型:内墙 (3)砂浆强度等级、配合比:M5水泥砂浆砌筑 (4)砌筑高度:3.78 m	m³	4.8384
AD0062	页岩空心砖墙 水泥砂浆 干混商品砂浆	10 m³	0.4608
AD0062 R*1.3	页岩空心砖墙 水泥砂浆 干混商品砂浆 超过3.6 m,其超过部分人工×1.3	10 m³	0.02304
010401005004	空心砖墙 [项目特征] (1)砖品种、规格、强度等级:200 mm厚陶粒空心砖 (2)墙体类型:内墙 (3)砂浆强度等级、配合比:M5水泥砂浆砌筑 (4)砌筑高度:3.9 m	m³	2.885
AD0062	页岩空心砖墙 水泥砂浆 干混商品砂浆	10 m³	0.2664
AD0062 R*1.3	页岩空心砖墙 水泥砂浆 干混商品砂浆 超过3.6 m,其超过部分人工×1.3	10 m³	0.0221

五、总结拓展

1)软件对内外墙定义的规定

软件为方便内外墙的区分以及平整场地进行外墙轴线智能布置,散水、挑檐、保温层等进行外墙外边线的智能布置,需要人为进行内外墙的设置。

2)砌体加筋的定义和绘制(在完成门窗洞口、圈梁、构造柱等后进行操作)

(1)分析图纸

分析结施-01(2),可见"7.填充墙"中"(3)填充墙与柱、抗震墙及构造柱连接处应设拉结筋,做法见图8",可知砌体加筋做法。

(2)砌体加筋的定义

下面以④轴和⑧轴交点处L形砌体墙位置的加筋为例,介绍砌体加筋的定义和绘制。

①在导航树中选择"墙"→"砌体加筋",在"构件列表"中单击"新建"→"新建砌体加筋"。

②根据砌体加筋所在的位置选择参数图形,软件中有L形、T形、十字形和一字形供选择,各自适用于相应形状的砌体相交形式。例如, 对于④轴和⑧轴交点处L形砌体墙位置的加筋,选择L形的砌体加筋定义和绘制。

a.选择参数化图形:选择"L-5形"。砌体加筋参数图的选择主要看钢筋的形式,只要选择的钢筋形式与施工图中完全一致即可。

b.参数输入:两个方向的加筋伸入砌体墙内的长度,输入"700";b1指竖向砌体墙的厚度,输入"200";b2指横向砌体墙的厚度,输入"200",如图3.129所示。单击"确定"按钮,回到属性输入界面。

c.根据需要输入名称,按照总说明,每侧钢筋信息为2φ6@600,1#加筋、2#加筋分别输入"2φ6@600",如图3.130所示。

图3.129

图3.130

d.结合结施-01（2）中"7.填充墙"中的墙体加筋的说明，遇到圈梁、框架梁起步为200 mm，遇到构造柱锚固为200 mm，因此砌体加筋两端的起始距离为200 mm，加筋伸入构造柱的锚固长度需要在计算设置中设定。因为本工程所有砌体加筋的形式和锚固长度一致，所以可以在"工程设置"选项卡中选择"钢筋设置"→"计算设置"，针对整个工程的砌体加筋进行设置，如图3.131所示。

砌体加筋的钢筋信息和锚固长度设置完毕后，定义构件完成。按照同样的方法可定义其他位置的砌体加筋。

（3）砌体加筋的绘制

绘图区域中，在④轴和⑧轴交点处绘制砌体加筋，单击"点"，选择"旋转点"，单击所在位置，再垂直向下的点确定方向，绘制完成，如图3.132所示。

当所绘制的砌体加筋与墙体不对齐时，可采用"对齐"命令将其对应到所在位置。

其他位置加筋的绘制，可根据实际情况选择"点"画法或者"旋转点"画法，也可以使用"生成砌体加筋"。

以上所述，砌体加筋的定义绘制流程如下：新建→选择参数图→输入截面参数→输入钢筋信息→计算设置（本工程一次性设置完毕就不用再设）→绘制。

类型名称	
25	圈梁侧面纵筋的锚固长度	15*d
26	圈梁侧面钢筋遇洞口时弯折长度	15*d
27	圈梁箍筋根数计算方式	向上取整+1
28	圈梁靠近构造柱的加密范围	0
29	圈梁箍筋的加密间距	100
30	填充墙圈梁端部连接构造	预留埋件
31	使用预埋件时圈梁端部纵筋弯折长度	10*d
32	植筋锚固深度	10*d
33	预留钢筋锚固深度	30*d
34	砌体加筋	
35	砌体加筋保护层	60
36	砌体加筋锚固长度	200
37	砌体加筋两端的起始距离	200
38	端部是否带弯折	是
39	端部弯折长度	60
40	通长加筋遇构造柱是否贯通	是
41	砌体加筋根数计算方式	向上取整+1
42	砌体加筋采用植筋时，植筋锚固深度	10*d
43	过梁	
44	过梁箍筋根数计算方式	向上取整+1

图3.131

图3.132

问 题思考

（1）"Shift+左键"的方法还可以应用在哪些构件的绘制中？

（2）框架间墙的长度怎样计算？

（3）在定义墙构件属性时为什么要区分内、外墙的标志？

首层砌体结构工程（填充墙）工程量计算

评价反馈

序号	评价项目	评价标准	满分	评价			综合评分
				自评	互评	师评	
1	砌体墙的属性定义	（1）新建砌体墙的操作正确； （2）砌体墙的属性定义操作正确。	25				
2	砌体墙的做法套用	（1）砌体墙的清单列项正确； （2）砌体墙的定额列项正确。	20				
3	砌体墙的绘制	（1）砌体墙的绘制方法选择恰当； （2）砌体墙的绘制操作正确； （3）绘制图元速度及准确性。	25				
4	砌体墙的工程量计算、查看和校核	（1）能够根据需要计算所需工程量； （2）能够根据需要查看所需工程量； （3）能够正确校核工程量。	20				
5	工作过程	（1）遵守纪律，按时提交工作成果； （2）乐学善学，具备自主学习能力； （3）求真务实，实践中国工匠精神； （4）团结协作，积极参与小组活动； （5）与时俱进，创新智慧领航前行。	10				
	小计		100				

自我总结

请针对任务的完成情况,对相关知识点与技能点、知识难点与重点、工作流程与方法、自我感受等内容进行梳理与总结。

3.6 门窗、洞口及附属构件工程量计算

通过本节的学习,你将能够:

(1)正确计算门窗、洞口的工程量;

(2)正确计算过梁、圈梁及构造柱的工程量。

3.6.1 门窗、洞口的工程量计算

通过本小节的学习,你将能够:

(1)定义门窗洞口;

(2)绘制门窗图元;

(3)统计本层门窗的工程量。

一、任务说明

①完成首层门窗、洞口的属性定义、做法套用及图元绘制。

②使用精确和智能布置绘制门窗。

③汇总计算,统计本层门窗的工程量。

二、任务分析

①首层门窗的尺寸种类有多少?影响门窗位置的离地高度如何设置?门窗在墙中是如何定位的?

②门窗的清单与定额如何匹配?

③不精确布置门窗有可能影响哪些项目的工程量?

三、任务实施

1)分析图纸

分析建施-01、建施-03、建施-09、建施-10,可以得到门窗的信息,见表3.26。

表3.26 门窗表

编号	名称	规格(洞口尺寸)(mm)		数量(樘)						备注
		宽	高	地下1层	1层	2层	3层	4层	总计	
FM甲1021	甲级防火门	1000	2100	2					2	甲级防火门
FM乙1121	乙级防火门	1100	2100	1	1				2	乙级防火门
M5021	旋转玻璃门	5000	2100		1				1	甲方确定
M1021	木质夹板门	1000	2100	18	20	20	20	20	98	甲方确定

续表

编号	名称	规格(洞口尺寸)(mm)		数量(樘)						备注
		宽	高	地下1层	1层	2层	3层	4层	总计	
C0924	塑钢窗	900	2400		4	4	4	4	16	详见立面
C1524	塑钢窗	1500	2400		2	2	2	2	8	详见立面
C1624	塑钢窗	1600	2400	2	2	2	2	2	10	详见立面
C1824	塑钢窗	1800	2400		2	2	2	2	8	详见立面
C2424	塑钢窗	2400	2400		2	2	2	2	8	详见立面
PC1	飘窗(塑钢窗)	见平面	2400		2	2	2	2	8	详见立面
C5027	塑钢窗	5000	2700			1	1	1	3	详见立面

2)门窗清单、定额计算规则学习

(1)清单计算规则学习

门窗清单计算规则见表3.27。

表3.27　门窗清单计算规则

编号	项目名称	单位	计算规则
010801001	木质门	m²	1.以樘计量,按设计图示数量计算 2.以m²计量,按设计图示洞口尺寸以面积计算
010805002	旋转门	m²	
010802003	钢质防火门	m²	
010807001	金属(塑钢、断桥)窗	m²	

(2)定额计算规则学习

门窗定额计算规则见表3.28。

表3.28　门窗定额计算规则

编号	项目名称	单位	计算规则
AH0004	胶合板门制作 框断面52 cm² 全板	100 m²	按设计图示洞口尺寸以面积计算
AH0018	镶板、胶合板门安装	100 m²	
AH0093	塑钢成品窗安装 外平开	100 m²	
AH0094	塑钢成品窗安装 飘凸	100 m²	

3)门窗的属性定义

(1)门的属性定义

在导航树中单击"门窗洞"→"门"。在"构件列表"中选择"新建"→"新建矩形门",在属性编辑框中输入相应的属性值。

①洞口宽度、洞口高度:从门窗表中可以直接得到属性值。

②框厚:输入门实际的框厚尺寸,对墙面块料面积的计算有影响,本工程输入"60"。

③立樘距离:门框中心线与墙中心间的距离,默认为"0"。如果门框中心线在墙中心线左边,该

值为负，否则为正。

④框左右扣尺寸、框上下扣尺寸：如果计算规则要求门窗按框外围面积计算，输入框扣尺寸。

M1021、M5021 和 FM乙1121 的属性值，如图 3.133—图 3.135 所示。

	属性名称	属性值
1	名称	M1021
2	洞口宽度(mm)	1000
3	洞口高度(mm)	2100
4	离地高度(mm)	0
5	框厚(mm)	60
6	立樘距离(mm)	0
7	洞口面积(m²)	2.1
8	框外围面积(m²)	(2.1)
9	框上下扣尺寸(...	0
10	框左右扣尺寸(...	0
11	是否随墙变斜	否

图 3.133

	属性名称	属性值
1	名称	M5021
2	洞口宽度(mm)	5000
3	洞口高度(mm)	2700
4	离地高度(mm)	0
5	框厚(mm)	60
6	立樘距离(mm)	0
7	洞口面积(m²)	13.5
8	框外围面积(m²)	(13.5)
9	框上下扣尺寸(...	0
10	框左右扣尺寸(...	0
11	是否随墙变斜	否

图 3.134

	属性名称	属性值
1	名称	FM乙1121
2	洞口宽度(mm)	1100
3	洞口高度(mm)	2100
4	离地高度(mm)	0
5	框厚(mm)	60
6	立樘距离(mm)	0
7	洞口面积(m²)	2.31
8	框外围面积(m²)	(2.31)
9	框上下扣尺寸(...	0
10	框左右扣尺寸(...	0
11	是否随墙变斜	否

图 3.135

(2)窗的属性定义

在导航树中选择"门窗洞"→"窗"，在"构件列表"中选择"新建"→"新建矩形窗"，新建"矩形窗C0924"。

注意：窗离地高度=50 mm+600 mm=650 mm（相对结构标高−0.050 m而言），如图 3.136 所示。

图 3.136

窗 C0924 的属性值，如图 3.137 所示。

其他窗可通过"复制"定义，并修改名称和洞口宽度，如图 3.138—图 3.141 所示。

	属性名称	属性值
1	名称	C0924
2	类别	普通窗
3	顶标高(m)	层底标高+3.05(3)
4	洞口宽度(mm)	900
5	洞口高度(mm)	2400
6	离地高度(mm)	650
7	框厚(mm)	60
8	立樘距离(mm)	0
9	洞口面积(m²)	2.16
10	框外围面积(m²)	(2.16)
11	框上下扣尺寸(...	0
12	框左右扣尺寸(...	0
13	是否随墙变斜	是

图 3.137

	属性名称	属性值
1	名称	C1824
2	类别	普通窗
3	顶标高(m)	层底标高+3.05(3)
4	洞口宽度(mm)	1800
5	洞口高度(mm)	2400
6	离地高度(mm)	650
7	框厚(mm)	60
8	立樘距离(mm)	0
9	洞口面积(m²)	4.32
10	框外围面积(m²)	(4.32)
11	框上下扣尺寸(...	0
12	框左右扣尺寸(...	0
13	是否随墙变斜	是

图 3.138

	属性名称	属性值
1	名称	C1624
2	类别	普通窗
3	顶标高(m)	层底标高+3.05(3)
4	洞口宽度(mm)	1600
5	洞口高度(mm)	2400
6	离地高度(mm)	650
7	框厚(mm)	60
8	立樘距离(mm)	0
9	洞口面积(m²)	3.84
10	框外围面积(m²)	(3.84)
11	框上下扣尺寸(...	0
12	框左右扣尺寸(...	0
13	是否随墙变斜	是

图 3.139

属性列表		
	属性名称	属性值
1	名称	C-1524
2	类别	普通窗
3	顶标高(m)	层底标高+3.05(3)
4	洞口宽度(mm)	1500
5	洞口高度(mm)	2400
6	离地高度(mm)	650
7	框厚(mm)	60
8	立樘距离(mm)	0
9	洞口面积(m²)	3.6
10	框外围面积(m²)	(3.6)
11	框上下扣尺寸(...	0
12	框左右扣尺寸(...	0
13	是否随墙变斜	是

图3.140

属性列表		
	属性名称	属性值
1	名称	C-2424
2	类别	普通窗
3	顶标高(m)	层底标高+3.05(3)
4	洞口宽度(mm)	2400
5	洞口高度(mm)	2400
6	离地高度(mm)	650
7	框厚(mm)	60
8	立樘距离(mm)	0
9	洞口面积(m²)	5.76
10	框外围面积(m²)	(5.76)
11	框上下扣尺寸(...	0
12	框左右扣尺寸(...	0
13	是否随墙变斜	是

图3.141

4)门窗做法套用

M1021做法套用如图3.142所示,M5021做法套用如图3.143所示,FM乙1121做法套用如图3.144所示,C0924做法套用如图3.145所示,其他几个窗做法套用同C0924。

	编码	类别	名称	项目特征	单位	工程量表达式	表达式说明
1	☐ 010801001001	项	木质门 M1021	[项目特征] 1.门代号及洞口尺寸:M1021 2.门框或扇外围尺寸:1000*2100mm 3.门框、扇材质:胶合板门	m2	DKMJ	DKMJ<洞口面积>
2	AH0004	定	胶合板门制作 框断面52cm2 全板		m2	DKMJ	DKMJ<洞口面积>
3	AH0018	定	镶板、胶合板门安装		m2	DKMJ	DKMJ<洞口面积>

图3.142

	编码	类别	名称	项目特征	单位	工程量表达式	表达式说明
1	☐ 010805002001	项	旋转门	[项目特征] 1.门代号及洞口尺寸:M5021 2.门框或扇外围尺寸:5000*2100mm 3.门框、扇材质:全玻璃转门	樘	SL	SL<数量>
2	LD0069	定	全玻转门安装 直径2m不锈钢柱 玻璃12mm		樘	SL	SL<数量>

图3.143

	编码	类别	名称	项目特征	单位	工程量表达式	表达式说明
1	☐ 010802003002	项	钢质防火门 FM乙1121	[项目特征] 1.门代号及洞口尺寸:FM乙1121 2.门框或扇外围尺寸:1100*2100mm 3.门框、扇材质:乙级钢质防火门	m2	DKMJ	DKMJ<洞口面积>
2	AH0035	定	钢质防火门安装		m2	DKMJ	DKMJ<洞口面积>
3	AH0106	定	成品门窗塞缝		m	DKSMCD	DKSMCD<洞口三面长度>

图3.144

	编码	类别	名称	项目特征	单位	工程量表达式	表达式说明
1	☐ 010807001001	项	塑钢窗 C0924	[项目特征] 1.窗代号及洞口尺寸:C0924 2.窗框或扇外围尺寸:900*2400mm 3.窗框、扇材质:塑钢	m2	DKMJ	DKMJ<洞口面积>
2	AH0093	定	塑钢成品窗安装 外平开		m2	DKMJ	DKMJ<洞口面积>
3	AH0106	定	成品门窗塞缝		m	DKZC	DKZC<洞口周长>

图3.145

5)门窗洞口的画法讲解

门窗洞构件属于墙的附属构件,也就是说,门窗洞构件必须绘制在墙上。

门窗最常用的是"点"绘制。对于计算来说,一段墙扣减门窗洞口面积,只要门窗绘制在墙上即可,一般对位置要求不用很精确,因此直接采用点绘制即可。在点绘制时,软件默认开启动态输入的数值框,可直接输入一边距墙端头的距离,或通过"Tab"键切换输入框。

门窗的绘制还经常使用"精确布置"的方法。当门窗紧邻柱等构件布置时,考虑其上过梁与旁边的柱、墙扣减关系,需要对这些门窗精确定位。如一层平面图中的M1都是贴着柱边布置的。

（1）绘制门

①智能布置:光标选中M5021,"智能布置"墙段中点,光标选中④~⑤轴大门所在的墙图,如图3.146所示。

图3.146

②精确布置:构件列表中选中M1021,鼠标左键选择参考点,在输入框中输入偏移值"600",如图3.147所示。

图3.147

③点绘制:左键单击"绘图"中的"点",鼠标移至需要绘制门的墙段位置,左键单击即可,如图3.148所示。

图3.148

④复制:选中需要复制的门,单击"复制",左键指定参考点,移动复制的门到需要的位置,左键指定插入点即可,如图3.149所示。

图 3.149

⑤镜像:选中需要镜像的门,单击"镜像",绘制镜像轴,即可完成门的镜像绘制,如图 3.150 所示。

图 3.150

(2)绘制窗

①点绘制:如图 3.151 所示。

图 3.151

②精确布置:以Ⓐ、②~③轴线的 C0924 为例,用鼠标左键单击Ⓐ轴和②轴交点,输入"850",然后按"Enter"键即可。其他操作方法类似,如图 3.152 所示。

图3.152

③长度标注:可利用"长度标注"命令,检查布置的位置是否正确,如图3.153所示。

图3.153

④镜像:可利用"镜像"命令,具体步骤参考门绘制中的镜像,如图3.154所示。

图3.154

6)阳台处转角窗的属性定义和绘制

①建施-12中转角窗的顶标高为3.05 m,底标高为0.350 m,如图3.155所示。

图 3.155

②转角窗的属性定义如图 3.156 所示。

	编码	类别	名称	项目特征	单位	工程量表达式	表达式说明
1	☐ 010807001	项	金属(塑钢、断桥)窗	1.窗代号及洞口尺寸:转角位置处 2.窗高:3m 3.门框、扇材质:塑钢	m2	DKMJ	DKMJ<洞口面积>
2	AH0093	定	塑钢成品窗安装 外平开		m2	DKMJ	DKMJ<洞口面积>
3	AH0106	定	成品门窗塞缝		m	DKZC	DKZC<洞口周长>

图 3.156

③转角窗绘制。选择"智能布置"→"墙",拉框选择墙,右键确认即可,如图 3.157 所示。

图 3.157

7)飘窗的属性定义和绘制

①建施-04和建施-12中的飘窗如图3.158所示。飘窗钢筋信息见结施-10中1—1详图,如图3.159所示。

图3.158

图3.159

②定义飘窗,如图3.160所示。

图3.160

修改相关属性值,建筑面积选择不计算,窗离地高度为飘窗底板离地高度550 mm,如图3.161所示。

图 3.161

③做法套用如图 3.162 所示。

	编码	类别	名称	项目特征	单位	工程量表达式	表达式说明
1	⊟ 010807007	项	金属(塑钢、断桥)飘(凸)窗	1.窗代号:PC-1 2.框外围展开面积:(0.5*2+3.24)*2.4 3.框、扇材质:塑钢	m2	(0.5*2+3.24)*2.4	10.176
2	AH0094	定	塑钢成品窗安装 飘凸		m2	(0.5*2+3.24)*2.4	10.176
3	AH0106	定	成品门窗塞缝		m	0.5*2+3.24	4.24
4	⊟ 010505008	项	雨篷、悬挑板、阳台板	[项目特征] 1.混凝土种类:商品砼 2.混凝土强度等级:C30 3.折算厚度：100 4.部位：飘窗板	m3	TTJ	TTJ<砼体积>
5	AE0089	定	悬挑板 商品砼		m2	DDBDMMJ +DGBDMMJ	DDBDMMJ<底板底面面积>+DGBDMMJ<顶板顶面面积>
6	AE0117	定	砼泵输送砼 输送泵车排除量(m3/h)60		m3	TTJ	TTJ<砼体积>
7	⊟ 011702023	项	雨篷、悬挑板、阳台板	1.支撑高度：3.6m以下 2.部位：飘窗板	m2	MBMJ	MBMJ<模板面积>
8	AE0164	定	现浇混凝土模板 悬挑板 直形		m2	MBMJ	MBMJ<模板面积>

图 3.162

④绘制。采用智能布置方法,如图 3.163 所示。图纸右侧部分操作方法相同,也可使用"镜像"命令完成绘制。

图 3.163

四、任务结果

汇总计算,统计本层门窗的清单定额工程量,见表3.29。

表3.29 门窗清单定额工程量

编码	项目名称	单位	工程量明细	
			绘图输入	表格输入
010801001001	木质门 [项目特征] (1)门代号及洞口尺寸:M1021 (2)门框或扇外围尺寸:1000 mm×2100 mm (3)门框、扇材质:胶合板门	m²	46.2	
AH0004	胶合板门制作 框断面52 cm² 全板	100 m²	0.462	
AH0018	镶板、胶合板门安装	100 m²	0.462	
010802003001	钢质防火门 [项目特征] (1)门代号及洞口尺寸:FM乙1121 (2)门框或扇外围尺寸:1100 mm×2100 mm (3)门框、扇材质:甲级钢质防火门	m²	2.31	
AH0035	钢质防火门安装	100 m²	0.0231	
AH0106	成品门窗塞缝	100 m	0.053	
010805002001	旋转门 [项目特征] (1)门代号及洞口尺寸:M5021 (2)门框或扇外围尺寸:5000 mm×2100 mm (3)门框、扇材质:全玻璃转门	樘	1	
LD0069	全玻转门安装 直径2 m 不锈钢柱 玻璃12 mm	樘	1	
010807001001	金属(塑钢、断桥)窗 [项目特征] (1)窗代号及洞口尺寸:C0924 (2)门框或扇外围尺寸:900 mm×2400 mm (3)门框、扇材质:塑钢	m²	8.64	
AH0093	塑钢成品窗安装 外平开	100 m²	0.0864	
AH0106	成品门窗塞缝	100 m	0.264	
010807001002	金属(塑钢、断桥)窗 [项目特征] (1)窗代号及洞口尺寸:C1824 (2)窗框或扇外围尺寸:1800 mm×2400 mm (3)窗框、扇材质:塑钢	m²	17.28	
AH0093	塑钢成品窗安装 外平开	100 m²	0.1728	
AH0106	成品门窗塞缝	100 m	0.336	

续表

编码	项目名称	单位	工程量明细	
			绘图输入	表格输入
010807001003	金属(塑钢、断桥)窗 [项目特征] (1)窗代号及洞口尺寸:C1624 (2)窗框或扇外围尺寸:1600 mm×2400 mm (3)窗框、扇材质:塑钢	m²	7.68	
AH0093	塑钢成品窗安装 外平开	100 m²	0.0768	
AH0106	成品门窗塞缝	100 m	0.16	
010807001004	金属(塑钢、断桥)窗 [项目特征] (1)窗代号及洞口尺寸:C1524 (2)窗框或扇外围尺寸:1500 mm×2400 mm (3)窗框、扇材质:塑钢	m²	7.2	
AH0093	塑钢成品窗安装 外平开	100 m²	0.072	
AH0106	成品门窗塞缝	100 m	0.156	
010807001005	金属(塑钢、断桥)窗 [项目特征] (1)窗代号及洞口尺寸:C2424 (2)窗框或扇外围尺寸:2400 mm×2400 mm (3)窗框、扇材质:塑钢	m²	17.28	
AH0093	塑钢成品窗安装 外平开	100 m²	0.1728	
AH0106	成品门窗塞缝	100 m	0.288	
010807007	金属(塑钢、断桥)飘(凸)窗 [项目特征] (1)窗代号:PC-1 (2)框外围展开面积:3400 mm×2400 mm (3)框、扇材质:塑钢	m²	20.352	
AH0094	塑钢成品窗安装 飘凸	100 m²	0.20352	
AH0106	成品门窗塞缝	100 m	0.0848	
010807001	金属(塑钢、断桥)窗 [项目特征] (1)窗代号及洞口尺寸:转角位置处 (2)窗高:3 m (3)门框、扇材质:塑钢	m²	56.3648	
AH0093	塑钢成品窗安装 外平开	100 m²	0.5636	
AH0106	成品门窗塞缝	100 m²	0.8495	

问题思考

在什么情况下需要对门、窗进行精确定位?

首层门窗、洞口
的绘制方法

3.6.2　过梁、圈梁、构造柱的工程量计算

通过本小节的学习,你将能够:

(1)依据定额和清单分析过梁、圈梁、构造柱的工程量计算规则;

(2)定义过梁、圈梁、构造柱;

(3)绘制过梁、圈梁、构造柱;

(4)统计本层过梁、圈梁、构造柱的工程量。

一、任务说明

①完成首层过梁、圈梁、构造柱的属性定义、做法套用及图元绘制。

②汇总计算,统计首层过梁、圈梁、构造柱的工程量。

二、任务分析

①首层过梁、圈梁、构造柱的尺寸种类分别有多少? 分别从哪个图中什么位置找到?

②过梁伸入墙内长度如何确定? 如何使用智能布置快速布置过梁?

③如何确定圈梁的顶标高? 如何使用智能布置快速精准布置圈梁?

④如何确定构造柱的位置并快速生成构造柱?

三、任务实施

1)分析图纸

(1)圈梁

结施-01(2)中,所有外墙窗下标高处增加钢筋混凝土现浇带,截面尺寸为墙厚×180 mm。配筋上下各2Φ12,ϕ6@200。

(2)过梁

结施-01(2)中过梁尺寸及配筋表,如图3.164所示。

(3)构造柱

结施-01(2)中构造柱的尺寸、钢筋信息及布置位置,如图3.165所示。

(4)构造柱的设置:本图构造柱的位置设置见图9,构造柱的尺寸和配筋见图10。
构造柱上、下端框架梁处500 mm高度范围内,箍筋间距加密到@100。
构造柱与楼面相交处在施工楼面时应留出相应插筋,见图11。

图3.164　　　　　　　　　图3.165

2)清单、定额计算规则学习

(1)清单计算规则

过梁、圈梁、构造柱清单计算规则,见表3.30。

表3.30　过梁、圈梁、构造柱清单计算规则

编号	项目名称	单位	计算规则
010503005	过梁	m³	按设计图示尺寸以体积计算。伸入墙内的梁头、梁垫并入梁体积内
011702009	过梁 模板	m²	按模板与现浇混凝土构件的接触面积计算
010503004	圈梁	m³	按设计图示尺寸以体积计算。伸入墙内的梁头、梁垫并入梁体积内
011702008	圈梁 模板	m²	按模板与现浇混凝土构件的接触面积计算
010502002	构造柱	m³	按设计图示尺寸以体积计算。柱高：构造柱按全高计算，嵌接墙体部分（马牙槎）并入柱身体积
011702003	构造柱 模板	m²	按模板与现浇混凝土构件的接触面积计算

（2）定额计算规则学习

过梁、圈梁、构造柱定额计算规则，见表3.31。

表3.31　过梁、圈梁、构造柱定额计算规则

编号	项目名称	单位	计算规则
AE0042	圈梁（过梁）商品混凝土	10 m³	按设计图示尺寸以体积计算
AE0148	过梁 现浇混凝土模板	10 m³	过梁按图示面积计算
AE0146	圈梁 现浇混凝土模板	10 m³	圈梁按图示面积计算
AE0031	构造柱 商品混凝土	10 m³	按设计图示尺寸以体积计算。柱高：构造柱按全高计算，嵌接墙体部分（马牙槎）并入柱身体积
AE0141	构造柱 现浇混凝土模板	10 m³	构造柱按图示外露部分的最大宽度乘以柱高以面积计算

3）属性定义及做法套用

①圈梁属性定义及做法套用，如图3.166所示。在导航树中单击"梁"→"圈梁"，在"构件列表"中单击"新建"→"新建圈梁"，在属性编辑框中输入相应的属性值，绘制完圈梁后，需手动修改圈梁标高。

图3.166

②过梁属性定义及做法套用。分析首层外墙厚为250 mm，内墙为200 mm。分析建施-01门窗表，可

知门宽度有5000,1100和1000 mm,窗宽度有900,1500,1600,1800,2400 mm,则可依据门窗宽度新建过梁信息,如图3.167—图3.170所示。

图 3.167

图 3.168

图 3.169

图3.170

③构造柱属性定义及做法套用,如图3.171所示。

图3.171

4)绘制构件

(1)圈梁绘制

使用智能布置功能,选中外墙有窗需要布置的部分,分别布置直形圈梁和弧形圈梁,将直形圈梁和弧形圈梁合并,如图3.172所示。

图 3.172

（2）过梁绘制

GL-1：用智能布置功能，按门窗洞口宽度布置，如图3.173和图3.174所示，单击"确定"按钮即可完成布置。

GL-2："智能布置"→门、窗、门联窗、墙洞、带型窗、带型洞→批量选择→选除C0924以外的所有窗→确定，右键完成。操作方式参照图3.173所示。

图 3.173

图 3.174

GL-3：布置方式参考GL-1、GL-2绘制方法。

GL-4：用点绘制，如图3.175所示。

图 3.175

（3）构造柱绘制

按照结施-01（2）图9所示位置绘制上去即可，其绘制方法同柱。对于窗边的构造柱可选择窗的端点，按"Shift"键，弹出"请输入偏移值"对话框，输入偏移值，如图3.176所示。单击"确定"按钮，完成后如图3.177所示。

图3.176

图3.177

四、任务结果

汇总计算,统计本层过梁、圈梁、构造柱的清单工程量,见表3.32。

表3.32　过梁、圈梁、构造柱清单工程量

编码	项目名称	单位	工程量
010502002001	构造柱 [项目特征] (1)混凝土种类:商品混凝土 (2)混凝土强度等级:C25	m³	4.4516
010510003001	过梁 [项目特征] (1)混凝土种类:商品混凝土 (2)混凝土强度等级:C25	m³	2.5526
010507005001	圈梁 (1)断面尺寸:250 mm×180 mm (2)混凝土种类:商品混凝土 (3)混凝土强度等级:C25	m³	3.5141
011702003002	构造柱 模板高度:3.6 m以内	m²	41.4446

续表

编码	项目名称	单位	工程量
011702008002	圈梁 (1)模板高度:3.6 m以内 (2)部位:窗下	m²	30.0343
011702009001	过梁	m²	33.926

问题思考

首层圈梁、过梁、构造柱的工程量计算

(1)简述构造柱的设置位置。

(2)为什么外墙窗顶没有设置圈梁?

(3)自动生成构造柱符合实际要求吗? 如果不符合,则需要做哪些调整?

评价反馈

序号	评价项目	评价标准	满分	评价			综合评分
				自评	互评	师评	
1	门窗、洞口及附属构件的属性定义	(1)新建门窗、过梁、圈梁、构造柱、砌体加筋的操作正确; (2)门窗、过梁、圈梁、构造柱、砌体加筋的属性定义操作正确。	25				
2	门窗、洞口及附属构件的做法套用	(1)门窗、过梁、圈梁、构造柱的清单列项正确; (2)门窗、过梁、圈梁、构造柱的定额列项正确。	20				
3	门窗、洞口及附属构件的绘制	(1)门窗、过梁、圈梁、构造柱、砌体加筋的绘制方法选择恰当; (2)门窗、过梁、圈梁、构造柱、砌体加筋的绘制操作正确; (3)绘制图元速度及准确性。	25				
4	门窗、洞口及附属构件的工程量计算、查看和校核	(1)能够根据需要计算所需工程量; (2)能够根据需要查看所需工程量; (3)能够正确校核工程量。	20				
5	工作过程	(1)遵守纪律,按时提交工作成果; (2)乐学善学,具备自主学习能力; (3)求真务实,实践中国工匠精神; (4)团结协作,积极参与小组活动; (5)与时俱进,创新智慧领航前行。	10				
小计			100				

自我总结

请针对任务的完成情况,对相关知识点与技能点、知识难点与重点、工作流程与方法、自我感受等内容进行梳理与总结。

3.7 楼梯工程量计算

通过本节的学习,你将能够:
正确计算楼梯的土建及钢筋工程量。

3.7.1 楼梯的定义和绘制

通过本小节的学习,你将能够:
(1)分析整体楼梯包含的内容;
(2)定义参数化楼梯;
(3)绘制参数化楼梯;
(4)统计各层楼梯的土建及钢筋工程量。

一、任务说明

①使用参数化楼梯完成楼梯的属性定义、做法套用,并绘制楼梯。
②汇总计算,统计并核对楼梯的工程量。

二、任务分析

①楼梯由哪些构件组成? 每一构件对应哪些工作内容? 做法如何套用?
②如何正确地编辑楼梯各构件的工程量表达式?

三、任务实施

1)分析图纸

分析建施-13、结施-13及各层平面图可知,本工程有一部楼梯,即位于④~⑤轴与ⓒ~ⓓ轴间的为1号楼梯。楼梯从负一层开始到第三层。

依据定额计算规则可知,楼梯按照水平投影面积计算混凝土和模板面积;分析图纸可知,伸入墙里的TL-1、楼梯间的楼板、TZ1工程量不包含在整体楼梯中,需单独计算。

从建施-13剖面图可知,楼梯栏杆为1050 mm高铁栏杆带木扶手。

2)清单、定额计算规则学习

(1)清单计算规则

楼梯清单计算规则见表3.33。

表3.33 楼梯清单计算规则

编号	项目名称	单位	计算规则
010506001	直形楼梯	m²	按实际图示尺寸以水平投影面积计算。不扣除宽度小于500 mm的楼梯井,伸入墙内部分不计算
011702024	楼梯	m²	按楼梯(包括休息平台、平台梁、斜梁和楼层板的连接梁)的水平投影面积计算,不扣除宽度小于等于500 mm的楼梯井所占面积,楼梯踏步、踏步板、平台梁等侧面模板不另计算,伸入墙内部分亦不增加

（2）定额计算规则

楼梯定额计算规则见表3.34。

表3.34 楼梯定额计算规则

编号	项目名称	单位	计算规则
AE0093	直形楼梯 商品混凝土	m²	整体楼梯（包括休息平台、平台梁、斜梁及楼梯的连接梁）按水平投影面积计算，不扣除宽度小于500 mm的楼梯井，伸入墙内部分亦不增加
AE0163	现浇混凝土模板 楼梯 直形	m²	现浇混凝土楼梯（包括休息平台、平台梁、斜梁及楼梯的连接梁）按水平投影面积计算，不扣除宽度小于500 mm的楼梯井，楼梯踏步、踏步板、平台梁等侧面模板不另计算，伸入墙内部分亦不增加

3）楼梯属性定义

楼梯可按照水平投影面积布置，也可绘制参数化楼梯。本工程按照参数化布置是为了方便计算楼梯底面抹灰等装饰装修工程的工程量。

（1）新建楼梯

本工程楼梯为直形双跑楼梯，以本工程楼梯为例进行讲解。在导航树中选择"楼梯"→"楼梯"→"参数化楼梯"，弹出"选择参数化图形"对话框，选择"标准双跑"，按照结施-13中的数据更改右侧绿色的字体，如图3.178所示，编辑完参数后单击"确定"按钮即可。

图3.178

（2）定义属性

结合结施-13，对1号楼梯进行属性定义，如图3.179所示。

4）做法套用

为了方便计算楼梯的装饰装修工程量，可将装饰做法在楼梯中进行做法套用，1号楼梯的做法套用如图3.180所示。

图3.179

添加清单　添加定额　删除　查询▾　项目特征　换算▾　做法刷　做法查询　提取做法　当前构件自动套做法　☑参与自动套

	编码	类别	名称	项目特征	单位	工程量表达式	表达式说明	单价	综合单价
1	⊟ 010506001001	项	直形楼梯	1.混凝土种类:商品砼 2.混凝土强度等级:C30 3.折算厚度:192	m2	TYMJ	TYMJ<水平投影面积>		
2	AE0093	定	直形楼梯 商品砼		m2	TYMJ	TYMJ<水平投影面积>	1078.67	
3	AE0117	定	砼泵输送砼 输送泵车排量(m3/h) 60		m3	TJ	TJ<体积>	573.05	
4	⊟ 011702024001	项	楼梯	1.类型:直形楼梯	m2	TYMJ	TYMJ<水平投影面积>		
5	AE0167	定	现浇混凝土模板 楼梯 直形		m2水平投影面积	TYMJ	TYMJ<水平投影面积>	14229.29	
6	⊟ 011301001001	项	天棚抹灰 (天棚1)	1、喷水性耐擦洗涂料 2、3厚1:2.5水泥砂浆找平 3、5厚1:3水泥砂浆打底扫毛或划出纹道 4、素水泥浆一道用毛(内掺建筑胶)	m2	DBMHMJ	DBMHMJ<底部抹灰面积>		
7	AN0002	定	天棚抹灰 砼面 水泥砂浆 干混商品砂浆		m2	DBMHMJ	DBMHMJ<底部抹灰面积>	229.09	
8	LE0151	定	抹灰面喷(刷)金粉漆 底油一遍、喷(刷)金粉漆两遍		m2	DBMHMJ	DBMHMJ<底部抹灰面积>	449.63	
9	AM0032	定	其他砂浆 界面剂一遍 砼基层		m2	DBMHMJ	DBMHMJ<底部抹灰面积>	549.56	
10	⊟ 011106002	项	地砖楼梯面层 (参考楼面2)	1、10厚防滑地砖,稀水泥浆擦缝 2、撒素水泥面(洒适量清水) 3、20厚1:2干硬性水泥砂浆粘结层 4、1.5厚聚氨酯涂膜防水层靠墙处卷边150 5、20厚1:3水泥砂浆找平层,四周及竖管根部位抹小八字角 6、素水泥浆一道 7、平均厚35厚C15细石混凝土从门口向地漏找1%坡 8、现浇混凝土楼板	m2	TYMJ	TYMJ<水平投影面积>		
11	LA0008	定	地面砖楼地面 周长(mm以内) 1600		m2	TYMJ	TYMJ<水平投影面积>	735.09	
12	AL0021	定	人工拉毛 水泥砂浆		m2	TYMJ	TYMJ<水平投影面积>	193.93	
13	AL0001	定	水泥砂浆找平层 厚度20mm 在砼或硬基层上 现拌		m2	TYMJ	TYMJ<水平投影面积>	1750.65	
14	AJ0019	定	聚氨酯防水涂料 厚度2mm		m2	TYMJ	TYMJ<水平投影面积>	3930.47	
15	AL0011	定	细石砼找平层 厚度30mm 商品砼		m2	TYMJ	TYMJ<水平投影面积>	1758.15	
16	⊟ 011503001	项	金属扶手、栏杆、栏板 (楼梯间栏杆)	1.材质:铁栏杆 2.规格:1050mm高 3.木扶手	m	LGCD	LGCD<栏杆扶手长度>		
17	LF0066	定	铁花栏杆 型钢		m	LGCD	LGCD<栏杆扶手长度>	930.12	
18	LF0087	定	硬木扶手 直形		m	LGCD	LGCD<栏杆扶手长度>	1400.72	
19	⊟ 011105003001	项	块料踢脚线 (参考踢脚线1)	[项目特征] 1、用400X100深色地砖,高度为100 2、10厚地砖踢脚,稀水泥浆擦缝 3、8厚1:2水泥砂浆(内掺建筑胶)粘结层 4、5厚1:3水泥砂浆打底扫毛或划出纹道	m	TJXCDX	TJXCDX<踢脚线长度(斜)>		
20	LA0048	定	地砖踢脚制作安装		m	TJXCDX	TJXCDX<踢脚线长度(斜)>	144.05	

图3.180

5)楼梯画法讲解

首层楼梯绘制。楼梯可以用点绘制,点绘制时需要注意楼梯的位置。如果提示不能重复布置,可将楼梯绘制在轴网以外的位置,用F4改变插入点,用修改命令改变位置。绘制的楼梯图元如图3.181所示。

图3.181

四、任务结果

汇总计算,统计首层楼梯的工程量,见表3.35。

表3.35 首层楼梯的工程量

编码	项目名称	单位	工程量明细
010506001002	直形楼梯 [项目特征] (1)混凝土种类:商品混凝土 (2)混凝土强度等级:C30 (3)折算厚度:192 mm	m²	18.7
AE0093	直形楼梯 商品混凝土	10 m²	1.87
011106002001	块料楼梯面层 [项目特征] 参考楼面2 (1)10 mm厚防滑地砖,稀水泥浆擦缝 (2)撒素水泥面(洒适量清水) (3)20 mm厚1:2干硬性水泥砂浆黏结层 (4)1.5 mm厚聚氨酯涂膜防水层靠墙处卷边150 mm (5)20 mm厚1:3水泥砂浆找平层,四周及竖管根部抹小八字角 (6)素水泥浆一道 (7)平均35 mm厚C15细石混凝土从门口向地漏找1%坡 (8)楼梯楼板	m²	24.2677
AL0001	水泥砂浆找平层 厚度20 mm 在混凝土或硬基层上 现拌	100 m²	0.242677
AL0011	细石混凝土找平层 厚度30 mm 商品混凝土	100 m²	0.242677
AJ0019	聚氨酯防水涂料 厚度2 mm	100 m²	0.242677
AL0021	人工拉毛 水泥砂浆	100 m²	0.242677
LA0008	地面砖楼地面 周长(mm以内)1600	10 m²	2.42677
011301001001	天棚抹灰 [项目特征] (1)喷水性耐擦洗涂料 (2)3 mm厚1:2.5水泥砂浆找平 (3)5 mm厚1:3水泥砂浆打底扫毛或划出纹道 (4)素水泥浆一道甩毛(内掺建筑胶)	m²	25.0617
AN0002	天棚抹灰 混凝土面 水泥砂浆 干混商品砂浆	10 m²	2.50617
AM0032	其他砂浆 界面剂一遍 混凝土基层	100 m²	0.250617
LE0151	抹灰面喷(刷)金粉漆 底油一遍、喷(刷)金粉漆两遍	10 m²	2.50617
011702024002	楼梯 [项目特征] 类型:直形楼梯	m²	18.7
AE0167	现浇混凝土模板 楼梯 直形	100 m²	0.187
011105003001	块料踢脚线 [项目特征] (1)用400 mm×100 mm深色地砖,高度为100 mm (2)10 mm厚防滑地砖踢脚,稀水泥浆擦缝 (3)8 mm厚1:2水泥砂浆(内掺建筑胶)黏结层 (4)5 mm厚1:3水泥砂浆打底扫毛或划出纹道	m²	3.573

续表

编码	项目名称	单位	工程量明细
LA0048	地砖踢脚制作安装	10 m	4.28639
011503002001	硬木扶手、栏杆、栏板 [项目特征] (1)扶手材料种类、规格:木扶手 (2)栏杆材料种类、规格:铁栏杆 (3)高度:1.05 m	m	9.8135
LF0066	铁花栏杆 型钢	10 m	0.98135
LF0087	硬木扶手 直形	10 m	0.98135

五、知识拓展

组合楼梯的绘制

组合楼梯就是使用单个构件绘制后的楼梯,每个单构件都要单独定义、单独绘制。组合楼梯可以更加灵活、便捷地计算整体楼梯中的休息平台、平台梁、连系梁等构件的钢筋工程量,绘制方法如下:

(1)组合楼梯构件的属性定义

①直形梯段的属性定义:单击"新建直形梯段",根据结施-13进行信息输入,如图3.182所示。

②休息平台的属性定义:单击"新建现浇板",根据结施-13进行信息输入,如图3.183所示。

图3.182

图3.183

③梯梁的属性定义:单击"新建矩形梁",根据结施-13进行信息输入,如图3.184所示。

(2)做法套用

直形梯段做法套用可参考楼梯做法套用。休息平台、TL-1(休息平台梁)、TL-1(连系梁)并入整体楼梯,按水平投影面积以"m²"计算。

(3)直形梯段画法

直形梯段可以直线绘制,也可以矩形绘制。绘制后单击"设置踏步起始边"即可。

	属性名称	属性值	附加
1	名称	TL-1（休息平台梁）	
2	结构类别	楼层框架梁	☐
3	跨数量		☐
4	截面宽度(mm)	200	☐
5	截面高度(mm)	400	☐
6	轴线距梁左边...	100	☐
7	箍筋	Φ8@200(2)	☐
8	肢数	2	
9	上部通长筋	2Φ14	☐
10	下部通长筋	3Φ16	☐
11	侧面构造或受...		☐
12	拉筋		☐
13	定额类别	有梁板	☐
14	材质	商品混凝土	☐
15	混凝土类型	(特细砂塑性混凝土(...	☐
16	混凝土强度等级	(C30)	☐
17	混凝土外加剂	(无)	
18	泵送类型	(混凝土泵)	
19	泵送高度(m)		
20	截面周长(m)	1.2	☐
21	截面面积(m²)	0.08	☐
22	起点顶标高(m)	1.9	☐
23	终点顶标高(m)	1.9	☐
24	备注		☐
25	⊞ 钢筋业务属性		

	属性名称	属性值	附加
1	名称	TL-1（连系梁）非...	
2	结构类别	非框架梁	☐
3	跨数量		☐
4	截面宽度(mm)	200	☐
5	截面高度(mm)	400	☐
6	轴线距梁左边...	100	☐
7	箍筋	Φ8@200(2)	☐
8	肢数	2	
9	上部通长筋	2Φ14	☐
10	下部通长筋	3Φ16	☐
11	侧面构造或受...		☐
12	拉筋		☐
13	定额类别	有梁板	☐
14	材质	商品混凝土	☐
15	混凝土类型	(特细砂塑性混凝土(...	☐
16	混凝土强度等级	(C30)	☐
17	混凝土外加剂	(无)	
18	泵送类型	(混凝土泵)	
19	泵送高度(m)		
20	截面周长(m)	1.2	☐
21	截面面积(m²)	0.08	☐
22	起点顶标高(m)	层顶标高	☐
23	终点顶标高(m)	层顶标高	☐
24	备注		☐
25	⊞ 钢筋业务属性		

图 3.184

（4）梯梁的绘制

梯梁的绘制参考梁的部分内容。

（5）休息平台的绘制

休息平台的绘制参考板部分,休息平台上的钢筋参考板钢筋部分。完成绘制后,如图3.185所示。

图 3.185

问 题思考

整体楼梯的工程量中是否包含TZ1、墙中的TL-1?

3.7.2 表格算量法计算楼梯梯板钢筋工程量

通过本小节的学习,你将能够:

正确运用表格算量法计算钢筋工程量。

一、任务说明

若楼梯采用组合楼梯方式绘制,可在表格算量中运用参数输入法完成所有层楼梯梯段的钢筋工程量计算。

二、任务分析

以首层一号楼梯为例,参考结施-13及建施-13,读取梯板的相关信息,如梯板厚度、钢筋信息及楼梯具体位置。

三、任务实施

①如图3.186所示,切换到"工程量"选项卡,单击"表格算量"。

②在"表格算量"界面单击"构件",添加构件"AT1",根据图纸信息,输入AT1的相关属性信息,如图3.187所示。

	属性名称	属性值
1	构件名称	AT1
2	构件类型	现浇板
3	构件数量	1
4	预制类型	现浇
5	汇总信息	现浇板
6	备注	
7	构件总重量(kg)	0

图3.186   图3.187

③新建构件后,单击"参数输入",在弹出的"图集列表"中,选择相应的楼梯类型,如图3.188所示。这里以AT型楼梯为例。

图3.188

④在楼梯的参数图中,以首层1号楼梯为例,参考结施-13及建施-13,按照图纸标注和图集要求,本层楼梯的混凝土强度等级为C30,非抗震,查22G101—2图集,得出一级钢筋锚固长度为30d,三级为35d,

输入各个位置的钢筋信息和截面信息,如图3.189所示。输入完毕后,选择"计算保存"。

图3.189

四、任务结果

查看报表预览中的构件汇总信息明细表。同学们可通过云对比对比钢筋工程量,并查找差异原因。任务结果参考第10章表10.1输入。

五、总结拓展

楼梯间中的TZ1、TL-1和PTB1中的钢筋工程量需要单独定义和绘制构件,完成钢筋工程量计算。

问题思考

参数化楼梯中的钢筋是否包括梯梁和平台板中的钢筋?

首层楼梯工程量
的计算

评价反馈

序号	评价项目	评价标准	满分	评价			综合评分
				自评	互评	师评	
1	楼梯的属性定义	(1)新建楼梯的操作正确; (2)楼梯的属性定义操作正确。	15				
2	楼梯的做法套用	(1)楼梯的清单列项正确; (2)楼梯的定额列项正确。	20				

续表

序号	评价项目	评价标准	满分	评价			综合评分
				自评	互评	师评	
3	楼梯的绘制	（1）楼梯的绘制方法选择恰当； （2）楼梯的绘制操作正确； （3）绘制图元速度及准确性。	20				
4	楼梯钢筋计算	（1）楼梯钢筋表格算量参数输入正确； （2）楼梯表格算量操作正确。	20				
5	楼梯的工程量计算、查看和校核	（1）能够根据需要计算所需土建和钢筋工程量； （2）能够根据需要查看所需土建和钢筋工程量； （3）能够正确校核工程量。	15				
6	工作过程	（1）遵守纪律，按时提交工作成果； （2）乐学善学，具备自主学习能力； （3）求真务实，实践中国工匠精神； （4）团结协作，积极参与小组活动； （5）与时俱进，创新智慧领航前行。	10				
小计			100				

自我总结

请针对任务的完成情况，对相关知识点与技能点、知识难点与重点、工作流程与方法、自我感受等内容进行梳理与总结。

4 二、三层工程量计算

通过本章的学习,你将能够:
(1)掌握层间复制图元的方法;
(2)掌握修改构件图元的方法。

4.1 二层工程量计算

通过本节的学习,你将能够:
掌握层间复制图元的两种方法。

一、任务说明

①使用层间复制方法完成二层柱、梁、板、墙体、门窗的属性定义、做法套用及图元绘制。

②查找首层与二层的不同部分,将不同部分进行修正。

③汇总计算,统计二层柱、梁、板、墙体、门窗的工程量。

二、任务分析

①对比二层与首层的柱、梁、板、墙体、门窗都有哪些不同,分别从名称、尺寸、位置、做法4个方面进行对比。

②从其他楼层复制构件图元与复制选定图元到其他楼层有什么不同?

三、任务实施

1)分析图纸

二层层高为3600 mm,比首层减少了300 mm。

(1)分析框架柱

分析结施-04,二层框架柱和首层框架柱相比,截面尺寸、混凝土强度等级没有差别,不同的是钢筋信息全部发生变化。二层柱不再超高;二层梯柱顶标高降为"层底标高+1.8 m"。二层构造柱、暗柱与首层相同。

(2)分析梁

分析结施-05和结施-06,二层的梁和一层的梁相比,截面尺寸、混凝土强度等级没有差别,唯一不同的是⑧/④~⑤轴处KL4发生了变化。梯梁顶标高下降,二层梁不再超高。连梁、圈梁同首层。

（3）分析板

分析结施-08和结施-09，二层的板和一层的板相比，二层板不再超高，二层平台板标高有变化。④~⑤/⑪A~⑧轴增加了130 mm的板，⑤~⑥/⑥~⑪轴区域底部的X方向钢筋有变化，④~⑤/⑪A~⑧轴范围负筋有变化。

（4）分析墙、砌体加筋

分析建施-04、建施-05，二层无楼梯间墙，其他砌体与一层砌体基本相同，剪力墙Q3无变化。砌体加筋与首层相同。

（5）分析门窗、过梁

分析建施-04、建施-05，二层无楼梯间防火门FM1121，二层在⑪A轴/④~⑤轴为C5027，其他门窗与一层门窗基本相同。过梁随门窗洞口发生变化。

2）画法讲解

从其他楼层复制图元。在二层，单击"从其它层复制"，源楼层选择"首层"，图元选择"柱、墙、门窗洞、梁、板、楼梯"，目标楼层选择"第2层"如图4.1、图4.2所示。单击"确定"按钮，弹出"图元复制成功"提示框。

图4.1

图4.2

3）修改构件

为避免漏掉一些构件，复制后的构件可按照画图的顺序修改。

二层构件的修改方法如下：

①分别修改柱的钢筋信息，如图4.3—图4.8所示。

属性列表　图层管理

	属性名称	属性值	附加
1	名称	KZ1	
2	结构类别	框架柱	☐
3	定额类别	普通柱	☐
4	截面宽度(B边)(...	500	☐
5	截面高度(H边)(...	500	☐
6	全部纵筋		☐
7	角筋	4Φ22	☐
8	B边一侧中部筋	3Φ16	☐
9	H边一侧中部筋	3Φ16	☐
10	箍筋	Φ8@100(4*4)	
11	节点区箍筋		☐
12	箍筋胶数	4*4	
13	柱类型	(中柱)	☐
14	材质	商品混凝土	
15	混凝土类型	(特细砂塑性混凝...	
16	混凝土强度等级	(C30)	
17	混凝土外加剂	(无)	
18	泵送类型	(混凝土泵)	
19	泵送高度(m)		
20	截面面积(m²)	0.25	☐
21	截面周长(m)	2	☐
22	顶标高(m)	层顶标高	☐
23	底标高(m)	层底标高	☐
24	备注		☐
25	⊕ 钢筋业务属性		
43	⊕ 土建业务属性		
49	⊕ 显示样式		

图4.3

属性列表　图层管理

	属性名称	属性值	附加
1	名称	KZ2	
2	结构类别	框架柱	☐
3	定额类别	普通柱	☐
4	截面宽度(B边)(...	500	☐
5	截面高度(H边)(...	500	☐
6	全部纵筋		
7	角筋	4Φ22	
8	B边一侧中部筋	3Φ16	
9	H边一侧中部筋	3Φ16	
10	箍筋	Φ8@100/200(4*4)	
11	节点区箍筋		
12	箍筋胶数	4*4	
13	柱类型	(中柱)	
14	材质	商品混凝土	
15	混凝土类型	(特细砂塑性混凝...	
16	混凝土强度等级	(C30)	
17	混凝土外加剂	(无)	
18	泵送类型	(混凝土泵)	
19	泵送高度(m)		
20	截面面积(m²)	0.25	
21	截面周长(m)	2	
22	顶标高(m)	层顶标高	
23	底标高(m)	层底标高	
24	备注		☐
25	⊕ 钢筋业务属性		
43	⊕ 土建业务属性		
49	⊕ 显示样式		

图4.4

属性列表　图层管理

	属性名称	属性值	附加
1	名称	KZ3	
2	结构类别	框架柱	☐
3	定额类别	普通柱	☐
4	截面宽度(B边)(...	500	☐
5	截面高度(H边)(...	500	☐
6	全部纵筋		
7	角筋	4Φ22	
8	B边一侧中部筋	3Φ18	
9	H边一侧中部筋	3Φ18	
10	箍筋	Φ8@100/200(4*4)	
11	节点区箍筋		
12	箍筋胶数	4*4	
13	柱类型	(中柱)	
14	材质	商品混凝土	
15	混凝土类型	(特细砂塑性混凝...	
16	混凝土强度等级	(C30)	
17	混凝土外加剂	(无)	
18	泵送类型	(混凝土泵)	
19	泵送高度(m)		
20	截面面积(m²)	0.25	☐
21	截面周长(m)	2	
22	顶标高(m)	层顶标高	
23	底标高(m)	层底标高	
24	备注		
25	⊕ 钢筋业务属性		
43	⊕ 土建业务属性		
49	⊕ 显示样式		

图4.5

属性列表　图层管理

	属性名称	属性值	附加
1	名称	KZ4	
2	结构类别	框架柱	☐
3	定额类别	普通柱	☐
4	截面宽度(B边)(...	500	☐
5	截面高度(H边)(...	500	☐
6	全部纵筋		☐
7	角筋	4Φ25	☐
8	B边一侧中部筋	3Φ18	☐
9	H边一侧中部筋	3Φ18	☐
10	箍筋	Φ8@100/200(4*4)	
11	节点区箍筋		☐
12	箍筋胶数	4*4	
13	柱类型	(中柱)	
14	材质	商品混凝土	☐
15	混凝土类型	(特细砂塑性混凝...	☐
16	混凝土强度等级	(C30)	☐
17	混凝土外加剂	(无)	
18	泵送类型	(混凝土泵)	
19	泵送高度(m)		
20	截面面积(m²)	0.25	☐
21	截面周长(m)	2	☐
22	顶标高(m)	层顶标高	☐
23	底标高(m)	层底标高	☐
24	备注		☐
25	⊕ 钢筋业务属性		
43	⊕ 土建业务属性		
49	⊕ 显示样式		

图4.6

属性列表　图层管理

	属性名称	属性值	附加
1	名称	KZ5	
2	结构类别	框架柱	☐
3	定额类别	普通柱	☐
4	截面宽度(B边)(...	600	☐
5	截面高度(H边)(...	500	☐
6	全部纵筋		☐
7	角筋	4Φ25	☐
8	B边一侧中部筋	4Φ18	☐
9	H边一侧中部筋	3Φ18	☐
10	箍筋	Φ8@100/200(5*4)	
11	节点区箍筋		☐
12	箍筋胶数	5*4	
13	柱类型	(中柱)	
14	材质	商品混凝土	☐
15	混凝土类型	(特细砂塑性混凝...	☐
16	混凝土强度等级	(C30)	
17	混凝土外加剂	(无)	
18	泵送类型	(混凝土泵)	
19	泵送高度(m)		
20	截面面积(m²)	0.3	☐
21	截面周长(m)	2.2	☐
22	顶标高(m)	层顶标高	☐
23	底标高(m)	层底标高	☐
24	备注		☐
25	⊕ 钢筋业务属性		
43	⊕ 土建业务属性		
49	⊕ 显示样式		

图4.7

属性列表　图层管理

	属性名称	属性值	附加
1	名称	KZ6	
2	结构类别	框架柱	☐
3	定额类别	普通柱	☐
4	截面宽度(B边)(...	500	☐
5	截面高度(H边)(...	600	☐
6	全部纵筋		☐
7	角筋	4Φ25	☐
8	B边一侧中部筋	3Φ18	☐
9	H边一侧中部筋	4Φ18	☐
10	箍筋	Φ8@100/200(4*5)	
11	节点区箍筋		☐
12	箍筋胶数	4*5	
13	柱类型	(中柱)	
14	材质	商品混凝土	☐
15	混凝土类型	(特细砂塑性混凝...	☐
16	混凝土强度等级	(C30)	
17	混凝土外加剂	(无)	
18	泵送类型	(混凝土泵)	
19	泵送高度(m)		
20	截面面积(m²)	0.3	☐
21	截面周长(m)	2.2	☐
22	顶标高(m)	层顶标高	☐
23	底标高(m)	层底标高	☐
24	备注		☐
25	⊕ 钢筋业务属性		
43	⊕ 土建业务属性		
49	⊕ 显示样式		

图4.8

选中TZ1,修改TZ1的顶标高为"层底标高+1.8 m",则二层的TZ1顶标高为5.65 m,如图4.9所示。

②修改梁的信息。单击"原位标注",选中KL4,按图分别修改左右支座钢筋和跨中钢筋,如图4.10、图4.11所示。

| | 图4.9 | | | | 图4.10 |

选中TL1楼梯平台梁,TL1起点标高为"层底标高+1.8 m",终点顶标高为"层底标高+1.8 m",如图4.12所示。

图4.11

图4.12

查看次梁加筋信息:平台梁、三层梯柱处KL6、L1(1)有次梁加筋,需添加上。

③修改板的信息。

第一步:"点"绘制④~⑤/⑪ᴬ轴~Ⓑ轴区域130 mm厚板。

第二步:绘制板受力筋,选择"单板"→"XY向布置",选择各方向板受力筋类型后绘制,如图4.13所示。

图4.13

第三步:修改负筋信息,选中④/⑪ᴬ轴~Ⓑ轴负筋,修改右标注长度为1200 mm,按"Enter"键完成,如图4.14所示。

图4.14

其他几个位置的修改方法相同,不再赘述。

修改梯段休息平台板顶标高为"层底标高+1.8 m"。

④修改门窗信息。选中M5021并删除,C5027用"点"绘制在相同位置即可,如图4.15所示。

图4.15

⑤删除楼梯间多余的墙,同时改短墙上的防火门和过梁也应一并删除;删除阳台窗下墙,绘制阳台栏板。

⑥修改楼梯信息。修改二层BT1梯段数量为12,踏步数为11。

四、任务结果

汇总计算,统计本层工程量,见表4.1。

表4.1　二层工程量清单定额工程量

编码	项目名称	单位	工程量
010401005001	空心砖墙 [项目特征] (1)砖品种、规格、强度等级:200 mm厚煤陶粒空心砖 (2)墙体类型:内墙 (3)砂浆强度等级、配合比:M5水泥砂浆砌筑 (3)砌筑高度:3.6 m以内	m³	70.8742
010401005002	空心砖墙 [项目特征] (1)砖品种、规格、强度等级:250 mm厚陶粒空心砖 (2)墙体类型:外墙 (3)砂浆强度等级、配合比:M5水泥砂浆砌筑 (4)砌筑高度:3.6 m以内	m³	42.5443
010502001002	矩形柱 [项目特征] (1)混凝土种类:商品混凝土 (2)混凝土强度等级:C30	m³	29.628
010502002001	构造柱 [项目特征] (1)混凝土种类:商品混凝土 (2)混凝土强度等级:C25	m³	3.9936

编码	项目名称	单位	工程量
010503004002	圈梁 [项目特征] (1)混凝土种类:商品混凝土 (2)混凝土强度等级:C25 (3)部位:窗下	m³	3.7873
010504001001	直形墙 C30 [项目特征] (1)混凝土种类:商品混凝土 (2)混凝土强度等级:C30	m³	4.54
010505001001	有梁板 [项目特征] (1)混凝土种类:商品混凝土 (3)混凝土强度等级:C30	m³	39.2627
010505001003	有梁板 [项目特征] (1)混凝土种类:商品混凝土 (2)混凝土强度等级:C30 (3)弧形梁	m³	1.6826
010505001005	有梁板 [项目特征] (1)混凝土种类:商品混凝土 (2)混凝土强度等级:C30	m³	75.3042
010505008001	雨篷、悬挑板、阳台板 [项目特征] (1)混凝土种类:商品混凝土 (2)混凝土强度等级:C30 (3)折算厚度:140 mm (4)部位:阳台板	m³	2.5832
010505008002	雨篷、悬挑板、阳台板 [项目特征] (1)混凝土种类:商品混凝土 (2)混凝土强度等级:C30 (3)折算厚度:100 mm (4)部位:飘窗板	m³	1.521
010506001001	直形楼梯 [项目特征] (1)混凝土种类:商品混凝土 (2)混凝土强度等级:C30	m²	20.7691
010510003001	过梁 [项目特征] (1)混凝土种类:商品混凝土 (2)混凝土强度等级:C25	m³	1.0734

续表

编码	项目名称	单位	工程量
010801001001	木质门 M1021 [项目特征] (1)门代号及洞口尺寸:M1021 (2)门框或扇外围尺寸:1000 mm×2100 mm (3)门框、扇材质:木质复合门	m²	46.2
010807001001	塑钢窗 C0924 [项目特征] (1)窗代号及洞口尺寸:C0924 (2)门框或扇外围尺寸:900 mm×2400 mm (3)门框、扇材质:塑钢	m²	8.64
010807001002	塑钢窗 C1524 [项目特征] (1)窗代号及洞口尺寸:C1524 (2)门框或扇外围尺寸:1500 mm×2400 mm (3)门框、扇材质:塑钢	m²	7.2
010807001003	塑钢窗 C1624 [项目特征] (1)窗代号及洞口尺寸:C1624 (2)门框或扇外围尺寸:1600 mm×2400 mm (3)门框、扇材质:塑钢	m²	7.68
010807001004	塑钢窗 C1824 [项目特征] (1)窗代号及洞口尺寸:C1824 (2)门框或扇外围尺寸:1800 mm×2400 mm (3)门框、扇材质:塑钢	m²	17.28
010807001005	塑钢窗 C2424 [项目特征] (1)窗代号及洞口尺寸:C2424 (2)门框或扇外围尺寸:2400 mm×2400 mm (3)门框、扇材质:塑钢	m²	17.28
010807001006	塑钢窗 C5027 [项目特征] (1)窗代号及洞口尺寸:C5027 (2)门框或扇外围尺寸:5000 mm×2700 mm (3)门框、扇材质:塑钢	m²	13.5
010807001008	金属(塑钢、断桥)窗 (1)窗代号及洞口尺寸:转角位置处 (2)窗高:3 m (3)门框、扇材质:塑钢	樘	54.0449
010807007002	金属(塑钢、断桥)飘(凸)窗	m²	14.34
040601016001	金属扶梯、栏杆(走廊栏杆) [项目特征] (1)材质:玻璃栏杆 (2)规格:900 mm 高 (3)D=60 cm 铜管扶手	m	7.1

编码	项目名称	单位	工程量
040601016002	金属扶梯、栏杆(护窗栏杆) [项目特征] (1)材质:玻璃栏杆 (2)规格:900 mm 高 (3)*D*=60 cm 不锈钢扶手	m	20.0128
040601016003	金属扶梯、栏杆(楼梯间栏杆) [项目特征] (1)材质:玻璃栏杆 (2)规格:900 mm 高 (3)钢管扶手	m	8.3207
011702002002	矩形柱 模板高度:3.6 m 以内	m²	213.1844
011702003002	构造柱 模板高度:3.6 m 以内	m²	37.5474
011702008002	圈梁 (1)模板高度:3.6 m 以内 (2)部位:窗下	m²	31.6438
011702009001	过梁	m²	19.2604
011702011003	直形墙 模板高度:3.6 m 以内	m²	25.887
011702013002	短肢剪力墙、电梯井壁 模板高度:3.6 m 以内	m²	33.214
011702013003	短肢剪力墙、电梯井壁 模板高度:3.6 m 以外	m²	2.244
011702014003	有梁板 模板高度:3.6 m 以内	m²	281.4221
011702014005	有梁板 模板高度:3.6 m 以内	m²	15.0182
011702014007	有梁板 模板高度:3.6 m 以外	m²	529.433
011702023001	雨篷、悬挑板、阳台板 (1)模板高度:3.9 m (2)部位:阳台板	m²	18.4518
011702024001	楼梯 (1)模板制作 (2)模板安装、拆除、整理堆放及场内外运输 (3)清理模板黏结物及模内杂物、刷隔离剂等	m²	20.7691

五、总结拓展

两种层间复制方法的区别

从其他楼层复制构件图元:将其他楼层的构件图元复制到目标层,只能选择构件来控制复制范围。

复制选定图元到其他楼层:将选中的图元复制到目标层,可通过选择图元来控制复制范围。

问题思考

层间复制

"建模"页签下的层间复制功能与"构件列表"中的层间复制功能有何区别?

4.2 三层工程量计算

通过本节的学习,你将能够:
掌握层间复制图元的两种方法。

一、任务说明

①使用层间复制方法完成三层柱、梁、板、墙体、门窗的做法套用及图元绘制。

②查找三层与首层、二层的不同部分,对不同部分进行修正。

③汇总计算,统计三层柱、梁、板、墙体、门窗的工程量。

二、任务分析

对比三层与首层、二层的柱、梁、板、墙体、门窗都有哪些不同,分别从名称、尺寸、位置、做法4个方面进行对比。

三、任务实施

1)分析图纸

(1)分析框架柱

分析结施-04,三层框架柱和二层框架柱相比,截面尺寸、混凝土强度等级没有差别,钢筋信息也一样,只有标高不一样。

(2)分析梁

分析结施-06,三层梁和首层梁信息一样。

(3)分析板

分析结施-10,三层板和首层板信息一样。

(4)分析墙

分析建施-05,三层砌体与二层的基本相同。

(5)分析门窗

分析建施-05,三层门窗与二层的基本相同。

2)画法讲解

(1)从其他楼层复制图元

在三层中,选择"从其他层复制",源楼层选择"第2层",图元选择"柱、墙、门窗洞、楼梯",目标楼层选择"第3层",单击"确定"按钮,弹出"图元复制成功"提示框,如图4.16所示。

图4.16

(2)继续从其他楼层复制图元

在三层中,选择"从其他层复制",源楼层选择"首层",图元选择"梁、板",目标楼层选择"第3层",单击"确定"按钮,弹出"图元复制成功"提示框,如图4.17所示。

图4.17

(3)修改构件

①修改TL1、TL2顶标高。

②修改平台板顶标高。

③修改楼梯。

通过上述三步即可完成三层图元的全部绘制。

四、任务结果

汇总计算,统计本层清单定额工程量,见表4.2。

表4.2　三层清单定额工程量

编码	项目名称	单位	工程量
010401005001	空心砖墙 [项目特征] (1)砖品种、规格、强度等级:200 mm厚煤陶粒空心砖 (2)墙体类型:内墙 (3)砂浆强度等级、配合比:M5水泥砂浆砌筑 (4)砌筑高度:3.6 m以内	m³	70.9528
010401005002	空心砖墙 、 [项目特征] (1)砖品种、规格、强度等级:250 mm厚陶粒空心砖 (2)墙体类型:外墙 (3)砂浆强度等级、配合比:M5水泥砂浆砌筑 (4)砌筑高度:3.6 m以内	m³	42.6116
010502001002	矩形柱 [项目特征] (1)混凝土种类:商品混凝土 (2)混凝土强度等级:C30	m³	29.628
010502002001	构造柱 [项目特征] (1)混凝土种类:商品混凝土 (2)混凝土强度等级:C25	m³	3.9938
010503002001	矩形梁 [项目特征] (1)混凝土种类:商品混凝土 (2)混凝土强度等级:C30	m³	39.7827
010503004002	圈梁 (1)混凝土种类:商品混凝土 (2)混凝土强度等级:C25 (3)部位:窗下	m³	3.7873
010503006001	弧形、拱形梁 [项目特征] (1)混凝土种类:商品混凝土 (2)混凝土强度等级:C30 (3)弧形梁	m³	1.6824
010504001001	直形墙 C30 [项目特征] (1)混凝土种类:商品混凝土 (2)混凝土强度等级:C30	m³	4.54
010505001005	有梁板 [项目特征] (1)混凝土种类:商品混凝土 (2)混凝土强度等级:C30	m³	68.3222

编码	项目名称	单位	工程量
010505008001	雨篷、悬挑板、阳台板 (1)混凝土种类:商品混凝土 (2)混凝土强度等级:C30 (3)折算厚度:140 mm (4)部位:阳台板	m³	2.5832
010505008002	雨篷、悬挑板、阳台板 [项目特征] (1)混凝土种类:商品混凝土 (2)混凝土强度等级:C30 (3)折算厚度:100 (4)部位:飘窗板	m³	1.521
010506001001	直形楼梯 [项目特征] (1)混凝土种类:商品混凝土 (2)混凝土强度等级:C30	m²	20.6951
010510003001	过梁 [项目特征] (1)混凝土种类:商品混凝土 (2)混凝土强度等级:C25	m³	1.0738
010801001001	木质门 M1021 [项目特征] (1)门代号及洞口尺寸:M1021 (2)门框或扇外围尺寸:1000 mm×2100 mm (3)门框、扇材质:木质复合门	m²	46.2
010807001001	塑钢窗 C0924 [项目特征] (1)窗代号及洞口尺寸:C0924 (2)门框或扇外围尺寸:900 mm×2400 mm (3)门框、扇材质:塑钢	m²	8.64
010807001002	塑钢窗 C1524 [项目特征] (1)窗代号及洞口尺寸:C1524 (2)门框或扇外围尺寸:1500 mm×2400 mm (3)门框、扇材质:塑钢	m²	7.2
010807001003	塑钢窗 C1624 [项目特征] (1)窗代号及洞口尺寸:C1624 (2)门框或扇外围尺寸:1600 mm×2400 mm (3)门框、扇材质:塑钢	m²	7.68
010807001004	塑钢窗 C1824 [项目特征] (1)窗代号及洞口尺寸:C1824 (2)门框或扇外围尺寸:1800 mm×2400 mm (3)门框、扇材质:塑钢	m²	17.28

续表

编码	项目名称	单位	工程量
010807001005	塑钢窗 C2424 [项目特征] (1)窗代号及洞口尺寸:C2424 (2)门框或扇外围尺寸:2400 mm×2400 mm (3)门框、扇材质:塑钢	m²	17.28
010807001006	塑钢窗 C5027 [项目特征] (1)窗代号及洞口尺寸:C5027 (2)门框或扇外围尺寸:5000 mm×2700 mm (3)门框、扇材质:塑钢	m²	13.5
010807001007	金属(塑钢、断桥)窗 (1)窗代号及洞口尺寸:转角位置处 (2)窗高:3 m (3)门框、扇材质:塑钢	m²	56.3648
010807007002	金属(塑钢、断桥)飘(凸)窗	m²	14.34
040601016002	金属扶梯、栏杆(护窗栏杆) [项目特征] (1)材质:玻璃栏杆 (2)规格:900 mm 高 (3)D=60 cm 不锈钢扶手	m	20.0128
040601016003	金属扶梯、栏杆(楼梯间栏杆) [项目特征] (1)材质:玻璃栏杆 (2)规格:900 mm 高 (3)钢管扶手	m	8.3207
011702006001	矩形梁 模板高度:3.6 m 以内	m²	289.0441
011702002002	矩形柱 模板高度:3.6 m 以内	m²	213.5804
011702003002	构造柱 模板高度:3.6 m 以内	m²	37.5894
011702008002	圈梁 (1)模板高度:3.6 m 以内 (2)部位:窗下	m²	31.6438
011702009001	过梁	m²	19.2604
011702010001	弧形、拱形梁	m²	15.013
011702011003	直形墙 模板高度:3.6 m 以内	m²	25.877
011702013002	短肢剪力墙、电梯井壁 模板高度:3.6 m 以内	m²	33.214
011702013003	短肢剪力墙、电梯井壁 模板高度:3.6 m 以外	m²	2.244

续表

编码	项目名称	单位	工程量
011702014006	有梁板 模板高度:3.6 m以外	m²	474.0144
011702024001	楼梯	m²	20.6951
011702025001	其他现浇构件 部位:阳台楼板	m²	15.662

五、总结拓展

图元存盘及图元提取的使用方法和层间复制功能都能满足快速完成绘图的要求。请自行对比使用方法。

问题思考

分析在进行图元存盘及图元提取操作时,选择基准点有何用途?

评价反馈

序号	评价项目	评价标准	满分	评价			综合评分
				自评	互评	师评	
1	构件层间复制	(1)各构件层间复制方法选择正确; (2)各构件图元层间复制操作正确;	45				
2	构件修改	(1)不完全一致构件属性修改操作正确; (2)不完全一致构件做法修改操作正确; (3)不完全一致构件图元修改操作正确。	45				
3	工作过程	(1)遵守纪律,按时提交工作成果; (2)乐学善学,具备自主学习能力; (3)求真务实,实践中国工匠精神; (4)团结协作,积极参与小组活动; (5)与时俱进,创新智慧领航前行。	10				
	小计		100				

自我总结

请针对任务的完成情况,对相关知识点与技能点、知识难点与重点、工作流程与方法、自我感受等内容进行梳理与总结。

5 四层、屋面层工程量计算

通过本章的学习,你将能够:
(1)掌握批量选择构件图元的方法;
(2)掌握批量删除的方法;
(3)掌握女儿墙、压顶、屋面的属性定义和绘制方法;
(4)统计四层、机房层构件图元的工程量。

5.1 四层工程量计算

通过本节的学习,你将能够:
(1)巩固层间复制的方法;
(2)调整四层构件属性及图元绘制;
(3)掌握屋面框架梁的属性定义和绘制。

一、任务说明

①使用层间复制方法完成四层柱、墙体、门窗的做法套用及图元绘制。
②查找四层与三层的不同部分,将不同部分进行修正。
③四层梁和板与其他层信息不一致,需重新定义和绘制。
④汇总计算,统计四层柱、梁、板、墙体、门窗的工程量。

二、任务分析

①对比三层与四层的柱、墙体、门窗都有哪些不同,分别从名称、尺寸、位置、做法4个方面进行对比。
②从其他楼层复制构件图元与复制选定图元到其他楼层有什么不同?

三、任务实施

1)分析图纸

四层层高为3.35 m,与三层不同。

(1)分析柱

分析结施-04,四层和三层的框架柱信息是一样的。但四层无梯柱,四层为暗柱,与三层不同。

（2）分析梁

分析结施-08,四层框架梁为屋面框架梁。四层无梯梁,因梁标高改变,四层有连梁。

（3）分析板

分析结施-12,④~⑤轴、ⓒ~ⓓ轴的板构件和板钢筋信息与其他层不同。四层无平台板,楼梯间变为屋面板,无楼梯间楼板。

（4）分析墙

分析建施-06、建施-07,四层砌体与三层砌体基本相同,但墙高有变化,剪力墙钢筋有变化,为Q4。

（5）分析门窗

分析建施-06、建施-07,四层门窗离地面高度有变化,其他与三层门窗基本相同。

（6）分析楼梯

四层无楼梯。

（7）分析过梁

四层过梁与三层不同。

2）画法讲解

（1）从其他楼层复制图元

在四层,选择"从其他楼层复制图元",源楼层选择"第3层",图元选择"柱、墙、门窗洞",目标楼层选择"第4层",单击"确定"按钮,如图5.1所示。

图5.1

将三层柱复制到四层,其中GBZ1和GBZ2信息修改如图5.2和图5.3所示。

图5.2

图5.3

（2）四层梁的属性定义

四层梁为屋面框架梁，其属性定义如图5.4—图5.15所示。

	属性名称	属性值	附加
1	名称	WKL1(1)	
2	结构类别	屋面框架梁	☐
3	跨数量	1	
4	截面宽度(mm)	250	
5	截面高度(mm)	600	
6	轴线距梁左边…	(125)	
7	箍筋	Φ10@100/200(2)	☐
8	胶数	2	
9	上部通长筋	2Φ25	
10	下部通长筋		☐
11	侧面构造或受…	N2Φ16	
12	拉筋	(Φ6)	
13	定额类别	有梁板	
14	材质	商品混凝土	☐
15	混凝土类型	(特细砂塑性混凝土(坍…	☐
16	混凝土强度等级	(C30)	
17	混凝土外加剂	(无)	
18	泵送类型	(混凝土泵)	
19	泵送高度(m)		
20	截面周长(m)	1.7	☐
21	截面面积(m²)	0.15	☐
22	起点顶标高(m)	层顶标高	☐
23	终点顶标高(m)	层顶标高	☐
24	备注		☐
25	⊞ 钢筋业务属性		
35	⊞ 土建业务属性		
42	⊞ 显示样式		

图5.4

	属性名称	属性值	附加
1	名称	WKL2(2)	
2	结构类别	屋面框架梁	☐
3	跨数量	2	
4	截面宽度(mm)	300	
5	截面高度(mm)	600	
6	轴线距梁左边…	(150)	
7	箍筋	Φ10@100/200(2)	☐
8	胶数	2	
9	上部通长筋	2Φ25	
10	下部通长筋		☐
11	侧面构造或受…	G2Φ12	
12	拉筋	(Φ6)	
13	定额类别	有梁板	
14	材质	商品混凝土	☐
15	混凝土类型	(特细砂塑性混凝土(坍…	
16	混凝土强度等级	(C30)	
17	混凝土外加剂	(无)	
18	泵送类型	(混凝土泵)	
19	泵送高度(m)		
20	截面周长(m)	1.8	☐
21	截面面积(m²)	0.18	
22	起点顶标高(m)	层顶标高	
23	终点顶标高(m)	层顶标高	
24	备注		
25	⊞ 钢筋业务属性		
35	⊞ 土建业务属性		
42	⊞ 显示样式		

图5.5

	属性名称	属性值	附加
1	名称	WKL3(3)	
2	结构类别	屋面框架梁	☐
3	跨数量	3	
4	截面宽度(mm)	250	
5	截面高度(mm)	500	
6	轴线距梁左边…	(125)	
7	箍筋	Φ10@100/200(2)	☐
8	胶数	2	
9	上部通长筋	2Φ22	
10	下部通长筋		☐
11	侧面构造或受…	G2Φ12	
12	拉筋	(Φ6)	
13	定额类别	有梁板	
14	材质	商品混凝土	☐
15	混凝土类型	(特细砂塑性混凝土(坍…	
16	混凝土强度等级	(C30)	
17	混凝土外加剂	(无)	
18	泵送类型	(混凝土泵)	
19	泵送高度(m)		
20	截面周长(m)	1.5	☐
21	截面面积(m²)	0.125	
22	起点顶标高(m)	层顶标高	
23	终点顶标高(m)	层顶标高	
24	备注		
25	⊞ 钢筋业务属性		
35	⊞ 土建业务属性		
42	⊞ 显示样式		

图5.6

	属性名称	属性值	附加
1	名称	WKL4(1)	
2	结构类别	屋面框架梁	☐
3	跨数量	1	☐
4	截面宽度(mm)	300	
5	截面高度(mm)	600	
6	轴线距梁左边…	(150)	
7	箍筋	Φ10@100/200(2)	☐
8	胶数	2	
9	上部通长筋	2Φ25	☐
10	下部通长筋		☐
11	侧面构造或受…	G2Φ12	
12	拉筋	(Φ6)	
13	定额类别	有梁板	
14	材质	商品混凝土	☐
15	混凝土类型	(特细砂塑性混凝土(坍…	
16	混凝土强度等级	(C30)	
17	混凝土外加剂	(无)	
18	泵送类型	(混凝土泵)	
19	泵送高度(m)		
20	截面周长(m)	1.8	☐
21	截面面积(m²)	0.18	☐
22	起点顶标高(m)	层顶标高	☐
23	终点顶标高(m)	层顶标高	☐
24	备注		☐
25	⊞ 钢筋业务属性		
35	⊞ 土建业务属性		
42	⊞ 显示样式		

图5.7

	属性名称	属性值	附加
1	名称	WKL5(3)	
2	结构类别	屋面框架梁	☐
3	跨数量	3	☐
4	截面宽度(mm)	300	
5	截面高度(mm)	500	
6	轴线距梁左边…	(150)	
7	箍筋	Φ10@100/200(2)	☐
8	胶数	2	
9	上部通长筋	2Φ25	☐
10	下部通长筋		☐
11	侧面构造或受…	G2Φ12	
12	拉筋	(Φ6)	
13	定额类别	有梁板	
14	材质	商品混凝土	☐
15	混凝土类型	(特细砂塑性混凝土(坍…	
16	混凝土强度等级	(C30)	
17	混凝土外加剂	(无)	
18	泵送类型	(混凝土泵)	
19	泵送高度(m)		
20	截面周长(m)	1.6	☐
21	截面面积(m²)	0.15	☐
22	起点顶标高(m)	层顶标高	☐
23	终点顶标高(m)	层顶标高	☐
24	备注		☐
25	⊞ 钢筋业务属性		
35	⊞ 土建业务属性		
42	⊞ 显示样式		

图5.8

	属性名称	属性值	附加
1	名称	WKL6(7)	
2	结构类别	屋面框架梁	☐
3	跨数量	7	☐
4	截面宽度(mm)	300	☐
5	截面高度(mm)	600	☐
6	轴线距梁左边…	(150)	
7	箍筋	Φ10@100/200(2)	☐
8	胶数	2	
9	上部通长筋	2Φ25	☐
10	下部通长筋		☐
11	侧面构造或受…	G2Φ12	
12	拉筋	(Φ6)	
13	定额类别	有梁板	
14	材质	商品混凝土	☐
15	混凝土类型	(特细砂塑性混凝土(坍…	☐
16	混凝土强度等级	(C30)	
17	混凝土外加剂	(无)	
18	泵送类型	(混凝土泵)	
19	泵送高度(m)		
20	截面周长(m)	1.8	☐
21	截面面积(m²)	0.18	☐
22	起点顶标高(m)	层顶标高	☐
23	终点顶标高(m)	层顶标高	☐
24	备注		☐
25	⊞ 钢筋业务属性		
35	⊞ 土建业务属性		
42	⊞ 显示样式		

图5.9

属性列表	图层管理		
	属性名称	属性值	附加
1	名称	WKL7(3)	
2	结构类别	屋面框架梁	☐
3	跨数量	3	☐
4	截面宽度(mm)	300	☐
5	截面高度(mm)	600	☐
6	轴线距梁左边…	(150)	☐
7	箍筋	Φ10@100/200(2)	☐
8	胶数	2	
9	上部通长筋	2Φ25	☐
10	下部通长筋		☐
11	侧面构造或受…	G2Φ12	☐
12	拉筋	(Φ6)	☐
13	定额类别	有梁板	☐
14	材质	商品混凝土	☐
15	混凝土类型	(特细砂塑性混凝土(坍…	☐
16	混凝土强度等级	(C30)	☐
17	混凝土外加剂	(无)	
18	泵送类型	(混凝土泵)	
19	泵送高度(m)		
20	截面周长(m)	1.8	☐
21	截面面积(m²)	0.18	☐
22	起点顶标高(m)	层顶标高	☐
23	终点顶标高(m)	层顶标高	☐
24	备注		☐
25	⊞ 钢筋业务属性		
35	⊞ 土建业务属性		
42	⊞ 显示样式		

图 5.10

属性列表	图层管理		
	属性名称	属性值	附加
1	名称	WKL8(1)	
2	结构类别	屋面框架梁	☐
3	跨数量	1	☐
4	截面宽度(mm)	300	☐
5	截面高度(mm)	600	☐
6	轴线距梁左边…	(150)	☐
7	箍筋	Φ10@100/200(2)	☐
8	胶数	2	
9	上部通长筋	2Φ25	☐
10	下部通长筋		☐
11	侧面构造或受…	G2Φ12	☐
12	拉筋	(Φ6)	☐
13	定额类别	有梁板	☐
14	材质	商品混凝土	☐
15	混凝土类型	(特细砂塑性混凝土(坍…	☐
16	混凝土强度等级	(C30)	☐
17	混凝土外加剂	(无)	
18	泵送类型	(混凝土泵)	
19	泵送高度(m)		
20	截面周长(m)	1.8	☐
21	截面面积(m²)	0.18	☐
22	起点顶标高(m)	层顶标高	☐
23	终点顶标高(m)	层顶标高	☐
24	备注		☐
25	⊞ 钢筋业务属性		
35	⊞ 土建业务属性		
42	⊞ 显示样式		

图 5.11

属性列表	图层管理		
	属性名称	属性值	附加
1	名称	WKL9(3)	
2	结构类别	屋面框架梁	☐
3	跨数量	3	☐
4	截面宽度(mm)	300	☐
5	截面高度(mm)	600	☐
6	轴线距梁左边…	(150)	☐
7	箍筋	Φ10@100/200(2)	☐
8	胶数	2	
9	上部通长筋	2Φ25	☐
10	下部通长筋		☐
11	侧面构造或受…	G2Φ12	☐
12	拉筋	(Φ6)	☐
13	定额类别	有梁板	☐
14	材质	商品混凝土	☐
15	混凝土类型	(特细砂塑性混凝土(坍…	☐
16	混凝土强度等级	(C30)	☐
17	混凝土外加剂	(无)	
18	泵送类型	(混凝土泵)	
19	泵送高度(m)		
20	截面周长(m)	1.8	☐
21	截面面积(m²)	0.18	☐
22	起点顶标高(m)	层顶标高	☐
23	终点顶标高(m)	层顶标高	☐
24	备注		☐
25	⊞ 钢筋业务属性		
35	⊞ 土建业务属性		
42	⊞ 显示样式		

图 5.12

属性列表	图层管理		
	属性名称	属性值	附加
1	名称	WKL10(3)	
2	结构类别	屋面框架梁	☐
3	跨数量	3	☐
4	截面宽度(mm)	300	☐
5	截面高度(mm)	600	☐
6	轴线距梁左边…	(150)	☐
7	箍筋	Φ10@100/200(2)	☐
8	胶数	2	
9	上部通长筋	2Φ25	☐
10	下部通长筋		☐
11	侧面构造或受…	G2Φ12	☐
12	拉筋	(Φ6)	☐
13	定额类别	有梁板	☐
14	材质	商品混凝土	☐
15	混凝土类型	(特细砂塑性混凝土(坍…	☐
16	混凝土强度等级	(C30)	☐
17	混凝土外加剂	(无)	☐
18	泵送类型	(混凝土泵)	
19	泵送高度(m)		
20	截面周长(m)	1.8	☐
21	截面面积(m²)	0.18	☐
22	起点顶标高(m)	层顶标高	☐
23	终点顶标高(m)	层顶标高	☐
24	备注		☐
25	⊞ 钢筋业务属性		
35	⊞ 土建业务属性		
42	⊞ 显示样式		

图 5.13

属性列表	图层管理		
	属性名称	属性值	附加
1	名称	KL10a(3)	
2	结构类别	楼层框架梁	☐
3	跨数量	3	☐
4	截面宽度(mm)	300	☐
5	截面高度(mm)	600	☐
6	轴线距梁左边…	(150)	☐
7	箍筋	Φ10@100/200(2)	☐
8	胶数	2	
9	上部通长筋	2Φ25	☐
10	下部通长筋		☐
11	侧面构造或受…	G2Φ12	☐
12	拉筋	(Φ6)	☐
13	定额类别	有梁板	☐
14	材质	商品混凝土	☐
15	混凝土类型	(特细砂塑性混凝土(坍…	☐
16	混凝土强度等级	(C30)	☐
17	混凝土外加剂	(无)	
18	泵送类型	(混凝土泵)	
19	泵送高度(m)		
20	截面周长(m)	1.8	☐
21	截面面积(m²)	0.18	☐
22	起点顶标高(m)	层顶标高	☐
23	终点顶标高(m)	层顶标高	☐
24	备注		☐
25	⊞ 钢筋业务属性		
35	⊞ 土建业务属性		
42	⊞ 显示样式		

图 5.14

属性列表	图层管理		
	属性名称	属性值	附加
1	名称	KL10b(1)	
2	结构类别	楼层框架梁	☐
3	跨数量	1	☐
4	截面宽度(mm)	300	☐
5	截面高度(mm)	600	☐
6	轴线距梁左边…	(150)	☐
7	箍筋	Φ10@100/200(2)	☐
8	胶数	2	
9	上部通长筋	2Φ25	☐
10	下部通长筋	2Φ25	☐
11	侧面构造或受…	G2Φ12	☐
12	拉筋	(Φ6)	☐
13	定额类别	有梁板	☐
14	材质	商品混凝土	☐
15	混凝土类型	(特细砂塑性混凝土(坍…	☐
16	混凝土强度等级	(C30)	☐
17	混凝土外加剂	(无)	
18	泵送类型	(混凝土泵)	
19	泵送高度(m)		
20	截面周长(m)	1.8	☐
21	截面面积(m²)	0.18	☐
22	起点顶标高(m)	层顶标高	☐
23	终点顶标高(m)	层顶标高	☐
24	备注		☐
25	⊞ 钢筋业务属性		
35	⊞ 土建业务属性		
42	⊞ 显示样式		

图 5.15

四层梁的标高需要修改,绘制方法同首层梁。板和板钢筋的绘制方法同首层。

用层间复制的方法,把第3层的墙、门窗洞口复制到第4层。

检查并修改四层构件信息。如C5027窗下墙高150 mm,而圈梁高180 mm,设置不合理,修改相应构件信息进行处理。

构件添加清单和定额,方法同首层。

柱的修改:顶层柱要判断边角柱,可使用"判断边角柱"功能,如图5.16所示。

图5.16

四、总结拓展

下面简单介绍几种在绘图界面查看工程量的方式。

①单击"查看工程量",选中要查看的构件图元,弹出"查看构件图元工程量"对话框,可以查看做法工程量、清单工程量和定额工程量。

②按"F3"键批量选择构件图元,然后单击"查看工程量",可以查看做法工程量、清单工程量和定额工程量。

③单击"查看计算式",选择单一图元,弹出"查看构件图元工程量计算式",可以查看此图元的详细计算式,还可利用"查看三维扣减图"查看详细工程量计算式。

问 题思考

如何使用"判断边角柱"的命令?

本工程中,上人孔处板位置开孔,如何处理?

5.2 女儿墙、压顶、屋面的工程量计算

通过本节的学习,你将能够:

(1)依据清单、定额,分析女儿墙、压顶、屋面构造的计算规则,确定计算内容;

(2)定义女儿墙、压顶、屋面、构造柱,并进行正确的做法套用;

(3)正确绘制女儿墙、压顶、屋面、构造柱等;

(4)统计本层女儿墙、压顶、屋面、构造柱等工程量。

一、任务说明

①完成女儿墙、压顶、构造柱构件的定义、做法套用及绘制。

②汇总计算、统计女儿墙、压顶、构造柱的工程量。

二、任务分析

①从哪张图中能够找到屋面做法?如何套用清单定额?

②从哪张图中能够找到女儿墙尺寸?如何套用清单定额?

三、任务实施

1)分析图纸

(1)分析女儿墙及压顶

分析建施-12、建施-08,女儿墙的构造参见建施-08节点1,女儿墙墙厚240 mm(以建施-08平面图为准)。女儿墙墙身为砖墙,压顶材质为混凝土,宽300 mm,高60 mm。

（2）分析屋面

分析建施-02,可知本层的屋面做法为屋面1,防水的上卷高度设计未指明,按照定额默认高度为250 mm。

2）清单、定额计算规则学习

（1）清单计算规则学习

女儿墙、压顶、屋面、构造柱清单计算规则见表5.1。

表5.1　女儿墙、压顶、屋面、构造柱清单计算规则

编号	项目名称	单位	计算规则
010401003	实心砖墙	m³	按设计图示尺寸以体积计算
010507005	扶手、压顶	m³	（1）以m计量,按设计图示的中心线延长米计算 （2）以m³计量,按设计图示尺寸以体积计算
010902001	屋面卷材防水	m²	按设计图示尺寸以面积计算 （1）斜屋顶（不包括平屋顶找坡）按斜面积计算,平屋顶按水平投影面积计算 （2）不扣除房上烟囱、风帽底座、风道、屋面小气窗和斜沟所占面积 （3）屋面的女儿墙、伸缩缝和天窗等处的弯起部分,并入屋面工程量内
010502002	构造柱	m³	按设计图示尺寸以体积计算。柱高:构造柱按全高计算,嵌接墙体部分（马牙槎）并入柱身体积
011702003	构造柱 模板	m²	按模板与现浇混凝土构件的接触面积计算

（2）定额计算规则

女儿墙、压顶、屋面、构造柱定额计算规则见表5.2。

表5.2　女儿墙、压顶、屋面、构造柱定额计算规则

编号	项目名称	单位	计算规则
AD0021	砖砌体 女儿墙240	10 m³	从屋面板上表面算至女儿墙顶面（如有混凝土压顶时算至压顶下表面）
AE0110	零星构件（压顶）现浇商品混凝土	10 m³	按设计图示体积计算
AE0172	现浇混凝土模板 零星构件（压顶）模板	10 m³	按设计图示体积计算
LE0141	银粉漆二遍（不含防锈漆）	10 m²	按设计图示尺寸以面积计算
AJ0013	改性沥青卷材 热熔法一层		卷材、涂膜屋面按设计面积以"m²"计算。不扣除房上烟囱、风帽底座、风道、斜沟、变形缝所占面积,屋面的女儿墙、伸缩缝和天窗等处的弯起部分,按图示尺寸并入屋面工程量计算。如图纸无规定时,伸缩缝、女儿墙的弯起部分可按250 mm计算,天窗弯起部分可按500 mm计算
AJ0014	改性沥青卷材 热熔法每增加一层	100 m²	
AL0004	水泥砂浆找平层 厚度20 mm 在填充材料上 现拌	100 m²	按主墙间净空面积以"m²"计算。应扣除凸出地面的构筑物、设备基础、室内铁道、地沟等所占的体积（面积）,但不扣除柱、垛、间壁墙、附墙烟囱及面积在0.3 m²以内孔洞所占的体积（面积）,而门洞、空圈、暖气包槽、壁龛的开口部分的体积（面积）也不增加
KB0062	屋面保温 陶粒混凝土	m³	按设计图示水平投影面积乘以平均厚度以体积计算
KB0073	屋面保温 硬泡聚氨酯现场喷发 厚度50 mm	m²	按设计图示尺寸以面积计算

编号	项目名称	单位	计算规则
KB0074	屋面保温 硬泡聚氨酯现场喷发 厚度每增减5 mm	m²	按设计图示尺寸以面积计算
AE0031	构造柱 商品混凝土	10 m³	按设计图示尺寸以体积计算。柱高:构造柱按全高计算,嵌接墙体部分(马牙槎)并入柱身体积
AE0141	构造柱 现浇混凝土模板	10 m³	构造柱按图示外露部分的最大宽度乘以柱高以面积计算

3)属性定义

(1)女儿墙的属性定义

女儿墙的属性定义同墙,在新建墙体时,名称命名为"女儿墙",其属性定义如图5.17所示。

图5.17

(2)屋面的属性定义

在导航树中选择"其他"→"屋面",在"构件列表"中选择"新建"→"新建屋面",在属性编辑框中输入相应的属性值,如图5.18和图5.19所示。

(3)女儿墙压顶的属性定义

在导航树中选择"压顶",在"构件列表"中选择"新建"→"新建矩形压顶",修改名称为"女儿墙压顶",依据建施-08中女儿墙压顶信息输入属性信息。在截面编辑中修改相应钢筋信息,箍筋信息为φ6@200,纵筋为3φ6,如图5.20所示。

(4)构造柱的属性定义

构造柱的属性定义同其他层。

图5.18   图5.19

图5.20

4)做法套用

①女儿墙的做法套用,如图5.21所示。

编码	类别	名称	项目特征	单位	工程量表达式	表达式说明
1 ⊟ 010401003001	项	实心砖墙(女儿墙240厚砖墙)	[项目特征] 1.砖品种、规格、强度等级:240厚标准砖 2.墙体类型:外墙 3.砂浆强度等级、配合比:M5水泥砂浆砌筑	m3	TJ	TJ<体积>
2 AD0020	定	240砖墙 水泥砂浆 现拌砂浆M5		m3	TJ	TJ<体积>

图5.21

②女儿墙压顶的做法套用,如图5.22所示。

编码	类别	名称	项目特征	单位	工程量表达式	表达式说明
⊟						
⊟ 010507005	项	扶手、压顶	[项目特征] 1.混凝土种类:商品砼 2.混凝土强度等级:C25	m3	TJ	TJ<体积>
AE0117	定	砼泵输送砼 输送泵车排除量(m3/h)60		m3	TJ	TJ<体积>
AE0110	定	零星构件 商品砼		m3	TJ	TJ<体积>

图5.22

③屋面的做法套用,如图5.23、图5.24所示。

	编码	类别	名称	项目特征	单位	工程量表达式	表达式说明
1	⊟ 010902001001	项	屋面卷材防水 (屋面1)	[项目特征] 1. 满土银粉保护剂 2. 防水层(SBS),四周卷边250 3. 20厚1:3水泥砂浆找平层 4. 平均40厚1:0.2:3.5水泥粉煤灰页岩陶粒 找2%找坡 5. 保温层(采用80厚现喷硬质发泡聚氨) 6. 现浇混凝土屋面板	m2	MJ	MJ<面积>
2	LE0141	定	银粉漆二遍(不含防锈漆) 单层钢门窗		m2	MJ	MJ<面积>
3	AJ0013	定	改性沥青卷材 热熔法一层		m2	FSMJ	FSMJ<防水面积>
4	AJ0014	定	改性沥青卷材 热熔法每增加一层		m2	FSMJ	FSMJ<防水面积>
5	AL0004	定	水泥砂浆找平层 厚度20mm 在填充材料上 现拌		m2	MJ	MJ<面积>
6	KB0062	借	屋面保温 陶粒混凝土		m3	MJ*0.4	MJ<面积>*0.4
7	KB0073 + KB0074 * 6	借换	屋面保温 硬泡聚氨酯现场喷发 厚度(mm) 50 实际厚度(mm):80		m2	MJ	MJ<面积>

图 5.23

	编码	类别	名称	项目特征	单位	工程量表达式	表达式说明
1	⊟ 010902001003	项	屋面卷材防水 (屋面2)	[项目特征] 1. 20厚防水砂浆 2. 保温层(50厚聚苯板保温层) 3. 现浇混凝土屋面板板	m2	MJ	MJ<面积>
2	AL0004	定	水泥砂浆找平层 厚度20mm 在填充材料上 现拌		m2	MJ	MJ<面积>
3	KB0073	借	屋面保温 硬泡聚氨酯现场喷发 厚度(mm) 50		m2	MJ	MJ<面积>

图 5.24

5)画法讲解

(1)直线绘制女儿墙

采用直线绘制女儿墙,因为是居中于轴线绘制的,所以女儿墙图元绘制完成后要对其进行偏移、延伸,把第四层的梁复制到本层,作为对齐的参照线,使女儿墙各段墙体封闭,然后删除梁。在③~⑥/Ⓐ轴处添加竖向女儿墙,将女儿墙封闭。绘制好的图元如图5.25所示。

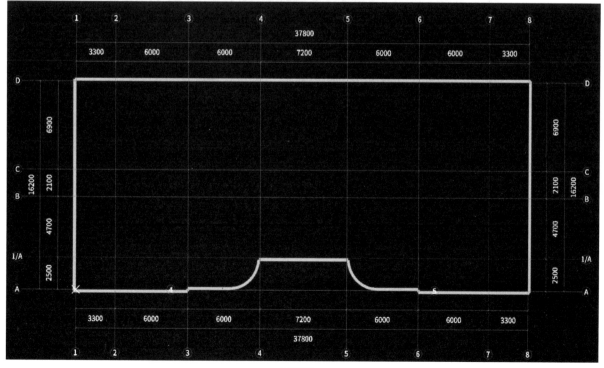

图 5.25

将楼层切换到第四层,选中电梯井周边的剪力墙和暗柱复制到屋面层。在屋面层,绘制缺口处剪力墙,合并剪力墙,选中所有剪力墙,修改剪力墙顶标高,如图5.26所示。

新建剪力墙,修改名称为"屋面上人孔",其属性值如图5.27所示。

采用直线功能绘制屋面上人孔,如图5.28所示。

	属性名称	属性值
1	名称	Q4
2	厚度(mm)	200
3	轴线距左墙皮...	(100)
4	水平分布钢筋	(2)Φ10@200
5	垂直分布钢筋	(2)Φ10@200
6	拉筋	Φ8@600*600
7	材质	商品混凝土
8	混凝土类型	(特细砂塑性混凝土(坍落...
9	混凝土强度等级	(C30)
10	混凝土外加剂	(无)
11	泵送类型	(混凝土泵)
12	泵送高度(m)	(15.9)
13	内/外墙标志	(外墙)
14	类别	混凝土墙
15	起点顶标高(m)	15.9
16	终点顶标高(m)	15.9
17	起点底标高(m)	层底标高(14.4)
18	终点底标高(m)	层底标高(14.4)

图5.26

	属性名称	属性值
1	名称	屋面上人孔
2	厚度(mm)	80
3	轴线距左墙皮...	(40)
4	水平分布钢筋	(1)Φ6@200
5	垂直分布钢筋	(2)Φ8@200
6	拉筋	
7	材质	商品混凝土
8	混凝土类型	(特细砂塑性混凝土(坍落...
9	混凝土强度等级	(C30)
10	混凝土外加剂	(无)
11	泵送类型	(混凝土泵)
12	泵送高度(m)	(15)
13	内/外墙标志	(外墙)
14	类别	混凝土墙
15	起点顶标高(m)	层底标高+0.6(15)
16	终点顶标高(m)	层底标高+0.6(15)
17	起点底标高(m)	层底标高(14.4)
18	终点底标高(m)	层底标高(14.4)

图5.27

图5.28

(2)绘制女儿墙压顶

用"智能布置"功能,选择"墙中心线",批量选中所有女儿墙,单击鼠标右键即可完成女儿墙压顶的绘制,如图5.29所示。

图5.29

(3)绘制屋面

采用"点"功能绘制屋面,如图5.30所示。

单击鼠标右键选择"设置防水卷边",选中屋面,弹出"设置防水卷边"对话框,输入"250",单击"确定"按钮,如图5.31所示。

(4)绘制构造柱

绘制方法同其他楼层,此处不再赘述。

图 5.30

（5）绘制电梯井顶板、屋面

电梯井顶板 $h=250$，双层双向 B12@100，绘制方式如其他楼层板的绘制方法，屋面同本节（3）点所示，此处不再赘述。

图 5.31

四、总结拓展

女儿墙位置外边线同其他楼层外墙外边线，在绘制女儿墙时，可先参照柱的外边线进行绘制，然后删除柱即可。

问 题思考

1. 构造柱的绘制可参考哪些方法？

2. 本工程"屋面上人孔"处四周墙体的做法套用如何处理？

女儿墙、压顶、屋面的工程量计算

评价反馈

序号	评价项目	评价标准	满分	评价			综合评分
				自评	互评	师评	
1	构件层间复制	(1)各构件层间复制方法选择正确； (2)各构件图元层间复制操作正确；	30				
2	构件修改	(1)不完全一致构件属性修改操作正确； (2)不完全一致构件做法修改操作正确； (3)不完全一致构件图元修改操作正确。	30				
3	屋面层	(1)女儿墙、压顶、屋面的属性定义正确； (2)女儿墙、压顶、屋面做法套用正确； (3)女儿墙、压顶、屋面的绘制方法选择及绘制操作正确； (4)女儿墙、压顶、屋面工程量计算正确； (5)女儿墙、压顶、屋面工程量提量正确。	30				
4	工作过程	(1)遵守纪律，按时提交工作成果； (2)乐学善学，具备自主学习能力； (3)求真务实，实践中国工匠精神； (4)团结协作，积极参与小组活动； (5)与时俱进，创新智慧领航前行。	10				
	小计		100				

自我总结

请针对任务的完成情况，对相关知识点与技能点、知识难点与重点、工作流程与方法、自我感受等内容进行梳理与总结。

6 地下一层工程量计算

通过本章的学习,你将能够:
(1)分析地下层要计算哪些构件;
(2)掌握各构件需要计算哪些工程量;
(3)掌握地下层构件与其他层构件属性定义与绘制的区别;
(4)计算并统计地下一层工程量。

6.1 地下一层柱的工程量计算

通过本节的学习,你将能够:
(1)分析本层归类到剪力墙的构件;
(2)统计本层柱的工程量。

一、任务说明
①完成地下一层剪力墙的构件属性定义、做法套用及绘制。
②汇总计算,统计地下一层柱的工程量。

二、任务分析
①地下一层都有哪些需要计算的构件工程量?
②地下一层有哪些柱构件不需要绘制?

三、任务实施

1)图纸分析

①分析结施-04,可以从柱表中得到地下一层和首层柱信息相同。本层包括矩形框架柱及暗柱。
②YBZ1和YBZ2包含在剪力墙里面,算量时属于剪力墙内部构件,因此YBZ1和YBZ2的混凝土量与模板工程量归到剪力墙中。

2)属性定义与绘制

从首层复制柱到地下一层,不选构造柱和楼梯短柱TZ1,如图6.1所示。复制后应修改构件属性。
①与楼梯间相近的KZ4底标高为-5.7 m。
②负一层柱的保护层厚度为30 mm,若楼层设置中未做修改,则此处需做修改。

③分析结施-01（4）六、3钢筋直径$d \geqslant 22$ mm采用机械连接，$d < 22$ mm时可采用绑扎搭接接头或焊接，所有负一层的构件的钢筋搭接设置均要修改。

图6.1

3)做法套用

地下一层框架柱的做法参考首层框架柱的做法。

地下一层柱YBZ1和YBZ2的做法，可将首层柱的做法利用"做法刷"进行复制，如图6.2所示。

	编码	类别	名称	项目特征	单位	工程量表达式	表达式说明
1	⊟ 010504001	项	直形墙 C30 [项目特征] 1.混凝土种类:商品砼 2.混凝土强度等级:C30	[项目特征] 1.混凝土种类:商品砼 2.混凝土强度等级:C30	m3	TJ	TJ<体积>
2	AE0049	定	直形墙 厚度200mm以内 商品砼		m3	TJ	TJ<体积>
3	AE0117	定	砼泵输送砼 输送泵车排除量(m3/h)60		m3	TJ	TJ<体积>
4	⊟ 011702011	项	直形墙 模板高度:3.6M以外	直形墙 模板高度:3.6M以外	m2	MBMJ	MBMJ<模板面积>
5	AE0152	定	现浇混凝土模板 直形墙		m2	MBMJ	MBMJ<模板面积>
6	AE0175	定	构件超高模板 高度超过3.6m每超过1m 墙		m2	CGMBMJ	CGMBMJ<超高模板面积>

图6.2

四、任务结果

汇总计算,统计地下一层柱的清单工程量,见表6.1。

表6.1 地下一层柱的清单工程量

编码	项目名称	单位	工程量
010502001001	矩形柱 ［项目特征］ (1)混凝土种类:商品混凝土 (2)混凝土强度等级:C30	m^3	11.7
011702002001	矩形柱 模板高度:3.6 m以外	m^2	153.1149

五、总结拓展

柱突出墙且柱与墙标号相同时,柱体积并入墙体积。所以,当完成地下一层剪力墙定义和绘制后,柱汇总体积为0。

问题思考

从首层复制柱到地下一层,为何不选构造柱和楼梯短柱TZ1?

6.2 地下一层剪力墙的工程量计算

通过本节学习,你将能够:
分析本层归类到剪力墙的构件。

一、任务说明

①完成地下一层剪力墙的属性定义及做法套用。
②绘制剪力墙图元。
③汇总计算,统计地下一层剪力墙的工程量。

二、任务分析

①地下一层剪力墙和首层有什么不同?
②地下一层有哪些剪力墙构件不需要绘制?

三、任务实施

1)图纸分析

①分析结施-02,可以得到地下一层的剪力墙信息。
②分析结施-05,可得到连梁信息,连梁是剪力墙的一部分。
③分析结施-02,剪力墙顶部有暗梁。
④分析结施-01(4),地下室外墙附加钢筋网片。

2)清单、定额计算规则学习

(1)清单计算规则
混凝土墙清单计算规则见表6.2。

表6.2 混凝土墙清单计算规则

编号	项目名称	单位	计算规则
010504001	直形墙	m³	按设计图示尺寸以体积计算,扣除门窗洞口及单个面积>0.3 m²的孔洞所占体积,墙垛及凸出墙面部分并入墙体体积计算内
010504002	弧形墙		
010504004	挡土墙		

（2）定额计算规则

混凝土墙定额计算规则见表6.3。

表6.3　混凝土墙定额计算规则

编号	项目名称	单位	计算规则
AE0049	混凝土墙	m³	（1）与混凝土墙同厚的暗柱（梁）并入混凝土墙体积计算
AE0065	混凝土挡墙	m³	（2）墙垛与凸出部分<墙厚的1.5倍（不含1.5倍）者，并入墙体工程量内计算

3）属性定义

（1）剪力墙的属性定义

①由结施-02可知，Q1的相关信息如图6.3—图6.5所示。

图6.3　　　　　　　　　　　　　　图6.4

图6.5

②新建外墙。在导航树中选择"墙"→"剪力墙"，在"构件列表"中单击"新建"→"新建外墙"，进入墙的属性定义界面，如图6.6—图6.8所示。

属性列表

	属性名称	属性值
1	名称	Q1弧形
2	厚度(mm)	300
3	轴线距左墙皮...	(150)
4	水平分布钢筋	(2)⸾12@180
5	垂直分布钢筋	(2)⸾14@150
6	拉筋	⸾6@300*300
7	材质	商品混凝土
8	混凝土类型	(特细砂塑性混凝土(坍落...
9	混凝土强度等级	(C30)
10	混凝土外加剂	(无)
11	泵送类型	(混凝土泵)
12	泵送高度(m)	(-0.05)
13	内/外墙标志	(外墙)
14	类别	挡土墙
15	起点顶标高(m)	-0.05
16	终点顶标高(m)	-0.05
17	起点底标高(m)	基础顶标高(-3.95)
18	终点底标高(m)	基础顶标高(-3.95)

图6.6

属性列表

	属性名称	属性值
1	名称	Q1
2	厚度(mm)	300
3	轴线距左墙皮...	(150)
4	水平分布钢筋	(2)⸾12@180
5	垂直分布钢筋	(2)⸾14@150
6	拉筋	⸾6@300*300
7	材质	商品混凝土
8	混凝土类型	(特细砂塑性混凝土(坍落...
9	混凝土强度等级	(C30)
10	混凝土外加剂	(无)
11	泵送类型	(混凝土泵)
12	泵送高度(m)	(-0.05)
13	内/外墙标志	(外墙)
14	类别	挡土墙
15	起点顶标高(m)	-0.05
16	终点顶标高(m)	-0.05
17	起点底标高(m)	基础顶标高(-3.95)
18	终点底标高(m)	基础顶标高(-3.95)

图6.7

属性列表

	属性名称	属性值
1	名称	Q2
2	厚度(mm)	300
3	轴线距左墙皮...	(150)
4	水平分布钢筋	(2)⸾12@180
5	垂直分布钢筋	(2)⸾14@200
6	拉筋	⸾6@300*300
7	材质	商品混凝土
8	混凝土类型	(特细砂塑性混凝土(坍落...
9	混凝土强度等级	(C30)
10	混凝土外加剂	(无)
11	泵送类型	(混凝土泵)
12	泵送高度(m)	(0.6)
13	内/外墙标志	(外墙)
14	类别	挡土墙
15	起点顶标高(m)	0.6
16	终点顶标高(m)	0.6
17	起点底标高(m)	基础顶标高(-3.95)
18	终点底标高(m)	基础顶标高(-3.95)

图6.8

（2）连梁的属性定义

连梁信息在结施-05中，在导航树中选择"梁"→"连梁"，其属性信息如图6.9和图6.10所示。

图6.9

图6.10

（3）暗梁的属性定义

在导航树中选择"墙"→"暗梁"，暗梁信息在结施-02中，其属性定义如图6.11所示。

图6.11

4)做法套用

外墙做法套用如图6.12—图6.14所示。

图6.12

图6.13

	编码	类别	名称	项目特征	单位	工程量表达式	表达式说明
1	⊟ 010504004001	项	挡土墙 (负一层挡土墙)	[项目特征] 1.混凝土种类:商品砼 2.混凝土强度等级:C30P6	m3	TJ	TJ<体积>
2	AE0067	定	混凝土挡墙 现浇砼 商品砼		m3	TJ	TJ<体积>
3	AE0117	定	砼泵输送砼 输送泵车排除量(m3/h) 60		m3	TJ	TJ<体积>
4	⊟ 011702012	项	弧形墙	模板高度: 3.6M以外	m2	MBMJ	MBMJ<模板面积>
5	AE0154 R*1.2,H35010 0011 350100011 *1.15	换	现浇混凝土模板 混凝土挡墙 现浇弧 形混凝土挡墙的模板 人工*1.2,材料 [350100011] 含量*1.15		m2	MBMJ	MBMJ<模板面积>
6	AE0175	定	构件超高模板 高度超过3.6m每超过 1m 墙		m2	CGMBMJ	CGMBMJ<超高模板面积>

图 6.14

5)画法讲解

①Q1、Q2、Q3用直线功能绘制即可,绘制方法同首层。Q1-弧形可采用弧形绘制,绘制方法同首层。
②偏移,方法同首层。完成后如图6.15所示。

图 6.15

③修改 Q2 的顶标高。
④在电梯井门洞下方有剪力墙 Q3,标高:−3.95 m 以下到独基 JC-7 以上。
⑤连梁的画法参考首层,,绘制后三维效果如图6.16所示。

图 6.16

⑥用智能布置功能,选中剪力墙Q1、Q2即可完成暗梁的绘制。修改Q2上暗梁的顶标高。在相应位置用直线功能绘制也可,完成后三维效果如图6.17所示。

图6.17

四、任务结果

汇总计算,统计地下一层剪力墙的清单工程量,见表6.4。

表6.4　地下一层剪力墙清单工程量

编码	项目名称	单位	工程量
010504001001	直形墙 C30 [项目特征] (1)混凝土种类:商品混凝土 (2)混凝土强度等级:C30	m³	0.913
010504004001	挡土墙(负一层挡土墙) [项目特征] (1)混凝土种类:商品混凝土 (2)混凝土强度等级:C30P6	m³	183.2591
011702011001	直形墙(负一层挡土墙) 模板高度:3.6 m以外	m²	944.0318
011702011002	直形墙 模板高度:3.6 m以外	m²	39.457
011702012001	弧形墙 模板高度:3.6 m以外	m²	76.2158
011702013001	短肢剪力墙、电梯井壁 模板高度:3.6 m以外	m²	7.172

五、总结拓展

地下一层剪力墙的中心线和轴线位置不重合,如果每段墙体都采用"修改轴线距边的距离"比较麻烦。而图纸中显示剪力墙的外边线和柱的外边线平齐,因此,可先在轴线上绘制剪力墙,然后使用"单对齐"功能将墙的外边线和柱的外边线对齐即可。

结合软件,分析剪力墙钢筋的锚固方式是怎样的?

6.3 地下一层梁、板、砌体墙的工程量计算

通过本节的学习,你将能够:
统计地下一层梁、板及砌体墙的工程量。

一、任务说明
①完成地下一层梁、板及砌体墙的属性定义、做法套用及绘制。
②汇总计算,统计地下一层梁、板及砌体墙的工程量。

二、任务分析
地下一层梁、板及砌体墙和首层有什么不同?

三、任务实施
①分析结施-05和结施-06可知,地下一层梁和首层梁基本相同,在Ⓑ轴、④~⑤轴处原位标注信息不同。负一层无圈梁,剪力墙上无框架梁,KL3变成2段,每段1跨,左右对称。
②分析结施-09可得到板的信息。
③分析建施-03可得到砌体墙的信息。
地下一层梁、板及砌体墙的属性定义与做法套用等同首层梁、板及砌体墙的操作方法。注意保护层厚度改变。本层梁及砌体墙效果图如6.18所示。

图6.18

四、任务结果

汇总计算,统计地下一层梁、板及砌体墙的清单工程量,见表6.5。

表6.5　地下一层梁、板及砌体墙清单工程量

编码	项目名称	单位	工程量
010401005001	空心砖墙 [项目特征] (1)砖品种、规格、强度等级:200 mm厚煤陶粒空心砖 (2)墙体类型:内墙 (3)砂浆强度等级、配合比:M5水泥砂浆砌筑 (4)砌筑高度:3.6 m以内	m³	87.7551
010505001001	有梁板 [项目特征] (1)混凝土种类:商品混凝土 (2)混凝土强度等级:C30	m³	26.4116
010505001004	有梁板 [项目特征] (1)混凝土种类:商品混凝土 (2)混凝土强度等级:C30 P6	m³	72.1958
011702014001	有梁板 模板高度:3.6 m以外	m²	179.9616
011702014004	有梁板 模板高度:3.6 m以内	m²	2.7
011702014005	有梁板 模板高度:3.6 m以外	m²	503.5188
011702014007	有梁板 模板高度:3.6 m以外	m²	0.9045

五、总结拓展

结合清单、定额规范,套取相应的定额子目时注意超高部分量的提取。

问题思考

如何计算框架间墙的长度?

6.4 地下一层门窗洞口、过梁的工程量计算

通过本节的学习,你将能够:
统计地下一层门窗洞口、过梁的工程量。

一、任务说明
①完成地下一层门窗洞口、过梁的属性定义、做法套用及绘制。
②汇总计算,统计地下一层门窗洞口、过梁的工程量。

二、任务分析
地下一层门窗洞口、过梁和首层有什么不同?

三、任务实施

1)图纸分析

分析建施-03,可得到地下一层门窗洞口信息。

2)门窗洞口属性定义及做法套用

门窗洞口的属性定义及做法套用同首层。

四、任务结果
汇总计算,统计地下一层门窗洞口、圈梁(过梁)的清单工程量,见表6.6。

表6.6　地下一层门窗洞口、圈梁（过梁）的清单工程量

编码	项目名称	单位	工程量
010510003001	过梁 [项目特征] (1)混凝土种类:商品混凝土 (2)混凝土强度等级:C25	m^3	0.8137
011702009001	过梁	m^2	12.9596
010801001001	木质门 M1021 [项目特征] (1)门代号及洞口尺寸:M1021 (2)门框或扇外围尺寸:1000 mm×2100 mm (3)门框、扇材质:木质复合门	m^2	37.8
010802003001	钢质防火门 FM甲1021 [项目特征] (1)门代号及洞口尺寸:FM甲1021 (2)门框或扇外围尺寸:1000 mm×2100 mm (3)门框、扇材质:甲级钢质防火门	m^2	4.2

续表

编码	项目名称	单位	工程量
010802003002	钢质防火门 FM乙1121 [项目特征] (1)门代号及洞口尺寸:FM乙1121 (2)门框或扇外围尺寸:1100 mm×2100 mm (3)门框、扇材质:乙级钢质防火门	m²	2.31

题思考

地下一层
工程量计算

门窗洞口与墙体间的相互扣减关系是怎样的?

评价反馈

序号	评价项目	评价标准	满分	评价			综合评分
				自评	互评	师评	
1	地下一层柱	(1)柱层间复制方法选择正确; (2)柱图元层间复制操作正确;	20				
2	地下一层剪力墙	(1)剪力墙及暗梁的属性定义、做法套用正确; (2)剪力墙及暗梁绘制方法选择及绘制操作正确; (3)剪力墙及暗梁的工程量计算正确。	20				
3	地下一层梁、板	(1)梁、板的属性定义、做法套用正确; (2)梁、板绘制方法选择及绘制操作正确; (3)梁、板的工程量计算正确。	25				
4	地下一层砌体墙、门窗洞口、过梁	(1)砌体墙、门窗洞口、过梁的属性定义、做法套用正确; (2)砌体墙、门窗洞口、过梁绘制方法选择及绘制操作正确; (3)砌体墙、门窗洞口、过梁的工程量计算正确。	25				
5	工作过程	(1)遵守纪律,按时提交工作成果; (2)乐学善学,具备自主学习能力; (3)求真务实,实践中国工匠精神; (4)团结协作,积极参与小组活动; (5)与时俱进,创新智慧领航前行。	10				
小计			100				

自我总结

请针对任务的完成情况,对相关知识点与技能点、知识难点与重点、工作流程与方法、自我感受等内容进行梳理与总结。

7 基础层工程量计算

通过本章的学习,你将能够:
(1)分析基础层需要计算的内容;
(2)定义独立基础、止水板、垫层、土方等构件属性,进行正确的做法套用;
(3)绘制独立基础、止水板、垫层、土方等构件;
(4)统计基础层工程量。

7.1 独立基础、止水板、垫层的工程量计算

通过本节的学习,你将能够:
(1)依据定额、清单分析独立基础、止水板、垫层的计算规则,确定计算内容;
(2)定义独立基础、止水板、垫层,并进行正确的做法套用;
(3)绘制独立基础、止水板、垫层;
(4)统计独立基础、止水板、垫层工程量。

一、任务说明
①完成独立基础、止水板、垫层的构件定义、做法套用及绘制。
②汇总计算,统计独立基础、止水板、垫层的工程量。

二、任务分析
①基础层都有哪些需要计算的构件工程量?
②独立基础、止水板、垫层如何定义和绘制?

三、任务实施

1)分析图纸

①由结施-03可知,本工程为独立基础,混凝土强度等级为C30,独立基础顶标高为止水板顶标高(-3.95 m)。

②由结施-03可知,基础部分的止水板的厚度为350 mm,止水板采用筏板基础进行处理。

③由结施-03可知,本工程基础垫层为100 mm厚的混凝土,顶标高为基础底标高,出边距离为100 mm。

2)清单、定额计算规则学习

(1)清单计算规则学习

独立基础、止水板、垫层清单计算规则见表7.1。

表7.1　独立基础、止水板、垫层清单计算规则

编号	项目名称	单位	计算规则
010501003	独立基础	m³	按设计图示尺寸以体积计算。不扣除构件内钢筋、预埋铁件和伸入承台基础的桩头所占体积
010501004	满堂基础		按设计图示尺寸以体积计算。不扣除伸入承台基础的桩头所占体积
010501001	垫层		按设计图示尺寸以体积计算

(2)定额计算规则学习

独立基础、止水板、垫层定额计算规则见表7.2。

表7.2　独立基础、止水板、垫层定额计算规则

编号	项目名称	单位	计算规则
AC0012	独立基础 商品混凝土	m³	按设计图示尺寸以体积计算,局部加深部分并入满堂基础体积内
AC0112	独立基础模板 商品混凝土	m²	按模板与混凝土的接触面积以"m²"计算
AE0018	满堂(筏板)基础 商品混凝土	m³	按设计图示体积以"m³"计算。不扣除构件内钢筋、螺栓、预埋铁件及单个面积0.3 m²以内的孔洞所占体积
AC0004	基础垫层 商品混凝土	m³	按设计图示尺寸以体积计算
AC00118	基础垫层模板	m²	按模板与混凝土的接触面积以"m²"计算

3)构件属性定义

(1)独立基础属性定义

独立基础属性定义(以JC-1为例),如图7.1所示。

新建独立基础后,单击鼠标右键,新建矩形独立基础单元,其属性定义如图7.2所示。

图7.1

图7.2

（2）止水板属性定义

新建筏板基础，修改其名称为止水板，其属性定义如图7.3所示。

图7.3

（3）垫层属性定义

新建面式垫层，垫层的属性定义如图7.4所示。

图7.4

4)做法套用

(1)独立基础

独立基础的做法套用,如图7.5所示。

图7.5

其他独立基础清单的做法套用相同,可采用"做法刷"功能完成做法套用,如图7.6所示。

图7.6

(2)止水板

止水板的做法套用,如图7.7所示。

	编码	类别	名称	项目特征	单位	工程量表达式	表达式说明
1	010501004	项	满堂基础	[项目特征] 1.混凝土种类:商品砼 2.混凝土强度等级:C30P6	m3	TJ	TJ<体积>
2	AE0018	定	满堂(筏板)基础 商品砼		m3	TJ	TJ<体积>
3	AE0117	定	砼泵输送砼 输送泵车排除量(m3/h)60		m3	TJ	TJ<体积>
4	011702001	项	基础	[项目特征] 1.基础类型:筏板基础	m2	MBMJ	MBMJ<模板面积>
5	AE0128	定	现浇混凝土模板 筏板基础		m2	MBMJ	MBMJ<模板面积>

图7.7

(3)垫层

垫层的做法套用,如图7.8所示。

	编码	类别	名称	项目特征	单位	工程量表达式	表达式说明
1	⊟ 010501001	项	垫层	[项目特征] 1.混凝土种类:商品砼 2.混凝土强度等级:C15	m3	TJ	TJ<体积>
2	AE0004	定	基础垫层 商品砼		m3	TJ	TJ<体积>
3	AE0117	定	砼泵输送砼 输送泵车排除量(m3/h) 60		m3	TJ	TJ<体积>
4	⊟ 011702001	项	基础	[项目特征] 1.基础类型:基础垫层	m2	MBMJ	MBMJ<模板面积>
5	AE0118	定	现浇混凝土模板 基础垫层		m2	MBMJ	MBMJ<模板面积>

图7.8

5)画法讲解

（1）独立基础

独立基础以"点"绘制方式完成,其绘制方法同柱,也可通过智能布置进行绘制。

（2）筏板基础

①止水板用"矩形"功能绘制,用鼠标左键单击①/Ⓓ轴交点,再在⑧/Ⓐ轴交点处单击鼠标左键即可完成,如图7.9所示。

图7.9

②由结施-02可知,止水板左右侧外边线距轴线尺寸为2200 mm,上下侧外边线距轴线尺寸为2700 mm。选中止水板,鼠标右键单击"偏移",偏移方式选择"整体偏移",移动鼠标至止水板的外侧输入2200 mm,按"Enter"键;再次选中止水板,选择偏移方式为"多边偏移",单击需要偏移的上侧或下侧外边,右键确定,输入偏移尺寸为500 mm,即可完成止水板的绘制。在电梯井处是没有止水板的,用"分割"功能沿着剪力墙Q3内边线分割即可完成,如图7.10—图7.13所示。

图 7.10

图 7.11

图 7.12

图 7.13

止水板内钢筋的操作方法与板钢筋类似。

新建筏板主筋,修改钢筋信息如图 7.14 和图 7.15 所示。

鼠标左键单击止水板即可完成钢筋布置。

③垫层在独立基础下方,属于面式构件,选择"智能布置"→"独立基础",在弹出的对话框中输入出边距离"100 mm",单击"确定"按钮,框选独立基础,垫层就布置好了。在止水板下的垫层绘制方法同独立基础下方垫层,输入出边距离"300 mm"。 注意:电梯井处是没有止水板垫层的,用"分割"功能沿着剪力墙 Q3 外边线分割删除电梯井处的止水板垫层即可完成,如图 7.16 所示。

图 7.14

图 7.15

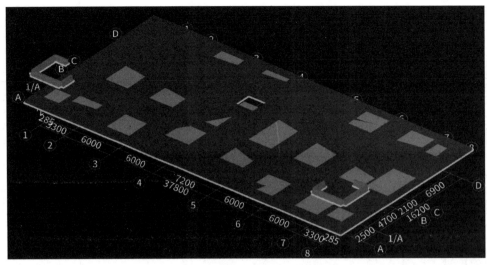

图7.16

四、任务结果

汇总计算,统计独立基础、止水板、垫层清单工程量,见表7.3。

表7.3 独立基础、止水板、垫层清单工程量

编码	项目名称	单位	工程量
010401001001	砖基础 [项目特征] (1)砖品种、规格、强度等级:MU10煤矸石砖 (2)基础类型:条形基础 (3)砂浆强度等级:M5水泥砂浆砌筑	m^3	4.2624
010501001001	垫层 [项目特征] (1)混凝土种类:商品混凝土 (2)混凝土强度等级:C15	m^3	98.4518
010501003001	独立基础 [项目特征] (1)混凝土种类:商品混凝土 (2)混凝土强度等级:C30 P6	m^3	150.968
010501004001	满堂基础 [项目特征] (1)混凝土种类:商品混凝土 (2)混凝土强度等级:C30 P6	m^3	233.877
011702001001	基础 [项目特征] 基础类型:筏板基础	m^2	48.23
011702001002	基础 [项目特征] 基础类型:独立基础	m^2	81.68
011702001003	基础 [项目特征] 基础类型:基础垫层	m^2	52.128

五、总结拓展

建模四棱台独立基础

对独立基础,软件提供了多种参数图供选择,如图7.17所示。选择"新建独立基础单元"后,选择参数化图形,用点画的方法绘制图元,如图7.18所示。

图7.17

图7.18

问题思考

(1)本工程转角窗下基础部分需要绘制哪些构件?如何定义和绘制?

(2)面式垫层如何绘制?

独立基础、垫层、
止水板的定义与
绘制

7.2 土方工程量计算

通过本节的学习,你将能够:
(1)依据清单、定额,分析挖土方及土方回填的计算规则;
(2)应用软件定义基坑土方和大开挖土方,并正确套用做法;
(3)正确绘制基坑土方和大开挖土方;
(4)统计挖运土方及土方回填工程量。

一、任务说明

①完成土方工程的构件定义、做法套用及绘制。
②汇总计算土方工程量。

二、任务分析

①哪些地方需要挖土方?
②基础回填土方应如何进行计算?
③余土弃运应如何处理?

三、任务实施

1)分析图纸

分析结施-02可知,本工程独立基础JC-7的土方属于基坑土方,止水板的土方为大开挖土方。依据定额可知,挖土方有工作面150 mm,根据挖土深度需要放坡,放坡土方增量按照定额规定计算。

2)清单、定额计算规则学习

(1)清单计算规则学习

土方清单计算规则见表7.4。

表7.4 土方清单计算规则

编号	项目名称	单位	计算规则
010101002	挖一般土方	m³	按设计图示尺寸以基础垫层底乘以挖土深度计算
010101004	挖基坑土方	m³	按设计图示尺寸以基础垫层底乘以挖土深度计算
010103001	回填方	m³	按设计图示尺寸以体积计算 (1)场地回填:回填面积乘以平均回填厚度 (2)室内回填:主墙间面积乘以回填厚度,不扣除间隔墙 (3)基础回填:按挖方清单项目工程量减去自然地坪以下埋设的基础体积(包括基础垫层及其他构筑物)
010103002	余土弃置	m³	按挖方清单项目工程量减利用回填方体积(正数)计算

(2)定额计算规则学习

土方定额计算规则见表7.5。

表7.5　土方定额计算规则

编号	项目名称	单位	计算规则
AA0024	挖一般土方 不装车	m³	挖一般土石方工程量按设计图示尺寸体积加放坡工程量计算
AA0002	人工挖土方	m³	挖一般土石方工程量按设计图示尺寸体积加放坡工程量计算
AA0008	人工挖基坑土方 坑深(2 m以内)	m³	按设计图示尺寸和有关规定以体积计算
AA0120	机械回填、碾压 平基土方	m³	场地回填:回填面积乘以平均回填厚度以"m³"计算 沟槽、基坑回填:挖方体积减自然地坪以下埋设的基础体积(包括基础、垫层及其他构筑物)
AA0031	机械装运土方 运距1000 m以内	m³	余土运输体积=挖方体积-回填方体积(折合天然密实体积),总体积为正,则为余土外运,总体积为负,则为取土内运

3)土方属性定义和绘制

(1)挖一般土方绘制

用反建构件法,在垫层定义界面,选择"生成土方",选择"大开挖土方"→工作面宽150 mm→放坡系数0.3,手动生成→确定,光标选择"止水板垫层",用鼠标左键选择止水板垫层,单击鼠标右键,即可完成大开挖土方的定义和绘制,绘制结果如图9.19所示。选中大开挖土方,调整属性值,如图7.20所示。

图7.19

图7.20

（2）基坑土方绘制

用反建构件法，在垫层界面单击"生成土方"，如图7.21所示。

图7.21

选择JC-7下方的垫层，单击鼠标右键即可完成基坑土方的定义和绘制。完成基坑土方绘制后，选中基坑土方调整属性值，如图7.22所示。

图7.22

4）土方做法套用

大开挖、基坑土方做法套用，土方回填、余土弃运一并套用，如图7.23和图7.24所示。

	编码	类别	名称	项目特征	单位	工程量表达式	表达式说明	单价
1	⊟ 010101002001	项	挖一般土方	[项目特征] 1.土壤类别:土方 2.开挖方式:机械开挖 3.挖土深度:4.2m 4.场内运距:500m	m3	TFTJ	TFTJ<土方体积>	
2	AA0024	定	挖一般土方 不装车		m3	TFTJ*0.92	TFTJ<土方体积>*0.92	3574.32
3	AA0002	定	人工挖土方		m3	TFTJ*0.08	TFTJ<土方体积>*0.08	3701.54
4	⊟ 010103001	项	回填方	1.密实度要求:分层碾压 2.填方材料品种:土方 3.填方来源:1000m以内	m3	STHTTJ	STHTTJ<素土回填体积>	
5	AA0120	定	机械回填、碾压 平基土方		m3	STHTTJ	STHTTJ<素土回填体积>	5566.89
6	⊟ 010103002	项	余方弃置	1.废弃料品种:土方 2.运距:1000m以内	m3	TFTJ-STHTTJ	TFTJ<土方体积>- STHTTJ<素土回填体积>	
7	AA0030	定	人工装机械运土方 运距1000m以内		m3	TFTJ-STHTTJ	TFTJ<土方体积>- STHTTJ<素土回填体积>	25899.62

图7.23

	编码	类别	名称	项目特征	单位	工程量表达式	表达式说明	单价
1	⊟ 010101004	项	挖基坑土方	1.土壤类别:土方 2.开挖方式:机械开挖 3.挖土深度:1.75m 4.场内运距:500	m3	TFTJ	TFTJ<土方体积>	
2	AA0008	定	人工挖基坑土方 坑深(m以内) 2		m3	TFTJ	TFTJ<土方体积>	6108.66
3	⊟ 010103001	项	回填方	1.密实度要求:分层碾压 2.填方材料品种:土方 3.填方来源:1000m以内	m3	STHTTJ	STHTTJ<素土回填体积>	
4	AA0120	定	机械回填、碾压 平基土方		m3	STHTTJ	STHTTJ<素土回填体积>	5566.89
5	⊟ 010103002	项	余方弃置	1.废弃料品种:土方 2.运距:1000m以内	m3	TFTJ-STHTTJ	TFTJ<土方体积>- STHTTJ<素土回填体积>	
6	AA0030	定	人工装机械运土方 运距1000m以内		m3	TFTJ-STHTTJ	TFTJ<土方体积>- STHTTJ<素土回填体积>	25899.62

图7.24

四、任务结果

汇总计算,统计土方工程量,见表7.6。

表7.6 土方清单工程量

编码	项目名称	单位	工程量
010101002001	挖一般土方 [项目特征] (1)土壤类别:土方 (2)开挖方式:机械开挖 (3)挖土深度:4.2 m (4)场内运距:500 m	m^3	4428.9958
010101004001	挖基坑土方 (1)土壤类别:土方 (2)开挖方式:机械开挖 (3)挖土深度:1.75 m (4)场内运距:500 m	m^3	46.0210
010103001001	回填方 [项目特征] (1)密实度要求:分层碾压 (2)填方材料品种:土方 (3)填方来源、运距:1000 m以内	m^3	1767.0037

续表

编码	项目名称	单位	工程量
010103002001	余土弃置 [项目特征] (1)废弃料品种:土石方 (2)运距:1000 m	m³	2708.0131

五、总结拓展

土方的定义和绘制可采用自动生成功能实现,也可手动定义和绘制。

问 题思考

(1)大开挖土方如何定义与绘制?
(2)土方回填的智能布置如何完成?

土方工程量计算

评价反馈

序号	评价项目	评价标准	满分	评价			综合评分
				自评	互评	师评	
1	独立基础	(1)独立基础的属性定义、做法套用正确; (2)独立基础绘制方法选择及绘制操作正确; (3)独立基础的工程量计算正确。	25				
2	止水板	(1)止水板的属性定义、做法套用正确; (2)止水板绘制方法选择及绘制操作正确; (3)止水板的工程量计算正确。	25				
3	垫层	(1)垫层的属性定义、做法套用正确; (2)垫层的绘制方法选择及绘制操作正确; (3)垫层的工程量计算正确。	20				
4	土方	(1)土方的属性定义、做法套用正确; (2)土方绘制方法选择及绘制操作正确; (3)土方的工程量计算正确。	20				
5	工作过程	(1)遵守纪律,按时提交工作成果; (2)乐学善学,具备自主学习能力; (3)求真务实,实践中国工匠精神; (4)团结协作,积极参与小组活动; (5)与时俱进,创新智慧领先前行。	10				
小计			100				

自我总结

请针对任务的完成情况,对相关知识点与技能点、知识难点与重点、工作流程与方法、自我感受等内容进行梳理与总结。

8 装修工程量计算

通过本章的学习,你将能够:
(1)定义楼地面、天棚、墙面、踢脚、吊顶;
(2)在房间中添加依附构件;
(3)统计各层的装修工程量。

8.1 首层装修的工程量计算

通过本节的学习,你将能够:
(1)定义房间;
(2)分类统计首层装修工程量。

一、任务说明
①完成全楼装修工程的楼地面、天棚、墙面、踢脚、吊顶的构件定义及做法套用。
②建立首层房间单元,添加依附构件并绘制。
③汇总计算,统计首层装修工程的工程量。

二、任务分析
①楼地面、天棚、墙面、踢脚、吊顶的构件做法在图中什么位置可以找到?
②各装修做法套用清单和定额时,如何正确地编辑工程量表达式?
③装修工程中如何用虚墙分割空间?
④外墙保温如何定义、套用做法?地下与地上一样吗?

三、任务实施
1)分析图纸

分析建施-01的室内装修做法表,首层有6种装修类型的房间:大堂、办公室1、办公室2、楼梯间、走廊、卫生间;装修做法有楼面1、楼面2、楼面3、楼面4、踢脚1、踢脚2、踢脚3、内墙1、内墙2、天棚1、吊顶1、吊顶2。

2)清单、定额计算规则学习

(1)清单计算规则学习
装饰装修清单计算规则,见表8.1。

表8.1　装饰装修清单计算规则

编号	项目名称	单位	计算规则
011102003	块料楼地面	m²	按设计图示尺寸以面积计算。门洞、空圈、暖气包槽、壁龛的开口部分并入相应的工程量内
011102001	石材楼地面	m²	按设计图示尺寸以面积计算。门洞、空圈、暖气包槽、壁龛的开口部分并入相应的工程量内
011105003	块料踢脚线	m	(1)以m²计量,按设计图示长度乘高度以面积计算 (2)以m计量,按延长米计算
011105002	石材踢脚线	m	(1)以m²计量,按设计图示长度乘高度以面积计算 (2)以m计量,按延长米计算
011407001	墙面喷刷涂料	m²	按设计图示尺寸以面积计算
011204003	块料墙面	m²	按镶贴表面积计算
011407002	天棚喷刷涂料	m²	按设计图示尺寸以面积计算
011302001	吊顶天棚	m²	按设计图示尺寸以水平投影面积计算。天棚面中的灯槽及跌级、锯齿形、吊挂式、藻井式天棚面积不展开计算。不扣除间壁墙、检查口、附墙烟囱、柱垛和管道所占面积,扣除单个>0.3 m²的孔洞、独立柱及与天棚相连的窗帘盒所占的面积

(2)定额计算规则学习

①楼地面装修定额计算规则(以楼面2为例),见表8.2。

表8.2　楼地面装修定额计算规则

编号	项目名称	单位	计算规则
AL0001	水泥砂浆找平层 厚度20 mm 在混凝土或硬基层上 现拌	m²	按设计图示尺寸以面积计算
AE0002	楼地面垫层 商品混凝土	m³	按室内房间净面积乘以厚度以体积计算
AJ0019	楼地面防水、防潮 聚氨酯防水涂料 厚度2 mm	m²	按设计图示尺寸以面积计算
LA0008	地面砖楼地面 周长1600 mm以内	m²	按设计图示尺寸以面积计算
AL0021	人工拉毛 水泥砂浆	m²	按设计图示尺寸以面积计算
AL0011	细石混凝土找平层 厚度30 mm 商品混凝土	m²	按设计图示尺寸以面积计算
LA0001	石材楼地面 周长3200 mm以内	m²	按设计图示面积以"m²"计算。门洞、空圈、暖气包槽、壁龛的开口部分并入相应的工程量内
AL0015	楼地面面层 水泥砂浆 厚度20 mm 干混商品砂浆	m²	按设计图示尺寸以面积计算。均应扣除凸出地面的构筑物、设备基础、室内铁道、地沟等所占的面积,但不扣除柱、垛、间壁墙、附墙烟囱及面积≤0.3 m²孔洞所占的面积,而门洞、空圈、暖气包槽、壁龛的开口部分的面积亦不增加
KB0112	楼地面保温 陶粒混凝土	m³	按设计图示体积以"m³"计算,扣除柱、垛及单个面积大于0.3 m²孔洞所占的体积

②踢脚定额计算规则,见表8.3。

表8.3 踢脚定额计算规则

编号	项目名称	单位	计算规则
LA0048	地砖踢脚制作安装	m	按设计图示尺寸以长度计算
LA0044	石材直线形踢脚线 水泥砂浆	m	按设计图示尺寸以长度计算
AM0032	其他砂浆 界面剂一遍 混凝土基层	m²	按设计图示面积以"m²"计算
AL0021	人工拉毛 水泥砂浆	m²	按设计图示面积以"m²"计算
AL0043	踢脚板 水泥砂浆1:2.5 厚度20 mm	m	按设计尺寸延长米计算

③内墙面、独立柱装修定额计算规则(以内墙1为例),见表8.4。

表8.4 内墙面、独立柱装修定额计算规则

编号	项目名称	单位	计算规则
LB0009	墙面装饰抹灰 拉条灰、甩毛灰 墙、柱面甩毛 砖墙面厚度12 mm+6 mm	m²	按设计图示尺寸以面积计算
AM0001	墙面、墙裙水泥砂浆抹灰 砖墙 内墙 现拌砂浆	m²	按设计图示尺寸以面积计算
AM0032	其他砂浆 界面剂一遍 混凝土基层	m²	按设计图示尺寸以面积计算
LE0153	刷内墙涂料 两遍	m²	按设计图示尺寸以面积计算
LE0186	刷内墙涂料 每增减一遍	m²	按设计图示尺寸以面积计算
AM0002	墙面、墙裙水泥砂浆抹灰 砖墙 内墙 干混商品砂浆	m²	按设计图示尺寸以面积计算
LB0051	墙面贴面砖 黏结剂粘贴 周长2400 mm以内	m²	按设计图示面积以"m²"计算。门洞、空圈、暖气包槽、壁龛的开口部分并入相应的工程量内

④天棚、吊顶定额计算规则(以天棚1、吊顶1为例),见表8.5。

表8.5 天棚、吊顶定额计算规则

编号	项目名称	单位	计算规则
AN0001	天棚抹灰 混凝土面 水泥砂浆 现拌	m²	按设计图示尺寸以水平投影面积计算
AN0002	天棚抹灰 混凝土面 水泥砂浆 干混商品砂浆	m²	按设计图示尺寸以水平投影面积计算
LC0041	天棚基层 胶合板 平面	m²	按设计图示尺寸以面积计算
LC0011	装配式U形轻钢天棚龙骨(上人型)面层规格600 mm×600 mm 平面	m²	按设计图示尺寸以水平投影面积计算
LC0009	装配式U形轻钢天棚龙骨(不上人型)面层规格600 mm×600 mm以上 平面	m²	按设计图示尺寸以水平投影面积计算
LC0061	天棚面层 铝塑板 固定在金属龙骨上	m²	按设计图示尺寸以水平投影面积计算
LC0082	天棚面层 条形扣板 安装	m²	按设计图示尺寸以水平投影面积计算
LC0015	装配式T形铝合金(烤漆)天棚龙骨(不上人型)面层规格600 mm×600 mm 平面	m²	按设计图示尺寸以水平投影面积计算
LC0081	天棚面层 方形铝扣板 安装	m²	按设计图示尺寸以水平投影面积计算

3)装修构件的属性定义及做法套用

（1）楼地面的属性定义

单击导航树中的"装修"→"楼地面"，在"构件列表"中选择"新建"→"新建楼地面"，在属性编辑框中输入相应的属性值，如有房间需要计算防水，需在"是否计算防水"中选择"是"，如图8.1—图8.4所示。

图8.1

图8.2

属性列表

	属性名称	属性值	附加
1	名称	楼面2	
2	块料厚度(mm)	0	
3	是否计算防水	是	
4	是否有保温	否	
5	顶标高(m)	层底标高+0.05	
6	备注		
7	⊕ 土建业务属性		

	编码	类别	名称	项目特征	单位	工程量表达式	表达式说明
1	⊟ 011102003	项	块料楼地面	[项目特征] 1、10厚防滑地砖,稀水泥浆擦缝 2、撒素水泥面(洒适量清水) 3、20厚1:2干硬性水泥砂浆粘结层 4、1.5厚聚氨酯涂膜防水层靠墙处卷边150 5、20厚1:3水泥砂浆找平层,四周及竖管根部位抹小八字角 6、素水泥浆一道 7、平均厚35厚C15细石混凝土从门口向地面找1%坡 8、现浇混凝土楼板	m2	KLDMJ	KLDMJ<块料地面积>
2	LA0008	定	地面砖楼地面 周长(mm以内) 1600		m2	KLDMJ	KLDMJ<块料地面积>
3	AL0021	定	人工拉毛 水泥砂浆		m2	DMJ	DMJ<地面积>
4	AL0001	定	水泥砂浆找平层 厚度20mm 在砼或硬基层上 现拌		m2	DMJ	DMJ<地面积>
5	AJ0019	定	聚氨酯防水涂料 厚度2mm		m2	SPFSMJ	SPFSMJ<水平防水面积>
6	AL0011	定	细石砼找平层 厚度30mm 商品砼		m2	DMJ	DMJ<地面积>

图8.2

图8.3

	编码	类别	名称	项目特征	单位	工程量表达式	表达式说明
1	⊟ 011102001001	项	石材楼地面 (楼面3)	[项目特征] 1、铺20厚大理石板,稀水泥擦缝 2、撒素水泥面(洒适量清水) 3、30厚1:3干硬性水泥砂浆粘结层 4、40厚1:1.6水泥粗砂焦渣垫层 5、钢筋混凝土楼板	m2	KLDMJ	KLDMJ<块料地面积>
2	AL0001	定	水泥砂浆找平层 厚度20mm 在砼或硬基层上 现拌		m2	DMJ	DMJ<地面积>
3	LA0001	定	石材楼地面 周长3200mm以内		m2	KLDMJ	KLDMJ<块料地面积>

图8.3

图8.4

	编码	类别	名称	项目特征	单位	工程量表达式	表达式说明
1	⊟ 011101001003	项	水泥砂浆楼地面 (楼面4) [项目特征] 1、20厚1:2.5水泥砂浆压实赶光 2、50厚CL7.5轻集料混凝土 3、钢筋混凝土楼板		m2	DMJ	DMJ<地面积>
2	AL0015	定	楼地面面层 水泥砂浆 厚度20mm 干混商品砂浆		m2	DMJ	DMJ<地面积>
3	KB0112	借	楼地面保温 陶粒混凝土		m3	DMJ	DMJ<地面积>

图8.4

（2）踢脚的属性定义

新建踢脚构件的属性定义，如图8.5—图8.7所示。

搜索构件... 踢脚 踢脚1 <45> 踢脚2 <30> 踢脚3 <11>

	编码	类别	名称	项目特征	单位	工程量表达式	表达式说明
1	011105003001	项	块料踢脚线 (踢脚线1)	1、用400X100地砖,高度为100 2、10厚防滑地砖踢脚,稀水泥浆擦缝 3、8厚1:2水泥砂浆(内掺建筑胶)粘结层 4、5厚1:3水泥砂浆打底扫毛或划出纹道	m	TJKLCD	TJKLCD<踢脚块料长度>
2	LA0048	定	地砖踢脚制作安装		m	TJKLCD	TJKLCD<踢脚块料长度>

图8.5

搜索构件... 踢脚 踢脚1 <45> 踢脚2 <30> 踢脚3 <11>

	编码	类别	名称	项目特征	单位	工程量表达式	表达式说明
1	011105002001	项	石材踢脚线 (踢脚2)	[项目特征] 1、用800X100深色大理石,高度为100 2、15厚大理石踢脚板,稀水泥浆擦缝 3、10厚1:2水泥砂浆(内掺建筑胶)粘结层 4、界面剂一道甩毛(甩前先将墙面用水湿润)	m	TJKLCD	TJKLCD<踢脚块料长度>
2	LA0044	定	石材直线形踢脚线 水泥砂浆		m	TJKLCD	TJKLCD<踢脚块料长度>
3	AM0032	定	其他砂浆 界面剂一遍 砼基层		m2	TJMHMJ	TJMHMJ<踢脚抹灰面积>

图8.6

构件列表 构件做法

搜索构件... 踢脚 踢脚1 踢脚2 踢脚3

	编码	类别	名称	项目特征	单位	工程量表达式	表达式说明
1	011105001001	项	水泥砂浆踢脚线 (踢脚3)	[项目特征] 1、踢脚:水泥踢脚(高100) 2、6厚1:2.5水泥砂浆罩面压实赶光 3、素水泥浆一道 4、6厚1:3水泥砂浆打底扫毛或划出纹道	m	TJMHCD	TJMHCD<踢脚抹灰长度>
2	AM0032	定	其他砂浆 界面剂一遍 砼基层		m2	TJMHMJ	TJMHMJ<踢脚抹灰面积>
3	AL0043	定	踢脚板 水泥砂浆1:2.5 厚度20mm		m	TJMHCD	TJMHCD<踢脚抹灰长度>
4	AL0021	定	人工拉毛 水泥砂浆		m2	TJMHMJ	TJMHMJ<踢脚抹灰面积>

图8.7

(3)内墙面的属性定义

新建内墙面构件的属性定义,如图8.8—图8.9所示。

搜索构件... 墙面 内墙面1 <101> [内墙面] 内墙面2 <20> [内墙面] 外墙面1 <16> [外墙面] 外墙面2 <24> [外墙面] 外墙面3 <8> [外墙面]

	编码	类别	名称	项目特征	单位	工程量表达式	表达式说明
1	011201001001	项	墙面一般抹灰 (内墙1)	[项目特征] 1、喷水性耐擦洗涂料 2、5厚1:2.5水泥砂浆找平 3、9厚1:3水泥砂浆打底扫灰 4、素水泥浆一道甩毛(内掺建筑胶)	m2	QMMHMJZ	QMMHMJZ<墙面抹灰面积 (不分材质) >
2	AM0032	定	其他砂浆 界面剂一遍 砼基层		m2	QMMHMJZ	QMMHMJZ<墙面抹灰面积 (不分材质) >
3	AM0001	定	墙面、墙裙水泥砂浆抹灰 砖墙 内墙 现拌砂浆		m2	QMMHMJZ	QMMHMJZ<墙面抹灰面积 (不分材质) >
4	LE0185	定	刷内墙涂料 二遍		m2	QMMHMJZ	QMMHMJZ<墙面抹灰面积 (不分材质) >

图8.8

搜索构件... 墙面 内墙面1 <84> [内墙面] 内墙面2 <17> [内墙面] 排烟井内墙面 <22> [内墙面] 外墙面2 <12> [外墙面]

	编码	类别	名称	项目特征	单位	工程量表达式	表达式说明
1	011204003	项	瓷砖墙面 (内墙2: 面层200*300高级面砖)	[项目特征] 1、白水泥擦缝 2、5厚釉面砖面层(粘前先将釉面砖浸水两小时以上) 3、5厚1:2建筑水泥砂浆粘结层 4、素水泥浆一道 5、9厚1:3水泥砂浆打底压实抹平 6、素水泥浆一道甩毛	m2	QMKLMJZ	QMKLMJZ<墙面块料面积 (不分材质) >
2	AM0002	定	墙面、墙裙水泥砂浆抹灰 砖墙 内墙 干混商品砂浆		m2	QMMHMJZ	QMMHMJZ<墙面抹灰面积 (不分材质) >
3	LB0047	定	墙面贴面砖 水泥砂浆粘贴 周长(mm以内) 1600		m2	QMKLMJZ	QMKLMJZ<墙面块料面积 (不分材质) >

图8.9

(4)天棚的属性定义

天棚构件的属性定义,如图8.10所示。

图8.10

（5）吊顶的属性定义

分析建施-01可知吊顶距地的高度，吊顶的属性定义如图8.11和图8.12所示。

（6）房间的属性定义

通过"添加依附构件"，建立房间中的装修构件。构件名称下"楼面1"可以切换成"楼面2"或是"楼面3"，其他的依附构件也是同理进行操作，如图8.13所示。

图8.11

图8.12

图8.13

4)房间的绘制

点绘制。按照建施-04中房间的名称,选择软件中建立好的房间,在需要布置装修的房间处单击一下,房间中的装修即自动布置上去。绘制好的房间,用三维查看效果。为保证大厅的"点"功能绘制,可在④~⑤/⑧轴上补画一道虚墙,如图8.14所示,虚墙的中心线与墙边线平齐,在电梯门洞处,楼梯与走廊分界处补画虚墙。

图8.14

四、任务结果

按照以上装修的绘制方式,完成其他层外墙装修的绘制,并汇总计算,统计首层装饰装修的工程量,见表8.6。

表8.6 首层装饰装修工程量表

编码	项目名称	单位	工程量
011101001001	水泥砂浆楼地面(楼面4)	m²	64.7997
011102003001	地砖楼地面(楼面1)	m²	345.3068
011102003002	防滑地砖楼地面(楼面2)	m²	43.18
011102001001	石材楼地面(楼面3)	m²	117.745
011105001001	水泥砂浆踢脚线(踢脚3)	m	55.192
011105002001	石材踢脚线(踢脚2)	m	9.2204
011105003001	块料踢脚线(踢脚线1)	m	32.5483
011201001001	墙面一般抹灰(内墙1)	m²	1064.7393
011204001001	石材墙面(墙裙1)	m²	10.795
011204003001	块料墙面(内墙2)	m²	155.8523
011204003002	块料墙面(外墙1)	m²	215.3641
011204004001	干挂石材钢骨架(外墙2)	m²	125.8905
011301001001	天棚抹灰(天棚1)	m²	84.6586
011302001001	吊顶天棚(吊顶2)	m²	42.5281
011302001002	吊顶天棚(吊顶1)	m²	404.2102

五、总结拓展

装修的房间必是封闭的

在绘制房间图元时,要保证房间必须是封闭的,如不封闭,可使用虚墙将房间封闭。

装修工程量计算

问 题思考

(1)虚墙是否计算内墙面工程量?

(2)虚墙是否影响楼面的面积?

8.2 其他层装修工程量计算

通过本小节的学习,你将能够:

(1)分析软件在计算装修工程量时的计算思路;

(2)计算其他楼层装修工程量。

其他楼层装修方法同首层,也可考虑从首层复制图元。

一、任务说明

完成其他楼层的装修工程量。

二、任务分析

①其他楼层与首层做法有何不同?

②装修工程量的计算与主体构件的工程量计算有何不同?

三、任务实施

1)分析图纸

由建施-01中室内装修做法表可知,地下一层所用的装修做法和首层装修做法基本相同,地面做法为地面1、地面2、地面3。二层至四层装修做法基本和首层的装修做法相同,可以把首层构件复制到其他楼层,然后重新组合房间即可。

2)清单、定额计算规则学习

(1)清单计算规则

其他层装修清单计算规则,见表8.7。

表8.7 其他层装修清单计算规则

编号	项目名称	单位	计算规则
011102001	石材楼地面	m²	按设计图示尺寸以面积计算。门洞、空圈、暖气包槽、壁龛的开口部分并入相应的工程量内

编号	项目名称	单位	计算规则
011102003	块料楼地面	m²	按设计图示尺寸以面积计算。门洞、空圈、暖气包槽、壁龛的开口部分并入相应的工程量内
011101001	水泥砂浆楼地面	m²	按设计图示尺寸以面积计算。扣除凸出地面构筑物、设备基础、室内铁道、地沟等所占面积,不扣除间壁墙及<0.3 m²柱、垛、附墙烟囱及孔洞所占面积。门洞、空圈、暖气包槽、壁龛的开口部分不增加面积
010103001	回填方	m³	按设计图示尺寸以体积计算 (1)场地回填:回填面积乘平均回填厚度 (2)室内回填:主墙间面积乘回填厚度,不扣除间隔墙 (3)基础回填:按挖方清单项目工程量减去自然地坪以下埋设的基础体积(包括基础垫层及其他构筑物)

(2)定额计算规则

其他层装修定额计算规则,以地面4层为例,见表8.8。

表8.8 其他层装修定额计算规则

编号	项目名称	单位	计算规则
AL0015	水泥砂浆楼地面面层 干混商品砂浆	m²	按设计图示尺寸以面积计算
AL0011	细石混凝土找平层 厚度30 mm 商品混凝土	m³	按设计图示尺寸以体积计算
AL0013	细石混凝土找平层 厚度每增减5 mm 商品混凝土	m³	按设计图示尺寸以体积计算

四、任务结果

汇总计算,统计地下一层的装修清单定额工程量,见表8.9。

表8.9 地下一层装修清单定额工程量

序号	编码	项目名称	单位	工程量
1	011102003002	水泥砂浆楼地面(地面) [项目特征] (1)2.5 mm厚石塑防滑地砖,建筑胶粘剂粘铺,稀水泥浆擦缝 (2)撒素水泥面(内掺建筑胶) (3)30 mm厚C15细石混凝土,随打随抹 (4)3 mm厚高聚物改性沥青涂膜防水层,四周往上卷150 mm (5)平均35 mm厚C15细石混凝土找坡层 (6)150 mm厚3:7灰土夯实 (7)素土夯实,夯实系数0.95	m²	42.2174
2	011101001003	水泥砂浆楼地面(地面4) [项目特征] (1)20 mm厚1:2.5水泥砂浆压实赶光 (2)素水泥浆一道(内掺建筑胶) (3)50 mm厚C10混凝土 (4)150 mm厚5~32 mm卵石灌M2.5混合砂浆,平板振捣器振捣密实 (5)素土夯实,压实系数0.95	m²	38.9732

续表

序号	编码	项目名称	单位	工程量
3	011102001001	石材楼地面(地面1) [项目特征] (1)铺20 mm厚大理石板,稀水泥擦缝 (2)撒素水泥面(洒适量清水) (3)30 mm厚1∶3干硬性水泥砂浆黏结层 (4)100 mm厚C10素混凝土 (5)150 mm厚3∶7灰土夯实 (6)素土夯实	m²	350.886
4	011105001001	水泥砂浆踢脚线(踢脚3) [项目特征] (1)踢脚3:水泥踢脚(高100 mm) (2)6 mm厚1∶2.5水泥砂浆罩面压实赶光 (3)素水泥浆一道 (4)6 mm厚1∶3水泥砂浆打底扫毛或划出纹道	m	7.7837
5	011105002001	石材踢脚线(踢脚2) [项目特征] (1)用800 mm×100 mm深色大理石,高度为100 mm (2)15 mm厚大理石踢脚板,稀水泥浆擦缝 (3)10 mm厚1∶2水泥砂浆(内掺建筑胶)黏结层 (4)界面剂一道甩毛(甩前先将墙面用水湿润)	m	8.7192
6	011105003001	块料踢脚线(踢脚线1) [项目特征] (1)用400 mm×100 mm深色地砖,高度为100 mm (2)10 mm厚防滑地砖踢脚,稀水泥浆擦缝 (3)8 mm厚1∶2水泥砂浆(内掺建筑胶)黏结层 (4)5 mm厚1∶3水泥砂浆打底扫毛或划出纹道	m	23.266
7	011201001001	墙面一般抹灰(内墙1) [项目特征] (1)喷水性耐擦洗涂料 (2)5 mm厚1∶2.5水泥砂浆找平 (3)9 mm厚1∶3水泥砂浆打底扫毛 (4)素水泥浆一道甩毛(内掺建筑胶)	m²	1277.8569
8	011204003001	块料墙面(内墙2) [项目特征] (1)白水泥擦缝 (2)5 mm厚釉面砖面层(粘前先将釉面砖浸水2小时以上) (3)5 mm厚1∶2建筑水泥砂浆黏结层 (4)素水泥浆一道 (5)9 mm厚1∶3水泥砂浆打底压实抹平 (6)素水泥浆一道甩毛	m²	161.5395

序号	编码	项目名称	单位	工程量
9	011301001001	天棚抹灰(天棚1) [项目特征] (1)喷水性耐擦洗涂料 (2)3 mm厚1:2.5水泥砂浆找平 (3)5 mm厚1:3水泥砂浆打底扫毛或划出纹道 (4)素水泥浆一道甩毛(内掺建筑胶)	m²	53.7708
10	011302001001	吊顶天棚(吊顶2) [项目特征] (1)12 mm厚岩棉吸声板面层,规格592 mm×592 mm (2)T型轻钢次龙骨TB24×28,中距600 mm (3)T型轻钢次龙骨TB24×38,中距600 mm,找平后与钢筋吊杆固定 (4)φ8钢筋吊杆,双向中距≤1200 mm (5)现浇混凝土板底预留φ10钢筋吊环,双向中距≤1200 mm	m²	41.5454
11	011302001002	吊顶天棚(吊顶1) [项目特征] (1)1.0 mm厚铝合金条板,离缝安装带插缝板 (2)U型轻钢次龙骨LB45×48,中距≤1500 mm (3)U型轻钢主龙骨LB38×12,中距≤1500 mm与钢筋吊杆固定 (4)φ6钢筋吊杆,中距横向≤1500 mm纵向≤1200 mm (5)现浇混凝土板底预留φ10钢筋吊环,双向中距≤1500 mm	m²	435.7641

8.3 外墙保温层的工程量计算

通过本节的学习,你将能够:
(1)定义外墙保温层;
(2)统计外墙保温层的工程量。

一、任务说明
完成各楼层外墙保温层的工程量。

二、任务分析
①地上外墙与地下部分保温层的做法有何不同?
②保温层增加后是否会影响外墙装修的工程量计算?

三、任务实施

1)分析图纸

分析建施-01中"(六)墙体设计"可知,外墙外侧做50 mm厚保温层。

2)清单、定额计算规则学习

(1)清单计算规则学习

外墙保温层清单计算规则,见表8.10。

表8.10 外墙保温层清单计算规则

编号	项目名称	单位	计算规则
011204003	块料墙面(外墙1)	m²	按镶贴表面积计算
011204001	石材墙面(外墙2)	m²	按镶贴表面积计算
011407001	墙面喷刷涂料(外墙3)	m²	按设计图示尺寸以面积计算

(2)定额计算规则学习

外墙保温层定额计算规则,见表8.11。

表8.11 外墙保温层定额计算规则

编号	项目名称	单位	计算规则
LB0042	墙面贴面砖 水泥砂浆粘贴 周长450 mm以内 灰缝5 mm	m²	按设计图示尺寸以面积计算,扣除门窗洞口以及面积>0.3 m²梁、孔洞所占面积;门窗洞口侧壁以及与墙相连的柱,并入保温墙体工程量内
AM0012	墙面、墙裙水泥砂浆抹灰 混凝土墙 外墙 湿拌商品砂浆	m²	按设计结构面积(有保温、隔热、防潮层者按其外表面尺寸)以"m²"计算。应扣除门窗洞口、外墙裙(墙面与墙裙抹灰种类相同者应合并计算)和单个面积大于0.3 m²的孔洞所占面积,不扣除单个面积在0.3 m²以内的孔洞所占面积,门窗洞口及孔洞的侧壁、顶面(底面)面积亦不增加
AM0032	其他砂浆 刷界面剂一遍 混凝土基层	m²	按设计结构面积(有保温、隔热、防潮层者按其外表面尺寸)以"m²"计算。应扣除门窗洞口、外墙裙(墙面与墙裙抹灰种类相同者应合并计算)和单个面积大于0.3 m²的孔洞所占面积,不扣除单个面积在0.3 m²以内的孔洞所占面积,门窗洞口及孔洞的侧壁、顶面(底面)面积亦不增加
KB0081	外墙外保温 聚苯乙烯板 厚度50 mm	m²	按设计图示面积以"m²"计算,扣除门窗洞口以及单个面积大于0.3 m²梁、孔洞等所占的面积,门窗洞口侧壁以及与墙相连的柱,并入墙体保温工程量内。其中,外墙外保温长度按隔热层中心线长度计算;外墙内保温长度按隔热层净长度计算
LB0064	干挂石材、面砖基层 金属骨架 墙面	m²	按设计饰面层实铺面积以"m²"计算,龙骨、基层按饰面面积以"m²"计算,应扣除门窗洞口和单个面积>0.3 m²的空圈所占的面积,不扣除单个面积在0.3 m²以内的孔洞所占的面积
LB0026	挂贴装饰石材 墙面	m²	按设计饰面层实铺面积以"m²"计算,龙骨、基层按饰面面积以"m²"计算,应扣除门窗洞口和单个面积>0.3 m²的空圈所占的面积,不扣除单个面积在0.3 m²以内的孔洞所占的面积
LE0184	外墙涂料 抹灰面	m²	按设计结构面积(有保温、隔热、防潮层者按其外表面尺寸)以"m²"计算。应扣除门窗洞口、外墙裙(墙面与墙裙抹灰种类相同者应合并计算)和单个面积>0.3 m²的孔洞所占面积,不扣除单个面积在0.3 m²以内的孔洞所占的面积,门窗洞口及孔洞的侧壁、顶面(底面)面积亦不增加
AM0011	墙面、墙裙水泥砂浆抹灰 混凝土墙 外墙 干混商品砂浆	m²	按设计结构面积(有保温、隔热、防潮层者按其外表面尺寸)以"m²"计算。应扣除门窗洞口、外墙裙(墙面与墙裙抹灰种类相同者应合并计算)和单个面积>0.3 m²的孔洞所占的面积,不扣除单个面积在0.3 m²以内的孔洞所占的面积,门窗洞口及孔洞的侧壁、顶面(底面)面积亦不增加

3)属性定义和绘制

新建外墙面,其属性定义如图8.15—图8.17所示。

图8.15

图8.16

图8.17

用"点"功能绘制时,在外墙外侧单击鼠标左键即可,如图8.18所示。或者选择"智能布置"→"外墙外边线",即可完成外墙面绘制。

图 8.18

选择④~⑤轴的外墙面 1,修改起点和终点的底标高为"3.4",如图 8.19 所示。

图 8.19

外墙面 2 的操作方法同外墙面 1,布置位置同外墙面 1。

选择④~⑤轴的外墙面 2,修改起点和终点的顶标高为"3.4"(因为已经绘制了外墙面 1 和外墙面 2,所以可以在三维状态下选中外墙面2),如图8.20所示。

图8.20

外墙面3的绘制,如图8.21所示。

图8.21

题思考

外墙保温层增加后是否影响建筑面积的计算?

评价反馈

序号	评价项目	评价标准	满分	评价			综合评分
				自评	互评	师评	
1	楼地面	(1)楼地面属性定义正确； (2)楼地面做法套用正确； (3)楼地面的工程量计算正确。	10				
2	踢脚	(1)踢脚属性定义正确； (2)踢脚做法套用正确； (3)踢脚的工程量计算正确。	10				
3	内墙面	(1)内墙面属性定义正确； (2)内墙面做法套用正确； (3)内墙面的工程量计算正确。	10				
4	天棚	(1)天棚属性定义正确； (2)天棚做法套用正确； (3)天棚的工程量计算正确。	10				
5	吊顶	(1)吊顶属性定义正确； (2)吊顶做法套用正确； (3)吊顶的工程量计算正确。	10				
6	墙裙	(1)墙裙属性定义正确； (2)墙裙做法套用正确； (3)墙裙的工程量计算正确。	10				
7	房间	(1)根据案例图纸,正确创建每层房间； (2)所有楼层房间绘制方法选择及绘制操作正确；	15				
8	外墙保温层	(1)外墙保温层属性定义正确； (2)外墙保温层做法套用正确； (3)外墙保温层绘制方法选择及绘制操作正确； (4)外墙保温层工程量计算正确。	15				
9	工作过程	(1)遵守纪律,按时提交工作成果； (2)乐学善学,具备自主学习能力； (3)求真务实,实践中国工匠精神； (4)团结协作,积极参与小组活动； (5)与时俱进,创新智慧领航前行。	10				
小计			100				

自我总结

请针对任务的完成情况,对相关知识点与技能点、知识难点与重点、工作流程与方法、自我感受等内容进行梳理与总结。

9 零星及其他工程量计算

通过本章的学习,你将能够:

(1)掌握建筑面积、平整场地的工程量计算;

(2)掌握挑檐、雨篷的工程量计算;

(3)掌握台阶、散水及栏杆的工程量计算。

9.1 建筑面积、平整场地的工程量计算

通过本节的学习,你将能够:

(1)依据定额和清单分析建筑面积、平整场地的工程量计算规则;

(2)定义建筑面积、平整场地的属性及做法套用;

(3)绘制建筑面积、平整场地;

(4)统计建筑面积、平整场地工程量。

一、任务说明

①完成建筑面积、平整场地的属性定义、做法套用及图元绘制。

②汇总计算,统计首层建筑面积、平整场地工程量。

二、任务分析

①首层建筑面积中门厅外雨篷的建筑面积应如何计算? 工程量表达式作何修改?

②与建筑面积相关的综合脚手架如何套用清单定额?

③平整场地的工程量计算如何定义? 此任务中应选用地下一层还是首层的建筑面积?

三、任务实施

1)分析图纸

分析首层平面图可知,本层建筑面积分为楼层建筑面积和雨篷建筑面积两部分。平整场地的面积为建筑物首层建筑面积。

2)清单、定额计算规则学习

(1)清单计算规则学习

清单计算规则,见表9.1。

表9.1 平整场地清单计算规则

编号	项目名称	单位	计算规则
010101001	平整场地	m²	按设计图示尺寸以建筑物首层建筑面积计算
011701001	综合脚手架	m²	按建筑面积计算
011703001	垂直运输	m²	按建筑面积计算

（2）定额计算规则学习

定额计算规则，见表9.2。

表9.2 平整场地定额计算规则

编号	项目名称	单位	计算规则
AA0023	机械平整场地	m²	按设计图示尺寸以建筑物首层建筑面积计算
AP0007	多层建筑综合脚手架 檐口高度20 m以内	m²	按建筑面积及附加面积之和以"m²"计算
AP0045	垂直运输	m²	按综合脚手架面积计算

3）属性定义

（1）建筑面积的属性定义

在导航树中选择"其他"→"建筑面积"，在"构件列表"中选择"新建"→"新建建筑面积"，在属性编辑框中输入相应的属性值，如图9.1所示。

（2）平整场地的属性定义

在导航树中选择"其他"→"平整场地"，在"构件列表"中选择"新建"→"新建平整场地"，在属性编辑框中输入相应的属性值，如图9.2所示。

图9.1

图9.2

4）做法套用

①建筑面积的做法套用，如图9.3所示。

	编码	类别	名称	项目特征	单位	工程量表达式	表达式说明
1	⊟ 011701001	项	综合脚手架	1.建筑结构形式:框架结构 2.檐口高度:14.85m	m2	MJ	MJ<面积>
2	AP0007	定	多层建筑综合脚手架 檐高(m)20以内		m2	ZHJSJMJ	ZHJSJMJ<综合脚手架面积>
3	⊟ 011703001	项	垂直运输	1.建筑物建筑类型及结构形式:框架结构 2.建筑面积:地下1层,地上4层 3.建筑物檐口高度、层数:14.85m	m2	MJ	MJ<面积>
4	AP0045	定	多、高层 檐高(m以内) 30		m2	ZHJSJMJ	ZHJSJMJ<综合脚手架面积>

图9.3

②平整场地的做法在首层建筑面积中套用,如图9.4所示。

编码	类别	名称	项目特征	单位	工程量表达式	表达式说明
1 □ 010101001	项	平整场地	1.土壤类别:三类土	m2	MJ	MJ<面积>
2 AA0023	定	机械平整场地		m2	MJ	MJ<面积>

图9.4

5)画法讲解

(1)建筑面积绘制

建筑面积属于面式构件,可以点绘制,也可以直线、画弧、画圆、画矩形绘制。注意本工程中飘窗部分不计算建筑面积,转角窗和雨篷部分计算半面积。下面以直线绘制为例。

①在进行全面积建筑面积JZMJ-1绘制时,可沿着建筑外墙外边线往外扩50 mm进行绘制(因为保温层厚度50 mm),形成封闭区域,单击鼠标右键即可。

②在进行半面积建筑面积JZMJ-2绘制时,转角窗部位的建筑面积同样沿着外墙外边线往外扩50 mm进行直线绘制,雨篷部位的建筑面积沿着雨篷边线进行绘制即可,如图9.5所示。

图9.5

(2)平整场地绘制

平整场地绘制同建筑面积,平整场地的面积为首层建筑面积,如图9.6所示。

图9.6

四、任务结果

汇总计算,统计建筑面积、平整场地的工程量,见表9.3。

表9.3 建筑面积、平整场地清单定额工程量

编码	项目名称	单位	工程量明细
011701001001	综合脚手架 [项目特征] (1)建筑结构形式:框架结构 (2)檐口高度:14.85 m	m²	3096.847
AP0007	多层建筑综合脚手架 檐高(20 m以内)	100 m²	30.96847
011703001001	垂直运输 [项目特征] (1)建筑物建筑类型及结构形式:框架结构 (2)建筑面积:地下1层,地上4层 (3)建筑物檐口高度、层数:14.85 m	m²	3096.847
AP0045	多、高层 檐高(30 m以内)	100 m²	30.96847
010101001001	平整场地 [项目特征] 土壤类别:三类土	m²	644.6842
AA0023	平整场地 机械	m²	644.6842

五、总结拓展

①平整场地习惯上是计算首层建筑面积,但是地下室建筑面积大于首层建筑面积时,平整场地以地下室为准。

②当一层建筑面积计算规则不一样时,有几个区域就要建立几个建筑面积属性。

问题思考

(1)平整场地与建筑面积属于面式图元,与用直线绘制其他面式图元有什么区别? 需要注意哪些问题?

(2)平整场地与建筑面积绘制图元的范围是一样的,计算结果是否有区别?

(3)工程中转角窗处的建筑面积是否按全面积计算?

平整场地、建筑
面积工程量计算

9.2 首层挑檐、雨篷的工程量计算

通过本节的学习,你将能够:

(1)依据定额和清单分析首层挑檐、雨篷的工程量计算规则;

(2)定义首层挑檐、雨篷;

(3)绘制首层挑檐、雨篷;

(4)统计首层挑檐、雨篷的工程量。

一、任务说明

①完成首层挑檐、雨篷的属性定义、做法套用及图元绘制。

②汇总计算，统计首层挑檐、雨篷的工程量。

二、任务分析

①首层挑檐涉及哪些构件？如何分析这些构件的图纸？如何计算这些构件的钢筋工程量？这些构件的做法都一样吗？工程量表达式如何选用？

②首层雨篷是一个室外构件，为什么要一次性将清单及定额做完？做法套用分别都是些什么？工程量表达式如何选用？

三、任务实施

1)分析图纸

分析结施-10,可以从板平面图中得到飘窗处飘窗板的剖面详图信息,本层的飘窗板是一个异形构件,可以采用挑檐来计算这部分的钢筋和土建工程量。

分析建施-01,雨篷属于玻璃钢雨篷,面层是玻璃钢,底层为钢管网架,属于成品,由厂家直接定做安装。

2)清单、定额计算规则学习

(1)清单计算规则学习

挑檐(飘窗板)、雨篷清单计算规则,见表9.4。

表9.4 挑檐、雨篷清单计算规则

编号	项目名称	单位	计算规则
010505008	雨篷、悬挑板、阳台板	m³	按设计图示尺寸以墙外部分体积计算。包括伸出墙外的牛腿和雨篷反挑檐的体积
011702023	雨篷、悬挑板、阳台板	m²	按图示外挑部分尺寸的水平投影面积计算,挑出墙外的悬臂梁及板边不另计算
010607003	成品雨篷	m/m²	以m计量,按设计图示接触边以"m"计算 以m²计量,按设计图示尺寸以展开面积计算

(2)定额计算规则(部分)学习

挑檐(飘窗板)、雨篷定额计算规则(部分),见表9.5。

表9.5 挑檐、雨篷定额计算规则（部分）

编号	项目名称	单位	计算规则
AE0089	悬挑板 商品砼	10 m²	雨篷(悬挑板)按水平投影面积以"m²"计算,挑梁、边梁的工程量并入折算体积内 挑出梁柱、墙外宽度大于500 mm的线(角)、板(包含空调板、阳光窗、雨篷),执行悬挑板定额子目 混凝土结构施工中,三面挑出墙(柱)外的阳台板(包边梁、挑梁),执行悬挑板定额子目
AE0164	现浇混凝土模板 悬挑板 直形	100 m²	现浇混凝土悬挑板、雨篷、阳台,按图示外挑部分的水平投影面积以"m²"计算,挑出墙外的悬臂梁及板边不另计算
AF0115	成品雨篷安装	m	按设计图示接触边长度以延长米计算

3)挑檐、雨篷的属性定义

(1)挑檐的属性定义

在导航树中选择"其他"→"挑檐",在"构件列表"中选择"新建"→"新建线式异形挑檐",新建1—1剖面飘窗板,根据图纸中的尺寸标注,在弹出的"异形截面编辑器"中,将飘窗板的截面绘制好,如图9.7所示。

图9.7

单击"确定"按钮,在属性编辑框中输入相应的属性值,如图9.8所示。

在"截面编辑"中完成钢筋信息的编辑,如图9.9所示。

图9.8

图9.9

（2）雨篷的属性定义

因为该工程的雨篷为成品雨篷,可灵活采用"自定义面"的方式计算雨篷的工程量。在导航树中选择"自定义"→"自定义面",在"构件列表"中选择"新建"→"新建自定义面",在属性编辑框中输入相应的属性值,如图9.10所示。

	属性名称	属性值
1	名称	成品雨篷
2	构件类型	自定义面
3	厚度(mm)	100
4	混凝土强度等级	(C30)
5	顶标高(m)	3.4
6	备注	

图9.10

4)做法套用

①挑檐(飘窗板)的做法套用与现浇板有所不同,主要有以下几个方面,如图9.11所示。

	编码	类别	名称	项目特征	单位	工程量表达式	表达式说明
1	⊟ 010505008	项	雨篷、悬挑板、阳台板	[项目特征] 1.混凝土种类:商品砼 2.混凝土强度等级:C30 3.折算厚度:100 4.部位:飘窗板	m3	TJ	TJ<体积>
2	AE0089	定	悬挑板 商品砼		m2	TYMJ	TYMJ<投影面积>
3	AE0117	定	砼泵输送砼 输送泵车排除量(m3/h)60		m3	TJ	TJ<体积>
4	⊟ 011702023	项	雨篷、悬挑板、阳台板	1.支撑高度:3.6m以下 2.部位:飘窗板	m2	TYMJ	TYMJ<投影面积>
5	AE0164	定	现浇混凝土模板 悬挑板 直形		m2	TYMJ	TYMJ<投影面积>

图9.11

②雨篷的做法套用,如图9.12所示。

	编码	类别	名称	项目特征	单位	工程量表达式	表达式说明
1	⊟ 010607003001	项	成品雨篷	1.材料品种、规格:玻璃钢雨篷,面层是玻璃钢,底层为钢管网架,属于成品,由厂家直接定做安装 2.雨篷宽度:3.85m	m2	MJ	MJ<面积>
2	LF0140	定	雨篷面层安装 玻璃点支式安装		m2	MJ	MJ<面积>

图9.12

5)挑檐、雨篷绘制

（1）直线绘制挑檐(飘窗板)

首先根据图纸尺寸做好辅助轴线,单击"直线"命令,再左键单击起点与终点即可绘制挑檐(飘窗板),如图9.13所示。或者采用"Shift+左键"的方式进行偏移绘制直线。

图9.13

（2）直线绘制雨篷

首先根据图纸尺寸做好辅助轴线,或者用"Shift+左键"的方法绘制雨篷,如图9.14所示。

图9.14

四、任务结果

汇总计算,统计本层挑檐(飘窗板)、雨篷的清单定额工程量,见表9.6。

表9.6 挑檐(飘窗板)、雨篷的清单定额工程量

编码	项目名称	单位	工程量明细
010505008002	雨篷、悬挑板、阳台板 [项目特征] (1)混凝土种类:商品混凝土 (2)混凝土强度等级:C30 (3)折算厚度:100 (4)部位:飘窗板	m^3	2.516
AE0089	悬挑板 商品混凝土	$10 m^2$	0.816
AE0117	混凝土泵输送混凝土 输送泵车排除量(60 m^3/h)	$100 m^3$	0.02516
011702023002	雨篷、悬挑板、阳台板 [项目特征] (1)支撑高度:3.6 m以下 (2)部位:飘窗板	m^2	8.16
AE0164	现浇混凝土模板 悬挑板 直形	$100 m^2$	0.0816
010607003001	成品雨篷	m^2	27.72
LF0140	雨篷面层安装 玻璃点支式安装	$10 m^2$	2.772

五、总结拓展

①挑檐既属于线性构件也属于面式构件,因此挑檐直线绘制的方法与线性构件一样。

②砌体墙与挑檐(飘窗板)无法扣减。通过挑檐计算飘窗板及根部构件的土建及钢筋工程量时,会因

图9.15

无扣减关系导致砌体墙工程量错误,故本工程可将飘窗板部位的墙体打断,通过绘制虚墙连接,如图9.15所示。

③雨篷的形式不一样,所采用的计算方式也不一样。

问题思考

(1)若不使用辅助轴线,怎样才能快速绘制上述挑檐?

(2)如果采用现浇混凝土雨篷,该如何绘制雨篷?

9.3 台阶、散水、栏杆的工程量计算

通过本节的学习,你将能够:

(1)依据定额和清单分析首层台阶、散水、栏杆的工程量计算规则;

(2)定义台阶、散水、栏杆的属性;

(3)绘制台阶、散水、栏杆;

(4)统计台阶、散水、栏杆的工程量。

一、任务说明

①完成台阶、散水、栏杆的属性定义、做法套用及图元绘制。

②汇总计算,统计台阶、散水、栏杆的工程量。

二、任务分析

①台阶的尺寸能够从哪个图中什么位置找到? 都有哪些工作内容? 如何套用清单定额?

②散水的尺寸能够从哪个图中什么位置找到? 都有哪些工作内容? 如何套用清单定额?

③栏杆的尺寸能够从哪个图中什么位置找到? 都有哪些工作内容? 如何套用清单定额?

三、任务实施

1)图纸分析

结合建施-04,可以从平面图中得到台阶、散水、栏杆的信息。本层台阶、散水、栏杆的截面尺寸如下:

①台阶的踏步宽度为300 mm, 踏步个数为3, 顶标高为±0.000。

②散水的宽度为900 mm, 沿建筑物周围布置, 底标高为-0.45-0.06=-0.51 m。

③由平面图可知, 阳台栏杆为900 mm高的不锈钢栏杆。

④由二、四层平面图可知, 走廊栏杆为900 mm高玻璃栏板。

⑤从建施-13剖面图可知, 楼梯栏杆为1050 mm高铁栏杆带木扶手。

结合建施-12,可以从散水做法详图和台阶做法详图中得到以下信息:

①台阶做法:

a.20 mm厚花岗岩板铺面;

b.素水泥面;

c.30 mm厚1:4硬性水泥砂浆黏结层;

d.素水泥浆一道;

e.100 mm厚C15混凝土;

f.300 mm厚3:7灰土垫层分两步夯实;

g.素土夯实。

②散水做法：

a.60 mm厚C15细石混凝土面层；

b.150 mm厚3∶7灰土宽出面层300 mm；

c.素土夯实，向外坡4%。散水宽度为900 mm，沿建筑物周围布置，沥青砂浆伸缩缝。

2)清单、定额计算规则学习

(1)清单计算规则学习

台阶、散水、栏杆清单计算规则，见表9.7。

表9.7　台阶、散水、栏杆清单计算规则

编号	项目名称	单位	计算规则
010507004	台阶	m²/m³	(1)以m²计量,按设计图示尺寸水平投影面积计算 (2)以m³计量,按设计图示尺寸以体积计算
011107001	石材台阶面	m²	以m²计量,按设计图示尺寸水平投影面积计算
011702027	台阶	m²	按图示台阶水平投影面积计算,台阶端头两侧不另计算模板面积。架空式混凝土台阶,按现浇楼梯计算
010507001	散水、坡道	m²	按设计图示尺寸以水平投影面积计算
011702029	散水	m²	按模板与散水的接触面积计算
011503001	金属扶手、栏杆、栏板	m	按设计图示尺寸以长度计算

(2)定额计算规则学习

台阶、散水、栏杆定额计算规则，见表9.8。

表9.8　台阶、散水、栏杆定额计算规则

编号	项目名称	单位	计算规则
AK0095	平面防腐 水玻璃耐酸胶泥 铺砌厚度80 mm 花岗石板 500 mm×400 mm×80 mm	100 m²	按设计图示尺寸面积计算
AL0002	水泥砂浆找平层 厚度20 mm 在混凝土或硬基层上 干混商品砂浆	100 m²	按设计图示尺寸面积计算
AL0021	人工拉毛 水泥砂浆	100 m²	按设计图示尺寸面积计算
AE0108	台阶 商品混凝土	10 m³	按实体体积以"m³"计算,台阶与平台相连接时,应算至最上层踏步外沿加300 mm
AE0170	现浇混凝土模板 台阶	100 m²	按设计图示台阶的水平投影面积计算
AE0102	混凝土排水坡 商品混凝土 厚度60 mm	100 m²	按设计图示水平投影面积计算
AD0229	垫层 砂	10 m³	按设计图示体积以"m³"计算
AE0002	楼地面垫层 商品混凝土	10 m³	按设计图示体积以"m³"计算
AA0116	人工室内地坪回填 夯填土方	100 m³	面积乘以回填厚度以"m³"计算
LF0059	不锈钢管栏杆 直形 竖条式	m	按设计图示尺寸以长度计算
LF0074	不锈钢扶手 直形 φ60	m	按设计图示尺寸以长度计算
LF0066	铁花栏杆 型钢	m	按设计图示尺寸以长度计算
LF0087	硬木扶手 直形	m	按设计图示尺寸以长度计算

编号	项目名称	单位	计算规则
LF0100	不锈钢栏杆 玻璃栏板 全玻	m	按设计图示尺寸以长度计算
LF0081	铜管扶手 直形 ϕ60	m	按设计图示尺寸以长度计算

3)台阶、散水、栏杆的属性定义

（1）台阶的属性定义

在导航树中选择"其他"→"台阶"，在"构件列表"中选择"新建"→"新建台阶"，新建室外台阶，根据建施-12中台阶的尺寸标注，在属性编辑框中输入相应的属性值，如图9.16所示。

（2）散水的属性定义

在导航树中选择"其他"→"散水"，在"构件列表"中选择"新建"→"新建散水"，新建散水，根据散水图纸中的尺寸标注，在属性编辑框中输入相应的属性值，如图9.17所示。

（3）栏杆的属性定义

在导航树中选择"其他"→"栏杆扶手"，在"构件列表"中选择"新建"→"新建栏杆扶手"，新建"900高不锈钢栏杆护窗栏杆扶手"，根据图纸中的尺寸标注，在属性编辑框中输入相应的属性值，如图9.18所示。走廊栏杆扶手、楼梯栏杆扶手的属性如图9.19—图9.20所示。

	属性名称	属性值
1	名称	室外台阶
2	台阶高度(mm)	450
3	踏步高度(mm)	150
4	材质	商品混凝土
5	混凝土类型	(特细砂塑性混凝土(坍落...
6	混凝土强度等级	C15
7	顶标高(m)	0

图9.16

属性列表

	属性名称	属性值
1	名称	SS-1
2	厚度(mm)	60
3	材质	商品混凝土
4	混凝土类型	(特细砂塑性混凝土(坍落...
5	混凝土强度等级	C15
6	底标高(m)	-0.51

图9.17

	属性名称	属性值
1	名称	900高不锈钢栏杆扶手(护窗...
2	材质	金属
3	类别	栏杆扶手
4	扶手截面形状	圆形
5	扶手半径(mm)	25
6	栏杆截面形状	圆形
7	栏杆半径(mm)	25
8	高度(mm)	900
9	间距(mm)	110
10	起点底标高(m)	0
11	终点底标高(m)	0

图9.18

属性列表　图层管理

	属性名称	属性值
1	名称	900高玻璃栏板(走廊栏杆扶手)
2	材质	玻璃
3	类别	栏杆扶手
4	扶手截面形状	圆形
5	扶手半径(mm)	30
6	高度(mm)	900
7	起点底标高(m)	3.9
8	终点底标高(m)	3.9

图9.19

属性列表　图层管理

	属性名称	属性值
1	名称	1050高不锈钢栏杆扶手（楼梯栏杆）
2	材质	金属
3	类别	栏杆扶手
4	扶手截面形状	圆形
5	扶手半径(mm)	25
6	栏杆截面形状	矩形
7	栏杆截面宽度(..	20
8	栏杆截面高度(..	20
9	高度(mm)	1050
10	间距(mm)	110
11	起点底标高(m)	0
12	终点底标高(m)	1.95

图9.20

4)做法套用

①台阶的做法套用,如图9.21所示。

	编码	类别	名称	项目特征	单位	工程量表达式	表达式说明
1	⊟ 010507004	项	台阶	1、100厚C15混凝土,台阶面向外坡1% 2、300厚3:7灰土垫层分两步夯实 3、素土夯实	m2	TJ	TJ<体积>
2	AE0108	定	台阶 商品砼		m3	MJ*0.12	MJ<台阶整体水平投影面积>*0.12
3	AD0229	定	垫层 砂		m3	MJ*0.28	MJ<台阶整体水平投影面积>*0.28
4	⊟ 011107001	项	石材台阶面	1、20厚花岗岩板铺面,正、背面及四周边满涂防污剂,稀水泥浆擦缝 2、撒素水泥面(洒适量清水) 3、30厚1:4硬性水泥砂浆粘结层 4、素水泥浆一道(内掺建筑胶)	m2	TBKLMCMJ	TBKLMCMJ<踏步块料面层面积>
5	LA0066	定	台阶石材面层 水泥砂浆(花岗石板 500×400×80)		m2	TBKLMCMJ	TBKLMCMJ<踏步块料面层面积>
6	AL0002	定	水泥砂浆找平层 厚度20mm 在砼或硬基层上 干混商品砂浆		m2	TBKLMCMJ	TBKLMCMJ<踏步块料面层面积>
7	AL0021	定	人工拉毛 水泥砂浆		m2	TBKLMCMJ	TBKLMCMJ<踏步块料面层面积>
8	⊟ 011102001	项	石材楼地面	1、20厚花岗岩板铺面,正、背面及四周边满涂防污剂,稀水泥浆擦缝 2、撒素水泥面(洒适量清水) 3、30厚1:4硬性水泥砂浆粘结层 4、素水泥浆一道(内掺建筑胶)	m2	PTSPTYMJ	PTSPTYMJ<平台水平投影面积>
9	LA0001	定	石材楼地面 周长3200mm以内 (花岗石板 500×400×80)		m2	PTSPTYMJ	PTSPTYMJ<平台水平投影面积>
10	AL0002	定	水泥砂浆找平层 厚度20mm 在砼或硬基层上 干混商品砂浆		m2	PTSPTYMJ	PTSPTYMJ<平台水平投影面积>
11	AL0021	定	人工拉毛 水泥砂浆		m2	PTSPTYMJ	PTSPTYMJ<平台水平投影面积>
12	⊟ 011702027	项	台阶	1.模板类型:复合模板	m2	MJ	MJ<台阶整体水平投影面积>
13	AE0170	定	现浇混凝土模板 台阶		m2	MJ	MJ<台阶整体水平投影面积>

图9.21

②散水的做法套用,如图9.22所示。

	编码	类别	名称	项目特征	单位	工程量表达式	表达式说明
1	⊟ 010507001	项	散水、坡道	[项目特征] 1、60厚C15细石混凝土面层,撒1:1水泥砂子压实赶光(宽900mm) 2、150厚3:7灰土宽出面层300,(宽1200mm)。 3、素土夯实,向外坡4%	m2	MJ	MJ<面积>
2	AE0102	定	砼排水坡 商品砼 厚度60mm		m2	MJ	MJ<面积>
3	AD0229	定	垫层 砂		m3	MJ*(1200/900)*0.15	MJ<面积>*(1200/900)*0.15
4	⊟ 011702029	项	散水		m2	MBMJ	MBMJ<模板面积>
5	AE0118	定	现浇混凝土模板 基础垫层		m2	MBMJ	MBMJ<模板面积>

图9.22

③不锈钢栏杆(阳台护窗栏杆)的做法套用,如图9.23所示。

	编码	类别	名称	项目特征	单位	工程量表达式	表达式说明
1	⊟ 011503001	项	金属扶梯、栏杆(护窗栏杆)	1.材质:不锈钢栏杆 2.规格:900高 3.D=50不锈钢扶手	m	CD	CD<长度(含弯头)>
2	LF0059	定	不锈钢管栏杆 直形 竖条式		m	CD	CD<长度(含弯头)>
3	LF0074	定	不锈钢扶手 直形 φ50		m	CD	CD<长度(含弯头)>

图9.23

④玻璃栏板(走廊栏杆)的做法套用,如图9.24所示。

	编码	类别	名称	项目特征	单位	工程量表达式	表达式说明
1	⊟ 011503001	项	金属扶手、栏杆、栏板(走廊栏板)	[项目特征] 1.材质:玻璃栏板 2.规格:900mm高 3.D=60CM铜管扶手	m	CD	CD<长度(含弯头)>
2	LF0100	定	不锈钢栏杆 玻璃栏板 全玻		m	CD	CD<长度(含弯头)>
3	LF0081	定	铜管扶手 直形 φ60		m	CD	CD<长度(含弯头)>

图9.24

⑤铁栏杆(楼梯栏杆)的做法套用,如图9.25所示。也可在楼梯中进行楼梯栏杆工程量计算,参考"3.7楼梯工程量计算"中的做法套用。

	编码	类别	名称	项目特征	单位	工程量表达式	表达式说明
1	⊟ 011503001	项	金属扶手、栏杆、栏板(楼梯间栏杆)	1.材质:铁栏杆 2.规格:1050mm高 3.木扶手	m	CD	CD<长度(含弯头)>
2	LF0066	定	铁花栏杆 型钢		m	CD	CD<长度(含弯头)>
3	LF0087	定	硬木扶手 直形		m	CD	CD<长度(含弯头)>

图9.25

5)台阶、散水、栏杆画法讲解

(1)绘制台阶

台阶属于面式构件,因此可以直线绘制、三点画弧,也可以点绘制,这里用直线和三点画弧绘制法。首先做好辅助轴线,根据建施-04,然后选择"直线"和"三点画弧"命令,单击交点形成闭合区域即可绘制台阶轮廓,单击"设置踏步边",用鼠标左键单击下方水平轮廓线,右键弹出"设置踏步边"窗口,输入踏步个数为3,踏步宽度为300 mm,如图9.26所示。

图9.26

(2)智能布置散水

散水同样属于面式构件,因此可以直线绘制也可以点绘制,这里用智能布置比较简单。选择"智能布置"→"外墙外边线",在弹出的对话框中输入"900",单击鼠标右键确定即可。根据图纸分析,可知排烟竖井和采光竖井处无散水,需采用"修改"→"分割"功能将排烟竖井和采光竖井处的散水进行分割后删除,完成后如图9.27所示。

图 9.27

（3）直线布置栏杆

栏杆同样属于线式构件，因此可以直线绘制。依据图纸位置和尺寸，绘制直线，单击鼠标右键确定即可，阳台护窗栏杆扶手、走廊栏杆扶手、楼梯栏杆扶手绘制完成如图 9.28—图 9.30 所示。

图 9.28

图 9.29

图 9.30

四、任务结果

汇总计算,统计台阶、散水、栏杆的清单定额工程量,见表9.9。

表9.9 台阶、散水、栏杆的清单定额工程量

编码	项目名称	单位	工程量
010507001001	散水、坡道 [项目特征] (1)60 mm厚C15细石混凝土面层,撒1:1水泥砂子压实赶光(宽900 mm) (2)150 mm厚3:7灰土宽出面层300(宽1200 mm) (3)素土夯实,向外坡4%	m²	90.1604
AE0102	混凝土排水坡 商品混凝土 厚度60 mm	100 m²	0.901604
AD0229	垫层 砂	10 m³	1.80321
011702029001	散水	m²	12.657
AE0118	现浇混凝土模板 基础垫层	100 m²	0.12657
010507004001	台阶 [项目特征] (1)20 mm厚花岗岩板铺面,正、背面及四周边满涂防污剂,稀水泥浆擦缝 (2)撒素水泥面(洒适量清水) (3)30 mm厚1:4干硬性水泥砂浆黏结层 (4)素水泥浆一道(内掺建筑胶) (5)100厚C15混凝土,台阶面向外坡1% (6)300 mm厚3:7灰土垫层分两步夯实 (7)素土夯实	m²	7.68
AL0002	水泥砂浆找平层 厚度20 mm 在混凝土或硬基层上 干混商品砂浆	100 m²	0.0768
AL0021	人工拉毛 水泥砂浆	100 m²	0.0768
AK0095	平面防腐 水玻璃耐酸胶泥 铺砌厚度80 mm 花岗石板 500 mm×400 mm×80 mm	100 m²	0.0768
AE0108	台阶 商品混凝土	10 m³	0.42001
AD0229	垫层 砂	10 m³	0.98002
011107001001	石材台阶面 [项目特征] (1)20 mm厚花岗岩板铺面,正、背面及四周边满涂防污剂,稀水泥浆擦缝 (2)撒素水泥面(洒适量清水) (3)30 mm厚1:4干硬性水泥砂浆黏结层 (4)素水泥浆一道(内掺建筑胶) (5)100 mm厚C15混凝土,台阶面向外坡1% (6)300 mm厚3:7灰土垫层分两步夯实 (7)素土夯实	m²	27.3207
AE0002	楼地面垫层 商品混凝土	10 m³	0.27321
AL0002	水泥砂浆找平层 厚度20 mm 在混凝土或硬基层上 干混商品砂浆	100 m²	0.273207
AL0021	人工拉毛 水泥砂浆	100 m²	0.273207
AK0095	平面防腐 水玻璃耐酸胶泥 铺砌厚度80 mm 花岗石板 500 mm×400 mm×80 mm	100 m²	0.273207
AA0116	人工室内地坪回填 夯填土方	100 m³	0.081962
011702027001	台阶	m²	35.0007

续表

编码	项目名称	单位	工程量
AE0170	现浇混凝土模板 台阶	100 m²	0.350007
011503001001	金属扶手、栏杆、栏板(走廊栏板) [项目特征] (1)材质:玻璃栏板 (2)规格:900 mm高 (3)D=60 cm铜管扶手	m	14.2
LF0081	铜管扶手 直形 φ60	10 m	1.42
LF0100	不锈钢栏杆 玻璃栏板 全玻	10 m	1.42
011503001002	金属扶梯、栏杆(护窗栏杆) [项目特征] (1)材质:不锈钢栏杆 (2)规格:900 mm高 (3)D=50 cm不锈钢扶手	m	80.0512
LF0059	不锈钢管栏杆 直形 竖条式	10 m	8.00512
LF0074	不锈钢扶手 直形 φ60	10 m	8.00512
011503001003	金属扶手、栏杆、栏板(楼梯间栏杆) [项目特征] (1)材质:铁栏杆 (2)规格:1050 mm高 (3)木扶手	m	36.6156
LF0066	铁花栏杆 型钢	10 m	3.66156
LF0087	硬木扶手 直形	10 m	3.66156

五、总结拓展

①台阶绘制后,还要根据实际图纸设置台阶起始边。

②台阶属性定义只给出台阶的顶标高。

③如果在封闭区域,台阶也可以使用点绘制。

④栏杆还可以采用智能布置的方式绘制。

问题思考

(1)智能布置散水的前提条件是什么?

(2)表9.9中散水的工程量是最终工程量吗?

(3)散水与台阶相交时,软件会自动扣减吗?若扣减,谁的级别大?

(4)台阶、散水、栏杆在套用清单与定额时,与主体构件有哪些区别?

台阶、散水、栏杆的工程量计算

评价反馈

序号	评价项目	评价标准	满分	评价			综合评分
				自评	互评	师评	
1	建筑面积、平整场地	（1）建筑面积、平整场地的属性定义、做法套用正确； （2）建筑面积、平整场地的绘制方法选择及绘制操作正确； （3）建筑面积、平整场地的工程量计算正确。	20				
2	挑檐、雨篷	（1）挑檐、雨篷属性的定义、做法套用正确； （2）挑檐、雨篷的绘制方法选择及绘制操作正确； （3）挑檐、雨篷的工程量计算正确。	25				
3	台阶、散水	（1）台阶、散水属性的定义、做法套用正确； （2）台阶、散水的绘制方法选择及绘制操作正确； （3）台阶、散水的工程量计算正确。	25				
4	栏杆栏板	（1）栏杆栏板的属性定义、做法套用正确； （2）栏杆栏板的绘制方法选择及绘制操作正确； （3）栏杆栏板的工程量计算正确。	20				
5	工作过程	（1）遵守纪律，按时提交工作成果； （2）乐学善学，具备自主学习能力； （3）求真务实，实践中国工匠精神； （4）团结协作，积极参与小组活动； （5）与时俱进，创新智慧领航前行。	10				
小计			100				

自我总结

请针对任务的完成情况,对相关知识点与技能点、知识难点与重点、工作流程与方法、自我感受等内容进行梳理与总结。

10 表格算量

通过本章的学习,你将能够:
(1)通过参数输入法计算钢筋工程量;
(2)通过直接输入法计算钢筋工程量。

10.1 参数输入法计算钢筋工程量

通过本节的学习,你将能够:
掌握参数输入法计算钢筋工程量的方法。

一、任务说明
表格输入中,通过"参数输入",完成所有层楼梯梯板的钢筋量计算。

二、任务分析
以首层楼梯为例,参考结施-13及建施-13,读取梯板的相关信息,如梯板厚度、钢筋信息及楼梯具体位置。

三、任务实施
参考3.7.2节楼梯梯板钢筋工程量的属性定义和绘制。

四、任务结果
查看报表预览中的构件汇总信息明细表,见表10.1。

表10.1 所有楼梯构件钢筋汇总表

汇总信息	汇总信息钢筋总重(kg)	构件名称	构件数量	HRB400
楼层名称:第-1层(表格输入)				130.23
楼梯	130.23	AT1	2	130.23
		合计		130.23
楼层名称:首层(表格输入)				130.23
楼梯	130.23	AT1	2	130.23
		合计		130.23

续表

汇总信息	汇总信息钢筋总重(kg)	构件名称	构件数量	HRB400
	楼层名称:第2层(表格输入)			137.17
楼梯	137.17	BT1	1	68.94
		AT2	1	68.23
		合计		137.17
	楼层名称:第3层(表格输入)			136.46
楼梯	136.46	AT2	2	136.46
		合计		136.46

10.2　直接输入法计算钢筋工程量

通过本节的学习,你将能够:
掌握直接输入法计算钢筋工程量的方法。

一、任务说明

根据"配筋结构图",电梯井右下角所在楼板处有阳角放射筋,本工程以该处的阳角放射筋为例,介绍表格直接输入法。

二、任务分析

表格输入中的直接输入法与参数输入法的新建构件操作方法一致。

三、任务实施

①如图10.1所示,切换到"工程量"选项卡,单击"表格算量"。

②在表格算量中,单击"构件"新建构件,修改名称为"阳角放射筋",输入构件数量,单击"确定"按钮,如图10.2所示。

属性名称	属性值
1 构件名称	阳角放射筋
2 构件类型	现浇板
3 构件数量	1
4 预制类型	现浇
5 汇总信息	现浇板
6 备注	
7 构件总重(kg)	0

图10.1　　　　　　　　　　　　　　　　图10.2

③在直接输入的界面,"筋号"中输入"放射筋1",在"直径"中选择相应的直径(如10),选择"钢筋级别"。

④如图10.3所示,选择图号,根据放射筋的形式选择相应的钢筋形式,如选择"两个弯折",弯钩选择"90°弯折,不带弯钩",选择图号完毕后单击"确定"按钮。

图 10.3

⑤在直接输入的界面中输入"图形"钢筋尺寸,如图 10.4 所示。软件会自动给出计算公式和长度,用户可以在"根数"中输入这种钢筋的根数。

筋号	直径(mm)	级别	图号	图形	计算公式	公式描述	弯曲调整	长度	根数
1	10	Φ	3	130	1300	1300+2*130		46	1514	7

图 10.4

采用同样的方法可以进行其他形状的钢筋输入,并计算钢筋工程量。

问 题思考

表格输入中的直接输入法适用于哪些构件?

表格算量

评价反馈

序号	评价项目	评价标准	满分	评价			综合评分
				自评	互评	师评	
1	参数输入法	(1) 采用参数输入法正确输入楼梯钢筋参数; (2) 楼梯钢筋工程量计算正确。	50				
2	直接输入法	(1) 采用直接输入法正确输入阳角放射筋钢筋参数; (2) 阳角放射钢筋工程量计算正确。	30				
3	工作过程	(1) 遵守纪律,按时提交工作成果; (2) 乐学善学,具备自主学习能力; (3) 求真务实,实践中国工匠精神; (4) 团结协作,积极参与小组活动; (5) 与时俱进,创新智慧领航前行。	20				
	小计		100				

自我总结

请针对任务的完成情况,对相关知识点与技能点、知识难点与重点、工作流程与方法、自我感受等内容进行梳理与总结。

11 汇总计算工程量

通过本章的学习,你将能够:
(1)掌握查看三维的方法;
(2)掌握汇总计算的方法;
(3)掌握查看构件钢筋计算结果的方法;
(4)掌握云检查及云指标查看的方法;
(5)掌握报表结果查看的方法。

11.1 查看三维

通过本节的学习,你将能够:
正确查看工程的三维模型。

一、任务说明
①完成整体构件的绘制并使用三维查看构件。
②检查缺漏的构件。

二、任务分析
三维动态观察可在"显示设置"面板中选择楼层,若要检查整个楼层的构件,选择全部楼层即可。

三、任务实施
①对照图纸完成所有构件的输入之后,可查看整个建筑结构的三维视图。
②在"视图"菜单下选择"显示设置",如图11.1所示。

图11.1

③在"显示设置"的"楼层显示"中选择"全部楼层",如图11.2所示。在"图元显示"中设置"显示图元",如图11.3所示,可使用"动态观察"旋转角度。

显示设置

图元显示 | 楼层显示

图层构件	显示图元	显示名称
□ 所有构件	☑	□
□ 施工段	☑	□
土方工程	☑	□
基础工程	☑	□
主体结构	☑	□
二次结构	☑	□
装饰装修	☑	□
其它土建	☑	□
钢筋工程	☑	□
□ 轴线	☑	□
轴网	☑	□
辅助轴线	☑	□
□ 柱	☑	□
柱	☑	□
构造柱	☑	□
砌体柱	☑	□
约束边缘非阴...	☑	□
□ 墙	☑	□
剪力墙	☑	□
人防门框墙	☑	□
砌体墙	☑	□
砌体加筋	☑	□
保温墙	☑	□
暗梁	☑	□
墙垛	☑	□
幕墙	☑	□

恢复默认设置

显示设置

图元显示 | 楼层显示

○ 当前楼层　　○ 相邻楼层　　◉ 全部楼层

▼ ☑ 全部楼层
    ☑ 屋面层
    ☑ 第4层
    ☑ 第3层
    ☑ 第2层
    ☑ 首层
    ☑ 第-1层
    ☑ 基础层

图11.2　　　　　　　　　　　　　　　　　图11.3

四、任务结果

查看整个结构,如图11.4所示。

图11.4

11.2 汇总计算

通过本节的学习,你将能够:
正确进行汇总计算。

一、任务说明
本节的任务是汇总土建及钢筋工程量。

二、任务分析
钢筋计算结果查看的原则:对水平的构件(如梁),在某一层绘制完毕后,只要支座和钢筋信息输入完成,就可以汇总计算,查看计算结果。但是对于竖向构件(如柱),因为和上下层的柱存在搭接关系,和上下层的梁与板也存在节点之间的关系,所以需要在上下层相关联的构件都绘制完毕后,才能按照构件关系准确计算。

土建计算结果查看的原则:构件与构件之间有相互影响的,需要将有影响的构件都绘制完毕,才能按照构件关系准确计算;构件相对独立,不受其他构件的影响,只要把该构件绘制完毕,即可汇总计算。

三、任务实施
①需要计算工程量时,单击"工程量"选项卡上的"汇总计算",将弹出如图11.5所示的"汇总计算"对话框。

全楼:可以选中当前工程中的所有楼层,在全选状态下再次单击,即可将所选的楼层全部取消选择。

土建计算:计算所选楼层及构件的土建工程量。

钢筋计算:计算所选楼层及构件的钢筋工程量。

表格输入:在表格输入前打"√",表示只汇总表格输入方式下的构件的工程量。

若土建计算、钢筋计算和表格输入前都打"√",则工程中所有的构件都将进行汇总计算。

②选择需要汇总计算的楼层,单击"确定"按钮,软件开始计算并汇总选中楼层构件的相应工程量,计算完毕,弹出如图11.6所示对话框,根据所选范围的大小和构件数量的多少,需要不同的计算时间。

图11.5

图11.6

11.3 查看构件钢筋计算结果

通过本节的学习,你将能够:
正确查看构件钢筋计算结果。

一、任务说明

本节任务是查看构件钢筋量。

二、任务分析

对于同类钢筋量的查看,可使用"查看钢筋量"功能,查看单个构件图元钢筋的计算公式,也可使用"编辑钢筋"的功能。在"查看报表"中还可查看所有楼层的钢筋量。

三、任务实施

汇总计算完毕后,可采用以下几种方式查看计算结果和汇总结果。

1)查看钢筋量

①使用"查看钢筋量"的功能,在"工程量"选项卡中选择"查看钢筋量",然后选择需要查看钢筋量的图元,可以单击选择一个或多个图元,也可以拉框选择多个图元,此时将弹出如图11.7所示的对话框,显示所选图元的钢筋计算结果。

图11.7

图11.8

②要查看不同类型构件的钢筋量时,可以使用"批量选择"功能。按"F3"键,或者在"工具"选项卡中选择"批量选择",选择相应的构件(如选择柱和剪力墙),如图11.8所示。

选择"查看钢筋量",弹出"查看钢筋量"表,表中将列出所有柱和剪力墙的钢筋计算结果(按照级别和钢筋直径列出),同时列出合计钢筋量,如图11.9所示。

图 11.9

2)编辑钢筋

要查看单个图元钢筋的具体计算结果,可以使用"编辑钢筋"功能,下面以首层⑤轴与⑩轴交点处的 KZ3 柱为例进行介绍。

①在"工程量"选项卡中选择"编辑钢筋",再选择 KZ3 图元,绘图区下方将显示编辑钢筋列表,如图 11.10 所示。

図 11.10

②"编辑钢筋"列表从上到下依次列出 KZ3 的各类钢筋的计算结果,包括钢筋信息(直径、级别、根数 等),以及每根钢筋的图形和计算公式,并且对计算公式进行了描述,用户可以清楚地看到计算过程。例 如,第一行列出的是 KZ3 的角筋,从中可以看到角筋的所有信息。

使用"编辑钢筋"的功能,可以清楚显示构件中每根钢筋的形状、长度、计算过程以及其他信息,明确 掌握计算的过程。另外,还可以对"编辑钢筋"列表进行编辑和输入,列表中的每个单元格都可以手动修 改,可根据自己的需要进行编辑。

还可以在空白行进行钢筋的添加,输入"筋号"为"其他",选择钢筋直径和级别,选择图号来确定钢筋 的形状,然后在图形中输入长度、需要的根数和其他信息。软件计算的钢筋结果显示为淡绿色底色,手动输入的行显示为白色底色,便于区分。这样,不仅能够清楚地看到钢筋计算的结果,还可以对结果进行修改以满足不同的需求,如图11.11所示。

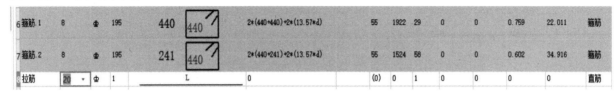

6	箍筋.1	8	Φ	195	440	440	2*(440+440)+2*(13.57*d)	55	1922	29	0	0	0.759	22.011	箍筋
7	箍筋.2	8	Φ	195	241	440	2*(440+241)+2*(13.57*d)	55	1524	58	0	0	0.602	34.916	箍筋
8	拉筋	20	Φ	1	L		0		(0)	0	1	0	0	0	0	直筋

图11.11

【注意】

用户需要对修改后的结果进行锁定,可使用"建模"选项卡下"通用操作"中的"锁定"和"解锁"功能(图11.12),对构件进行锁定和解锁。如果修改后不进行锁定,那么重新汇总计算时,软件会按照属性中的钢筋信息重新计算,手动输入的部分将被覆盖。

图11.12

其他种类构件的计算结果显示与此类似,都是按照同样的项目进行排列,列出每种钢筋的计算结果。

3)钢筋三维

在汇总计算完成后,还可利用"钢筋三维"功能来查看构件的钢筋三维排布。钢筋三维可显示构件钢筋的计算结果,按照钢筋的实际长度和形状在构件中排列和显示,并标注各段的计算长度,供直观查看计算结果和钢筋对量。钢筋三维能够直观真实地反映当前所选择图元的内部钢筋骨架,清楚显示钢筋骨架中每根钢筋与编辑钢筋中的每根钢筋的对应关系,且"钢筋三维"中的数值可修改。钢筋三维和钢筋计算结果还保持对应,相互保持联动,数值修改后,可以实时看到自己修改后的钢筋三维效果。

当前GTJ软件中已实现钢筋三维显示的构件,包括柱、暗柱、端柱、剪力墙、梁、板受力筋、板负筋、螺旋板、柱帽、楼层板带、集水坑、柱墩、筏板主筋、筏板负筋、独基、条基、桩承台、基础板带共18种21类构件。

钢筋三维显示状态应注意以下几点:

①查看当前构件的三维效果:直接用鼠标单击当前构件即可看到钢筋三维显示效果,同时配合绘图区右侧的动态观察等功能,全方位查看当前构件的三维显示效果,如图11.13所示。

②钢筋三维和编辑钢筋对应显示。

a.选中三维的某根钢筋线时,在该钢筋线上显示各段的尺寸,同时在"编辑钢筋"表格中对应的行亮显。如果数字为白色字体,则表示此数字可供修改;否则,将不能修改。

图11.13

b.在"编辑钢筋"表格中选中某行时,则钢筋三维中对应的钢筋线对应亮显,如图11.14所示。

③可以同时查看多个图元的钢筋三维。选择多个图元,然后选择"钢筋三维",即可同时显示多个图元的钢筋三维。

④在执行"钢筋三维"时,软件会根据不同类型的图元,显示一个浮动的"钢筋显示控制面板",如图11.14所示梁的钢筋三维,左上角的白框即为"钢筋显示控制面板"。此面板用于设置当前类型的图元中隐藏、显示的钢筋类型。勾选不同项时,绘图区域会及时更新显示,其中"显示其他图元"可以设置是否显示本层其他类型构件的图元。

图 11.14

11.4 查看土建计算结果

通过本节的学习,你将能够:
正确查看土建计算结果。

一、任务说明
本节任务是查看构件土建工程量。

二、任务分析
查看构件土建工程量,可使用"工程量"选项卡中的"查看工程量"功能,查看构件土建工程量的计算式,可使用"查看计算式"功能。在"查看报表"中还可查看所有构件的土建工程量。

三、任务实施
汇总计算完毕后,用户可采用以下几种方式查看计算结果和汇总结果。

1)查看工程量

在"工程量"选项卡中选择"查看钢筋量",然后选择需要查看工程量的图元,可以单击选择一个或多个图元,也可以拉框选择多个图元,此时将弹出如图11.15所示"查看构件图元工程量"对话框,显示所选图元的工程量结果。

图11.15

2)查看计算式

在"工程量"选项卡中选择"查看计算式",然后选择需要查看土建工程量的图元,可以单击选择一个或多个图元,也可以拉框选择多个图元,此时将弹出如图11.16所示"查看工程量计算式"对话框,显示所选图元的钢筋计算结果。

查看工程量计算式

工程量类别　　构件名称：　KL5(3)
◉ 清单工程量　　○ 定额工程量　　工程量名称：　[全部]

计算机算量

体积=(0.3<宽度>*0.5<高度>*15.4<中心线长度>)-0.24<扣柱>=2.07m3
模板面积=((0.5<高度>*2+0.3<宽度>)*15.4<中心线长度>)-2.08<扣柱>-3.752<扣现浇板>=14.188m2
截面周长=((0.3<宽度>+0.5<高度>)*2)=1.6m
梁净长=15.4<梁长>-1.6<扣柱>=13.8m
轴线长度=15.4m
梁侧面面积=15.4<原始侧面面积>-0.85<扣梁>-0.75<扣柱>=13.8m2
截面宽度=0.3m
截面高度=0.5m
截面面积=(0.3<宽度>*0.5<高度>)=0.15m2
侧面模板面积=(7.7<左侧支模面积>+7.7<右侧支模面积>)-0.85<扣梁>-0.75<扣柱>-3.752<扣现浇板>=10.048m2
超高侧面模板面积=(((15.4*0.5)*2)<原始超高侧面模板面积>-1.6<扣柱>-3.752<扣现浇板>)*1=10.048m2

手工算量

重新输入　　手工算量结果=

查看计算规则　　查看三维扣减图　　显示详细计算式　　显示施工段归类

图11.16

汇总计算和工程量查看

11.5　云检查

通过本节的学习,你将能够:
灵活运用云检查功能。

一、任务说明
当完成CAD识别或模型定义与绘制工作后,即可进行工程量汇总工作。为了保证算量结果的正确性,可以先对所做的工程进行云检查。

二、任务分析
本节任务是对所做的工程进行检查,从而发现工程中存在的问题,方便进行修正。

三、任务实施
模型定义及绘制完毕后,用户可采用"云检查"功能进行整楼检查、当前楼层检查、自定义检查,得到检查结果后,可以对检查结果进行查看处理。

1)云模型检查

(1)整楼检查
整楼检查是为了保证整楼算量结果的正确性,对整个楼层进行的检查。

单击"云应用"选项卡中的"云检查"功能,在弹出的"云模型检查"界面单击"整楼检查",如图11.17所示。

图11.17

进入检查后,软件自动根据内置的检查规则进行检查。也可以根据工程的具体情况自行设置检查规则,以便更合理地检查工程错误。单击"规则设置",根据工程情况作相应的参数调整,如图11.18所示,设置后单击"确定"按钮,再次执行云检查时,软件将按照设置的规则参数进行检查。

图11.18

（2）当前层检查

工程的单个楼层完成CAD识别或模型绘制工作后，为了保证算量结果的正确性，可对当前楼层进行检查，以便发现当前楼层中存在的错误，便于及时修正。在"云模型检查"界面，单击"当前层检查"即可。

（3）自定义检查

当工程CAD识别或模型绘制完成后，认为工程部分模型信息，如基础层、四层的建模模型可能存在问题，希望有针对性地进行检查，以便在最短的时间内关注最核心的问题，可进行自定义检查。在"云模型检查"界面，单击"自定义检查"，选择检查的楼层及检查的范围即可。

2）查看检查结果

"整楼检查/当前层检查/自定义检查"之后，在"云检查结果"界面，可以看到结果列表，如图11.19所示。软件根据当前检查问题的情况进行了分类，包含确定错误、疑似错误、提醒等。用户可根据当前问题的重要等级分别关注。

（1）忽略

在"结果列表"中逐一排查工程问题，经排查，某些问题不算作错误，可以忽略，则执行"忽略"操作 ▯。当前忽略的问题，将在"忽略列表"中显示出来，如图11.20所示。假如没有，则忽略列表错误为空。

（2）定位

对检查结果逐一进行排查时，希望能定位到当前存在问题的图元或详细的错误位置，此时可以使用"定位"功能。

在"云检查结果"界面，错误问题支持双击定位，同时可以单击"定位"按钮进行定位，功能位置如图11.21所示。

图11.19

单击"定位"后，软件自动定位到图元的错误位置，且会给出气泡提示，如图11.22所示。

接下来，可以进一步进行定位，查找问题，进行错误问题修复。

图 11.20　　　　　　　　　　　　　　　图 11.21

图 11.22

（3）修复

在"结果列表"中逐一排查问题时,发现的工程错误问题需要进行修改,软件内置了一些修复规则,支持快速修复。此时可单击"修复"按钮, 进行问题修复, 如图 11.23 所示。

图 11.23

修复后的问题在"修复列表"中显现,可在"修复列表"中再次关注已修复的问题。

11.6 云指标

通过本节的学习,你将能够:
正确运用云指标的方法。

一、任务说明

当工程完成汇总计算后,为了确定工程量的合理性,可以查看"云指标",对比类似工程指标进行判断。

二、任务分析

本节任务是对所作工程进行云指标的查看对比,从而判断该工程的工程量计算结果是否合理。

三、任务实施

当工程汇总完毕后,用户可以采用"云指标"功能进行工程指标的查看及对比。包含汇总表及钢筋、混凝土、模板、装修等不同维度的8张指标表,分别是工程指标汇总表、钢筋–部位楼层指标表、钢筋–构件类型楼层指标表、混凝土–部位楼层指标表、混凝土–构件类型楼层指标表、模板–部位楼层指标表、模板–构件类型楼层指标表、装修–装修指标表、砌体–砌体指标表。

1)云指标的查看

云指标可以通过"工程量"→"云指标"进行查看,也可以通过"云应用"→"云指标"进行查看,如图11.24所示。

图11.24

【注意】

在查看云指标之前,可以对"工程量汇总规则"进行设置,也可以从"工程量汇总规则"表中查看数据的汇总归属设置情况。

（1）工程指标汇总表

工程量计算完成后，希望查看整个建设工程的钢筋、混凝土、模板、装修等指标数据，从而判断该工程的工程量计算结果是否合理。此时，可以单击"汇总表"分类下的"工程指标汇总表"，查看"1 m² 单位建筑面积指标"数据，帮助判断工程量的合理性，如图11.25所示。

工程指标汇总表

总建筑面积（m2）：3155

	指标项	单位	清单工程量	1m2单位建筑面积指标
1	挖土方	m3	—	
2	混凝土	m3	343.053	0.109
3	钢筋	kg	199060.737	63.094
4	模板	m2	2297.164	0.728
5	砌体	m3	140.035	0.044
6	防水	m2	51.795	0.016
7	墙体保温	m2	404.504	0.128
8	外墙面抹灰	m2	228.005	0.072

图 11.25

（2）部位楼层指标表

工程量计算完成后，在查看建筑工程总体指标数据时，发现钢筋、混凝土、模板等指标数据不合理，希望能深入查看地上、地下部分各个楼层的钢筋、混凝土等指标值。此时，可以查看"钢筋/混凝土/模板"分类下的"部位楼层指标表"，进行指标数据分析。

单击"钢筋"分类下"部位楼层指标表"，查看"单位建筑面积指标（kg/m²）"值，如图11.26所示。

部位楼层指标表

总建筑面积（m2）：3155

	部位楼层名称	工程量（kg）	建筑面积（m2）	单位建筑面积指标（kg/m2）
1	钢筋总量	199060.737	3155	63.094
2	地下部分	75741.733	629.93	120.238
3	基础层	24235.127	0	—
4	第-1层	51506.606	629.93	81.766
5	地上部分	123319.004	1835.821	67.174
6	首层	31672.237	644.684	49.128
7	第2层	30872.343	595.525	51.841
8	第3层	30478.374	0	—
9	第4层	29329.432	595.612	49.243
10	屋面层	966.618		

图 11.26

混凝土、模板查看部位楼层指标数据的方式与钢筋类似，分别位于"混凝土""模板"分类下，表名称相同，均为"部位楼层指标表"。

（3）构件类型楼层指标表

工程量计算完成后，查看建设工程总体指标数据后，发现钢筋、混凝土、模板等指标数据中有些不合理，希望能进一步定位到具体不合理的构件类型，如具体确定柱、梁、墙等的哪个构件的指标数据不合理，具体在哪个楼层出现了不合理。此时可以查看"钢筋/混凝土/模板"下的"构件类型楼层指标表",从该表数据中可依次查看"单位建筑面积指标(kg/m²)",从而进行详细分析。

单击"钢筋"分类下"构件类型楼层指标表",查看详细数据,如图11.27所示。

图11.27

对于混凝土、模板,查看不同构件类型楼层指标数据的方式与钢筋相同,分别单击"混凝土""模板"分类下对应的"构件类型楼层指标表"即可。

(4)单方混凝土标号指标

在查看工程指标数据时,希望能区分不同的混凝土标号进行对比,由于不同的混凝土强度等级价格不同,需要区分指标数据分别进行关注。此时可查看"混凝土"分组的"单方混凝土标号指标表"数据。

单击"选择云端模板",选中"混凝土"分类下的"单方混凝土标号指标表",单击"确定并刷新数据",如图11.28所示。

图11.28

云指标页面的对应表数据,如图11.29所示。

图11.29

(5)砌体指标表

工程量计算完成后,查看完工程总体指标数据后,发现砌体指标数据不合理,希望能深入查看内外墙各个楼层的砌体指标值。此时可以查看"砌体指标表"中"单位建筑面积指标(m^3/m^2)"数据。

单击"砌体"分类下的"砌体指标表",如图11.30所示。

图11.30

2)导入指标对比

在查看工程的指标数据时,不能直观地核对出指标数据是否合理,为了更快捷地核对指标数据,需要导入指标数据进行对比,直接查看对比结果。

在"云指标"界面中,单击"导入指标",如图11.31所示。在弹出的"选择模板"对话框中,选择要对比的模板,如图11.32所示。

图11.31

图11.32

设置模板中的指标对比值,如图11.33所示。

图11.33

单击"确定"按钮后,可以看到当前工程指标的对比结果,其显示结果如图11.34所示。

图11.34

11.7 云对比

通过本节的学习,你将能够:
正确运用云对比的方法。

一、任务说明

当工程阶段完成或整体完成后汇总计算,为了确定工程量的准确性,可以通过"云对比"保证工程的准确性。

二、任务分析

本节任务是对所作完整工程进行云对比的查看,从而判断该工程的工程量计算结果是否合理及准确。

三、任务实施

在完成工程绘制,需要核对工程量的准确性时,学生以老师发的工程答案为准,核对自己绘制的工程出现的问题并找出错误原因,此时可以使用软件提供的"云对比"功能,快速、多维度地对比两个工程文件的工程量差异,并分析工程量差异的原因,帮助学生和老师依据图纸对比、分析,消除工程量差异,并快速、精准地确定最终工程量。

1)打开云对比软件

可以通过两种方式打开云对比软件:

①打开GTJ2025软件,在开始界面左侧的"应用中心"启动云对比功能,如图11.35所示。

图11.35

②打开GTJ2025软件,在"云应用"页签下启动云对比功能,如图11.36所示。

图11.36

2)加载对比工程

(1)将工程文件上传至云空间

有两种上传方式:

①进入GTJ2025"开始"界面,选择"另存为",在"另存为"对话框中选择要上传的文件,单击"云空间"(个人空间或企业空间),再单击"保存"按钮,如图11.37所示。

图11.37

②进入GTJ2025"开始"界面,选择"造价云管理平台",单击"上传"→"上传文件",选择需要上传的文件,如图11.38所示。

图 11.38

（2）选择主、送审工程

工程文件上传至云空间后，选择云空间中要对比的主审工程（答案工程）和送审工程文件（自己做的工程）。主、送审工程满足以下条件：工程版本、土建计算规则、钢筋计算规则、工程楼层范围均需一致；且仅支持1.0.23.0版本以后的单区域工程，如图11.39所示。

图 11.39

（3）选择对比范围

云对比支持单钢筋对比、单土建对比、土建钢筋对比3种模式。

（4）对比计算

当加载完主送审工程，选择完对比计算，单击"开始对比"，云端开始自动对比两个GTJ工程文件差异。

3）差异信息总览

云对比的主要功能如下：

（1）对比主、送审双方工程文件

对比内容包括建筑面积、楼层信息和清单定额规则，如图11.40所示。

图11.40

（2）直观查看主送审双方工程设置差异（图11.41）

①单击右侧工程设置差异项，调整扇形统计图的统计范围。

②单击扇形统计图中的"工程设置差异"项，链接到相应工程设置差异分析详情位置。

图11.41

（3）直观查看主送审双方工程量差异（图11.42）

①从楼层、构件类型、工程量类别（钢筋、混凝土、模板、土方）等维度，以直方图形式展示工程量差异。

②单击直方图中的"工程量差异"项，链接到相应工程量差异分析详情位置。

图11.42

（4）直观查看主送审双方工程量差异及原因（图11.43）

量差分析原因包括属性不一致、一方未绘制、绘制差异、平法表格不一致、截面编辑不一致。

图11.43

（5）直观查看主送审双方模型差异及原因（图11.44）

①模型差异包括绘制差异和一方未绘制。

②单击直方图模型差异项，链接到相应模型差异分析详情位置。

图11.44

4）工程设置差异（图11.45）

（1）对比范围

对比范围包括基础设置-工程信息、基础设置-楼层设置、土建设置-计算设置、土建设置-计算规则、钢筋设置-计算设置、钢筋设置-比重设置、钢筋设置-弯钩设置、钢筋设置-弯钩调整值设置、钢筋设置-损耗设置。

（2）主要功能

①以图表的形式，清晰对比两个GTJ工程文件全部工程设置的差异。

②单击直方图中的"工程设置差异"项，链接到工程设置差异详情。

图11.45

（3）查看工程设置差异详情（图11.46）

图11.46

5）工程量差异分析

（1）对比范围

对比范围包括钢筋工程量对比、混凝土工程量对比、模板工程量对比、装修工程量对比和土方工程量对比，如图11.47所示。

图11.47

（2）主要功能

①楼层、构件类型筛选，过滤、排序辅助查找。

②以图表形式直观查看工程量差异。

③以表格形式，按照楼层、构件、图元分层级展开，定位工程量差异来源。

④以图元为单位，确定工程量差异原因，包括属性不一致、绘制差异、一方未绘制、平法表格不一致及截面编辑不一致。

⑤查看图元属性差异。

6)量差原因分析

(1)分析原因

分析原因包括属性不一致、绘制差异、一方未绘制、平法表格不一致、截面编辑不一致,如图11.48所示。

图11.48

(2)主要功能

①查看属性不一致:工程量差异分析→展开至图元差异→量差原因分析→属性不一致。

②查看绘制差异:模型差异,主、送审双方工程存在某些图元,双方绘制不一致;模型对比→模型差异详情→绘制差异。

③查看一方未绘制:模型差异,主、送审双方工程存在某些图元,仅一方进行了绘制;模型对比→模型差异详情"一方未绘制",如图11.49所示。

④查看截面编辑不一致。

⑤查看平法表格不一致。

7)模型对比

①按楼层、构件类型对模型进行筛选,如图11.50所示。

图11.49　　　　　　　　　　　　　　　　图11.50

②主送审GTJ工程模型在Web端轻量化展示,其中,紫色图元为一方未绘制,黄色图元为绘制差异,如图11.51所示。选择模型差异(紫色、黄色)图元,可以定位查看差异详情,如图11.52所示。

图11.51

图11.52

③查看模型差异详情,如图11.53所示。

图 11.53

8)导出 Excel

工程设置差异、工程量差异对比结果可以导出 Excel 文件,方便用户进行存档和线下详细分析。操作步骤如下:

①选择"导出报表",如图 11.54 所示。

图 11.54

②选择导出范围,包括工程设置差异表、钢筋工程量差异表、土建工程量差异表如图 11.55 所示。

③选择文件导出的位置。

④解压缩导出的文件夹。

⑤查看导出结果 Excel 文件,包括工程设置差异、钢筋工程量差异、混凝土工程量差异、模板工程量差异、土方工程量差异、装修工程量差异,如图 11.56 所示。

名称	修改日期	类型	大小
钢筋工程量差异结果.xlsx	2020/3/31 11:16	Microsoft Excel ...	9 KB
钢筋-计算设置-计算规则(差异数: 5).xlsx	2020/3/31 11:16	Microsoft Excel ...	6 KB
钢筋-计算设置-节点设置(差异数: 1).xlsx	2020/3/31 11:16	Microsoft Excel ...	4 KB
混凝土工程量差异结果.xlsx	2020/3/31 11:16	Microsoft Excel ...	9 KB
楼层设置(差异数: 22).xlsx	2020/3/31 11:16	Microsoft Excel ...	30 KB
模板工程量差异结果.xlsx	2020/3/31 11:16	Microsoft Excel ...	9 KB
装修工程量差异结果.xlsx	2020/3/31 11:16	Microsoft Excel ...	28 KB

图 11.55   图 11.56

11.8 报表结果查看

通过本节的学习,你将能够:
正确查看报表结果。

一、任务说明
本节任务是查看工程报表。

二、任务分析
在"查看报表"中还可以查看所有楼层的钢筋工程量及所有楼层构件的土建工程量。

三、任务实施
汇总计算完毕后,用户可以采用"查看报表"功能查看钢筋汇总结果和土建汇总结果。

1)查看钢筋报表

通过"查看报表"功能来实现。

①单击"工程量"选项卡中的"查看报表",切换到"报表"界面,如图11.57所示。

②单击"设置报表范围",进入如图11.58所示对话框设置报表范围。

图11.57

图 11.58

2)查看土建报表

单击"工程量"选项卡中的"查看报表",选择"土建报表量"即可查看土建工程量。

四、总结拓展

在查看报表部分,软件还提供了报表反查、报表分析、土建报表项目特征添加位置、显示费用项、分部整理等特有功能,具体介绍请参照软件内置的"文字帮助"。

五、任务结果

所有层构件的钢筋工程量见表11.1。

表11.1 钢筋统计汇总表（包含措施筋）

工程名称:1号办公楼 编制日期:2024-12-29 单位:t

构件类型	合计(t)	级别	4	6	7	8	10	12	14	16	18	20	22	25
柱	0.128	Φ				0.128								
	33.646	⊈				9.372	0.043			1.933	8.958	4.701	3.032	5.607
暗柱/端柱	4.735	⊈				0.397	1.703	0.212				2.423		
构造柱	0.608	Φ		0.337				0.271						
	1.117	⊈						1.117						
剪力墙	1.372	Φ	0.795	0.577										
	20.073	⊈		0.006			0.054	0.36	8.018	11.635				
砌体加筋	1.252	Φ		1.252										
暗梁	4.034	⊈						1.162				2.872		
过梁	0.544	Φ		0.314			0.23							
	1.241	⊈						0.61	0.388	0.057		0.186		
梁	0.359	Φ		0.359										

续表

构件类型	合计(t)	级别	4	6	7	8	10	12	14	16	18	20	22	25
	57.831	坐				0.185	8.413	2.081	0.318	0.457		1.393	3.983	41.001
过梁	0.007	φ		0.007										
	0.746	坐				0.116	0.14						0.49	
圈梁	0.118	φ		0.027				0.091						
现浇板	2.83	φ					2.83							
	35.222	坐			0.013	1.571	23.305	10.333						
板洞加筋	0.008	坐						0.008						
筏板基础	16.574	坐					0.174	16.4						
独立基础	6.166	坐						2.538	3.628					
挑檐	1.284	坐				0.613	0.671							
压顶	0.265	φ		0.265										
	0.444	坐						0.444						
其他	0.535	坐				0.123	0.243	0.169						
合计(t)	7.484	φ	0.795	3.139		2.958	0.23	0.362						
	183.656	坐		0.006	0.013	12.489	36.016	42.069	15.969	2.447	8.958	11.576	7.506	46.607

所有层构件的土建工程量见报表实例部分。

评价反馈

序号	评价项目	评价标准	满分	评价			综合评分
				自评	互评	师评	
1	查看三维	正确查看工程的三维模型。	10				
2	汇总计算	正确进行汇总计算。	20				
3	查看构件计算结果	(1)正确查看构件钢筋计算结果； (2)正确查看构件土建计算结果。	20				
4	云检查、云指标及云对比	(1)灵活运用云检查功能； (2)正确运用云指标的方法； (3)正确运用云对比的方法。	10				
5	报表结果查看	(1)正确查看钢筋报表结果； (2)正确查看土建报表结果。	30				
6	工作过程	(1)遵守纪律,按时提交工作成果； (2)乐学善学,具备自主学习能力； (3)求真务实,实践中国工匠精神； (4)团结协作,积极参与小组活动； (5)与时俱进,创新智慧领航前行。	10				
小计			100				

自我总结

请针对任务的完成情况,对相关知识点与技能点、知识难点与重点、工作流程与方法、自我感受等内容进行梳理与总结。

12 CAD识别做工程

通过本章的学习,你将能够:
(1)了解CAD识别的基本原理;
(2)了解CAD识别的构件范围;
(3)了解CAD识别的基本流程;
(4)掌握CAD识别的具体操作方法。

12.1 CAD识别的原理

通过本节的学习,你将能够:
了解CAD识别的基本原理。

CAD识别是软件根据建筑工程制图规则,快速从AutoCAD的结果中拾取构件和图元,快速完成工程建模的方法。同使用手工画图的方法一样,需要先识别构件,然后再根据图纸上构件边线与标注的关系,建立构件与图元的联系。

GTJ2025软件提供了CAD识别功能,可以识别CAD图纸文件(.dwg),支持AutoCAD 2015/2013/2011/2010/2008/2007/2006/2005/2004/2000及AutoCAD R14版生成的图形格式文件。

CAD识别是绘图建模的补充。CAD识别的效率:一方面取决于图纸的完整程度和标准化程度,如各类构件是否严格按照图层进行区分,各类尺寸或配筋信息是否按照图层进行区分,标准方式是否按照制图标准进行;另一方面取决于对广联达BIM土建计量软件的熟练程度。

12.2 CAD识别的构件范围及流程

通过本节的学习,你将能够:
了解CAD识别的构件范围及流程。

1)GTJ2021软件CAD识别的构件范围

①表格类:楼层表、柱表、门窗表、装修表、独基表。

②构件类：轴网，柱、柱大样，梁，墙、门窗、墙洞，板钢筋（受力筋、跨板受力筋、负筋），独立基础，承台，桩，基础梁。

2)CAD识别做工程的流程

CAD识别做工程主要通过新建工程→图纸管理→符号转换→识别构件→构件校核的方式,将CAD图纸中的线条及文字标注转化成广联达BIM土建计量平台中的基本构件图元(如轴网、梁、柱等),从而快速地完成构件的建模操作,提高整体绘图效率。

CAD识别的大体方法如下：

①首先需要新建工程，导入图纸，识别楼层表，并进行相应的设置。

②与手动绘制相同，需要先识别轴网，再识别其他构件。

③识别构件按照绘图类似的顺序，先识别竖向构件，再识别水平构件。

在进行实际工程的CAD识别时,软件的基本操作流程如图12.1所示。

图12.1

软件的识别流程:添加图纸→分割图纸→提取构件→识别构件;识别顺序:楼层→轴网→柱→墙→梁→板钢筋→基础。

识别过程与绘制构件类似,先首层再其他层,识别完一层的构件后,通过同样的方法识别其他楼层的构件,或者复制构件到其他楼层,最后汇总计算。

通过以上流程,即可完成CAD识别做工程的过程。

3)图纸管理

软件还提供了完善的图纸管理功能,能够将原电子图进行有效管理,并随工程统一保存,提高做工程的效率。图纸管理在使用时,其流程如图12.2所示。

图12.2

4)图层管理

针对添加的图纸,可以在图层管理中设置"已提取的CAD图层"和"CAD原始图层"的显示和隐藏。

12.3 CAD识别实际案例工程

通过本节的学习,你将能够:

掌握CAD识别的具体操作方法。

本节主要讲解通过CAD识别,完成案例工程中构件的属性定义、绘制及钢筋信息的录入操作。

12.3.1 建工程、识别楼层

通过本小节的学习,你将能够:

进行楼层的CAD识别。

一、任务说明

使用CAD识别中"识别楼层表"的功能,完成楼层的建立。

二、任务分析

需提前确定好楼层表所在的图纸。

三、任务实施

①建立工程后,单击"图纸管理"面板,选择"添加图纸",在弹出的"添加图纸"对话框中选择有楼层表的图纸,如"1号办公楼结构图",如图12.3所示。

图12.3

②当导入的CAD图纸文件中有多个图纸时,需要通过"分割"功能将所需的图纸分割出来,如现将"一三层顶梁配筋图"分割出来。

单击"图纸管理"面板下的"分割"→"手动分割",鼠标左键拉框选择"一三层顶梁配筋图",单击右键确定,弹出"手动分割"对话框,如图12.4所示。

图12.4

【注意】

除了手动分割,还可以采用自动分割。自动分割能够快速完成图纸分割,操作步骤如下:单击"图纸管理"→"分割"下拉选择"自动分割",如图12.5所示。

图12.5

软件会自动根据CAD图纸的图名定义图纸名称,也可手动输入图纸名称,单击"确定"按钮即可完成图纸分割。"图纸管理"面板下便会有"一三层顶梁配筋图",如图12.6所示。

双击"图纸管理"面板中的"一三层顶梁配筋图",绘图界面就会进入"一三层顶梁配筋图"。

③单击"识别楼层表"功能,如图12.7所示。

图12.6

图12.7

④用鼠标框选图纸中的楼层表,单击鼠标右键确定,弹出"识别楼层表"对话框,如图12.8所示。

编码	底标高	层高
屋顶	14.400	
4	11.050	3.350
3	7.450	3.600
2	3.850	3.600
1	-0.050	3.900
-1	-3.950	3.900

图12.8

如果识别的楼层信息有误,可以在"识别楼层表"对话框中进行修改,可以对应识别信息,选择抬头属性,可以删除多余的行或列,或通过插入,增加行和列等。

⑤确定楼层信息无误后,单击"确定"按钮,弹出"楼层表识别完成"提示框,这样就可以通过CAD识别将楼层表导入软件中。

楼层设置的其他操作,与前面介绍的"建楼层"相同。

四、任务结果

导入楼层表后,其结果可参考2.3节的任务结果。

12.3.2　CAD识别选项

通过本小节的学习,你将能够:
进行CAD识别选项的设置。

一、任务说明

在"CAD识别选项"中完成柱、墙、门窗洞、梁和板钢筋的设置。

二、任务分析

在识别构件前,先进行"CAD识别选项"的设置。单击"建模"选项卡,选择"CAD操作"面板中的"CAD识别选项",如图12.9所示,会弹出如图12.10所示对话框。

图12.9　　　　　　　　　　图12.10

三、任务实施

在"CAD识别选项"对话框中,可以设置识别过程中的各个构件属性,每一列属性所表示的含义都在对话框左下角进行描述。

"CAD识别选项"设置的正确与否关系后期识别构件的准确率,需要准确进行设置。

12.3.3　识别轴网

通过本小节的学习,你将能够:
进行轴网的CAD识别。

一、任务说明

①完成图纸添加及图纸整理。
②完成轴网的识别。

二、任务分析

首先分析哪张图纸的轴网是最完整的,在此选择"柱墙结构平面图"进行轴网识别。

三、任务实施

完成图纸分割后,双击进入"柱墙结构平面图",进行CAD轴线识别。

1)选择导航栏构件

将目标构件定位至"轴网",如图12.11所示。

图12.11

2)提取轴线

①单击"建模"选项卡→"识别轴网"→"提取轴线",如图12.12所示。

②利用"单图元选择""按图层选择"及"按颜色选择"的功能点选或框选需要提取的轴线CAD图元,如图12.13所示。

图12.12

图12.13

"Ctrl+左键"代表按图层选择,"Alt+左键"代表按颜色选择。需要注意的是,不管在框中设置何种选择方式,都可以通过键盘来操作,优先实现选择同图层或同颜色的图元。

③单击鼠标右键确认选择,则选择的CAD图元将自动消失,并存放在"已提取的CAD图层"中,如图12.14所示。这样就完成了轴网的提取工作。

通过"按图层选择"选择所有轴线,被选中的轴线全部变成深蓝色。

3)提取标注

①单击"提取标注",利用"单图元选择""按图层选择"及"按颜色选择"的功能点选或框选需要提取的轴网标注CAD图元,如图12.15所示。

②单击鼠标右键确认选择,则选择的CAD图元自动消失,并存放在"已提取的CAD图层"。其方法与提取轴线相同。

4)识别轴网

提取轴线及标注后,进行识别轴网的操作。识别轴网有3种方法可供选择,如图12.16所示。

图12.14

图12.15

图12.16

自动识别轴网:用于自动识别CAD图中的轴线。

选择识别轴网:通过手动选择来识别CAD图中的轴线。

识别辅助轴线:用于手动识别CAD图中的辅助轴线。

本工程采用"自动识别轴网",快速地识别出CAD图中的轴网,如图12.17所示。

图12.17

识别轴网成功后,同样可利用"轴线"部分的功能对轴网进行编辑和完善。

四、总结拓展

导入CAD之后,如果图纸比例与实际不符,则需要重新设置比例,在"CAD操作"面板中单击"设置比例",如图12.18所示。

根据提示,利用鼠标选择两点,软件会自动量取两点距离,并弹出如图12.19所示"设置比例"对话框。

图12.18

图12.19

如果量取的距离与实际不符,可在对话框中输入两点间实际尺寸,单击"确定"按钮,软件即可自动调整比例。

12.3.4 识别柱

通过本小节的学习,你将能够:

进行柱的CAD识别。

一、任务说明

用CAD识别的方式完成框架柱的属性定义和绘制。

二、任务分析

通过"CAD识别柱"完成柱的属性定义的方法有两种:识别柱表生成柱构件和识别柱大样生成柱构件。生成柱构件后,通过"建模"选项卡中的"识别柱"功能:提取边线→提取标注→识别,完成柱的绘制。需要用到的图纸是"柱墙结构平面图"。

三、任务实施

分割完图纸后,双击进入"柱墙结构平面图",进行以下操作。

> **【注意】**
>
> 　　当分割的"柱墙结构平面图"位置与前面所识别的轴网位置有出入时,可采用"定位"功能,将图纸定位到轴网正确的位置。单击"定位",选择图纸某一点,比如①轴与Ⓐ轴的交点,将其拖动到前面所识别轴网的①轴与Ⓐ轴交点处。

1)选择导航栏构件

将目标构件定位至"柱",如图12.20所示。

图12.20

2)识别柱表生成柱构件

①单击"建模"选项卡→"识别柱表",软件可以识别普通柱表和广东柱表,遇到有广东柱表的工程,即可采用"识别广东柱表"。本工程为普通柱表,则选择"识别柱表"功能,如图12.21所示。左键拉框选择绘图区域柱表中的数据,框选的柱表范围被黄色线框所围,鼠标右键确认选择即可。

图12.21

②弹出"识别柱表"对话框,使用对话框上方的"查找替换""删除行"等功能对柱表信息进行调整和修改。如表格中存在不符合的数据,单元格会以"红色"显示,便于查找和修改。调整后,如图12.22所示。

图12.22

③确认信息准确无误后单击"识别"按钮即可,软件会根据对话框中调整和修改的柱表信息生成柱构件,如图12.23所示。

图12.23

3)识别柱

通过识别柱表定义柱属性后,可以通过柱的绘制功能,参照CAD图将柱绘制到图上,也可使用"CAD识别"提供的快速"识别柱"功能。

①单击"建模"选项卡→"识别柱",如图12.24所示。

②单击"提取边线",如图12.25所示。

通过"按图层选择"选择所有框架柱边线,被选中的边线变成深蓝色。

单击鼠标右键确认选择,则选择的CAD图元将自动消失,并存放在"已提取的CAD图层"中,如图12.26所示。这样就完成了柱边线的提取工作,如图12.27所示。

图12.24　　　　　　图12.25　　　　　　图12.26

图12.27

③单击"提取标注",采用同样的方法选择所有柱的标识(包括标注及引线),单击鼠标右键确定,即可完成柱标识的提取工作,如图12.28所示。

④识别柱构件的操作有以下4种识别方式,如图12.29所示。

a.自动识别。软件将根据所识别的柱表、提取的边线和标注来自动识别整层柱,本工程采用"自动识别"。单击"自动识别",识别完成后,弹出识别柱构件的个数的提示。单击"确定"按钮,即可完成柱构件的识别,如图12.30所示。

图12.28　　　　　图12.29　　　　　　　图12.30

b.框选识别。当你需要识别某一区域的柱时,可使用此功能,根据鼠标框选的范围,软件会自动识别框选范围内的柱。

c.点选识别。点选识别即通过鼠标点选的方式逐一识别柱构件。单击"识别柱"→"点选识别",单击需要识别的柱标识CAD图元,则"识别柱"对话框会自动识别柱标志信息,如图12.31所示。

单击"确定"按钮,在图形中选择符合该柱标志的柱边线和柱标注,再单击鼠标右键确认选择,此时所选柱边线和柱标注被识别为柱构件,如图12.32所示。

| 图12.31 | 图12.32 |

d.按名称识别。比如图纸中有多个KZ6,通常只会对一个柱进行详细标注(截面尺寸、钢筋信息等),而其他柱只标注柱名称,此时就可以使用"按名称识别柱"进行柱识别操作。

单击绘图工具栏"识别柱"→"点选识别"→"按名称识别",然后单击需要识别的柱标识CAD图元,则"识别柱"对话框会自动识别柱标志信息,如图12.33所示。

单击"确定"按钮,此时满足所选标识的所有柱边线会被自动识别为柱构件,并弹出识别成功的提示,如图12.34所示。

| 图12.33 | 图12.34 |

四、任务结果

任务结果参考3.1节的任务结果。

五、总结拓展

1)利用"CAD识别"来识别柱构件

首先需要"添加图纸",通过"识别柱表"或"识别柱大样"先进行柱的定义,再利用"识别柱"的功能生成柱构件。其流程如下:添加图纸→识别柱表(柱大样)→识别柱。

通过以上流程,即可完成柱构件的识别。

2)识别柱大样生成构件

如果图纸中柱或暗柱采用柱大样的形式来作标记,则可单击"建模"选项卡→"识别柱"→"识别柱大样"来完成,如图12.35所示。

①提取柱大样边线及标志。参照前面的方法,单击"提取边线"和"提取标注"完成柱大样边线、标志的提取。

②提取钢筋线。单击"提取钢筋线"提取所有柱大样的钢筋线,单击鼠标右键确定,如图12.36所示。

③识别柱大样。提取完成后,单击"点选识别",有3种识别方式,如图12.37所示。

图12.35 图12.36 图12.37

点选识别:通过鼠标选择来识别柱大样。

自动识别:即软件自动识别柱大样。

框选识别:通过框选需要识别的柱大样来识别。

如果单击"点选识别",状态栏提示点取柱大样的边线,则用鼠标选择柱大样的一根边线,然后软件提示"请点取柱的标注或直接输入柱的属性",则点取对应的柱大样的名称,弹出如图12.38所示"点选识别柱大样"对话框。

图12.38

在此对话框中,可以利用"CAD底图读取"功能,在CAD图中读取柱的信息,对柱的信息进行修改。在"全部纵筋"一行,软件支持"读取"和"追加"两种操作。

读取:从CAD中读取钢筋信息,对栏中的钢筋信息进行替换。

追加:如遇到纵筋信息分开标注的情况,可通过"追加"将多处标注的钢筋信息进行追加求和处理。

操作完成后,软件通过识别柱大样信息定义柱属性。

④识别柱。在识别柱大样完成之后,软件定义了柱属性,最后还需通过前面介绍的"提取边线""提取标注"和"自动识别"功能来生成柱构件,这里不再赘述。

3)墙柱共用边线的处理方法

某些剪力墙图纸中,墙线和柱线共用,柱没有封闭的图线,导致直接识别柱时选取不到封闭区域,识别柱不成功。在这种情况下,软件提供两种解决方法。

①使用"框选识别"。使用"提取边线""提取标注"功能完成柱信息的提取(将墙线提取到柱边线),使用提取柱边线拉框(反选),如图12.39所示区域,即可完成识别柱。

②使用"生成柱边线"功能进行处理。提取墙边线后,进入"识别柱"界面,单击"生成柱边线",按照状态栏提示,在柱内部左键点取一点,或是通过"自动生成柱边线"让软件自动搜索,生成封闭的柱边线,如图12.40所示。利用此功能生成柱的边线后,再利用"自动识别"功能识别柱,即可解决墙、柱共用边线的情况。

图 12.39

图 12.40

4)图层管理

在识别构件菜单下,通过"视图"选项卡→"用户界面"→"图层管理"进行图层控制的相关操作,如图12.41所示。

①在提取过程中,如果需要对CAD图层进行管理,单击"图层管理"功能。通过此对话框,即可控制"已提取的CAD图层"和"CAD原始图层"的显示和隐藏,如图12.42所示。

图 12.41

图 12.42

②显示指定的图层,可利用此功能将其他图层的图元隐藏。

③隐藏指定的图层,将选中的CAD图元所在的图层进行隐藏,其他图层显示。

12.3.5　识别梁

通过本小节的学习,你将能够:

进行梁的CAD识别。

识别柱

一、任务说明

用CAD识别的方式完成梁的属性定义和绘制。

二、任务分析

在梁的支座柱、剪力墙等识别完成后,进行梁的识别操作。需要用到的图纸是"一三层顶梁配筋图"。

三、任务实施

双击进入"一三层顶梁配筋图",进行以下操作。

1)选择导航栏构件

将目标构件定位至"梁",如图12.43所示。

2)识别梁

①单击"建模"选项卡→"识别梁",如图12.44所示。

图12.43　　　　　　　　　　　　　图12.44

②单击"提取边线",完成梁边线的提取,具体操作方法参考"识别柱"功能,如图12.45所示。

③单击"提取梁标注",提取梁标注包含3个功能:自动提取标注、提取集中标注和提取原位标注。

a."自动提取标注"可一次提取CAD图中全部的梁标注,软件会自动区别梁原位标注与集中标注,一般集中标注与原位标注在同一图层时使用。

单击"自动提取标注",选中图中所有同图层的梁标注,如果集中标注与原位标注在同一图层,就会被选择到,单击鼠标右键确定,如图12.46所示。弹出"标注提取完成"的提示。

图12.45　　　　　　　　　　　图12.46

GTJ2021在做了优化后,软件会自动区分集中标注和原位标注。完成提取后,集中标注以黄色显示,原位标注以粉色显示,如图12.47所示。

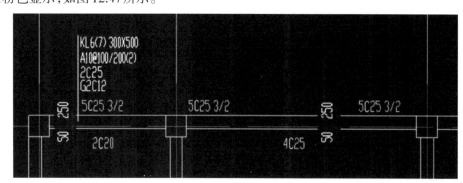

图12.47

b.如果集中标注与原位标注分别在两个图层,则采用"提取集中标注"和"提取原位标注"分开提取,方法与自动提取标注类似。

④接着进行识别梁构件的操作。识别梁有自动识别梁、框选识别梁、点选识别梁3种方法。

a.自动识别梁。软件根据提取的梁边线和梁集中标注自动对图中所有梁一次性全部识别。

单击识别面板"点选识别梁"的倒三角,在下拉菜单中单击"自动识别梁",软件弹出"识别梁选项"对话框,如图12.48所示。

图12.48

【说明】

①在"识别梁选项"对话框可以查看、修改、补充梁集中标注信息,以提高梁识别的准确性。

②识别梁之前,应先完成柱、墙等图元的模型创建,这样识别出来的梁会自动延伸到现有的柱、墙、梁中,计算结果更准确。

单击"继续"按钮,则按照提取的梁边线和梁集中标注信息自动生成梁图元。

识别梁完成后,软件自动启用"校核梁图元"功能,如识别的梁跨与标注的梁跨数量不符,则弹出提示,并且梁会以红色显示,如图12.49所示。此时需要检查并进行修改。

b.点选识别梁。"点选识别梁"功能可以通过选择梁边线和梁集中标注的方法进行梁识别操作。

单击识别梁面板"点选识别梁",则弹出"点选识别梁"对话框,如图12.50所示。

图12.49

图12.50

单击需要识别的梁集中标注,则"点选识别梁"对话框自动识别梁集中标注信息,如图12.51所示。

图12.51   图12.52

单击"确定"按钮,在图形中选择符合该梁集中标注的梁边线,被选择的梁边线以高亮显示,如图12.52所示。

单击鼠标右键确认选择,此时所选梁边线则被识别为梁图元,如图12.53所示。

图12.53

c.框选识别梁。"框选识别梁"可满足分区域识别的需求,对于一张图纸中存在多个楼层平面的情况,可选中当前层识别,也可框选一道梁的部分梁线完成整道梁的识别。

单击识别面板"点选识别梁"的倒三角,下拉选择"框选识别梁"。状态栏提示:左键拉框选择集中标注。

拉框选择需要识别的梁集中标注,如图12.54所示。

图12.54

单击鼠标右键确定选择,弹出"识别梁选项"对话框,再单击"继续"按钮,即可完成识别,如图12.55所示。

图12.55

【说明】

①识别梁完成后,与集中标注中跨数一致的梁用粉色显示,与标注不一致的梁用红色显示,方便用户检查。

②梁识别的准确率与"计算设置"有关。

a.在"钢筋设置"中的"计算设置"→"框架梁"部分,第3项如图12.56所示。此项设置可修改,并会影响后面的梁识别,注意应准确设置。

| 3 | —— 截面小的框架梁是否以截面大的框架梁为支座 | 是 |

图12.56

b.在"计算设置"→"非框架梁"部分,第3和第4项如图12.57所示。

| 3 | —— 宽高均相等的非框架梁L型、十字相交互为支座 | 否 |
| 4 | —— 截面小的非框架梁是否以截面大的非框架梁为支座 | 是 |

图12.57

这两项需要根据实际工程情况准确设置。

③梁跨校核。当识别梁完成之后,软件提供"梁跨校核"功能进行智能检查。梁跨校核是自动提取梁跨,然后将提取到的跨数与标注中的跨数进行对比,二者不同时弹出提示。

a.软件识别梁之后,会自动对梁图元进行梁跨校核,或单击"校核梁图元"命令,如图12.58所示。

b.如存在跨数不符的梁,则会弹出提示,如图12.59所示。

图12.58　　　　　　　　　　　　　　　　　图12.59

c.在"校核梁图元"对话框中,双击梁构件名称,软件可以自动定位到此道梁,如图12.60所示。

图12.60

【注意】

　　梁跨校核只针对有跨信息的梁,手动绘制的无跨信息的粉色梁不会进行校核。

　　⑤当"校核梁图元"完成后,如果存在梁跨数与集中标注中不符0的情况,则可使用"编辑支座"功能进行支座的增加、删除以调整梁跨,如图12.61和图12.62所示。

图12.61

图12.62

　　"编辑支座"是对以前"设置支座"和"删除支座"两个功能的优化,如要删除支座,直接点取图中支座点的标志即可;如要增加支座,则点取作为支座的图元,单击鼠标右键确定即可。这样即可完成编辑支座的操作。

【说明】

　　①"校核梁图元"与"编辑支座"并配合修改功能(如打断、延伸、合并等)使用,来修改和完善梁图元,保证梁图元和跨数正确,然后再识别原位标注。

　　②识别梁时,自动启动"校核梁图元",只针对本次生成的梁,要对所有梁校核则需要手动启用"校核梁图元"。

图12.63

　　⑥识别梁构件完成后,还应识别原位标注。识别原位标注有自动识别原位标注、框选识别原位标注、点选识别原位标注和单构件识别原位标注4个功能,如图12.63所示。

【说明】

　　①所有原位标注识别成功后,其颜色都会变为深蓝色,而未识别成功的原位标注仍保持粉色,方便查找和修改。

　　②识别原位标注的4个功能可以按照实际工程的特点结合使用,从而提高识别原位标注的准确率。实际工程图纸中,可能存在一些画图不规范或是错误的情况,会导致实际识别原位标注并不能完全识别的情况,此时只需找到"粉色"的原位标注进行单独识别,或是直接对梁进行"原位标注"即可。

　　3)识别吊筋

　　所有梁识别完成之后,如果图纸中绘制了吊筋和次梁加筋,则可以使用"识别吊筋"功能,对CAD图中的吊筋、次梁加筋进行识别。

　　"识别吊筋"的操作步骤如下:

　　①提取钢筋和标注:选中吊筋和次梁加筋的钢筋线及标注（如无标注则不选）,单击鼠标右键确定,完成提取。

　　②识别吊筋:在提取钢筋和标注后,通过自动识别、框选识别和点选识别来完成吊筋的识别。

【说明】

　　①在CAD图中,若存在吊筋和次梁加筋标注,软件会自动提取;若不存在,则需要手动输入。

　　②所有的识别吊筋功能都需要在主次梁已经变成绿色后,才能识别吊筋和加筋。

　　③识别后,已经识别的CAD图线变为蓝色,未识别的CAD图线保持原来的颜色。

　　④图上有钢筋线的才识别,没有钢筋线的不会自动生成。

⑤与自动生成吊筋一样，重复识别时会覆盖上次识别的内容。

⑥吊筋线和加筋线比较短且乱，必须有误差限制，因此，如果CAD图绘制得不规范，则可能会影响识别率。

四、任务结果

任务结果同3.3节的任务结果。

五、总结拓展

1)识别梁的流程

CAD识别梁可以按照以下基本流程来操作：添加图纸→分割图纸、标注→识别梁构件→识别梁原位标注→识别吊筋、次梁加筋。

①在识别梁的过程中，软件会对提取标注、识别梁、识别标注、识别吊筋等进行验收的区分。

②CAD识别梁构件、梁原位标注、吊筋时，因为CAD图纸的不规范可能会对识别的准确率造成影响，所以需要结合梁构件的其他功能进行修改完善。

2)定位图纸

"定位"功能可用于不同图纸之间构件的重新定位。例如，先导入柱图并将柱构件识别完成后，这时需要识别梁，然而导入梁图后，就会发现梁图与已经识别的图元不重合，此时就可以使用"定位"功能。

在"添加图纸"后，单击"定位"，在CAD图纸上选中定位基准点，再选择定位目标点，快速完成所有图纸中构件的对应位置关系，如图12.64所示。

图12.64

若创建好了轴网，对整个图纸使用"移动"命令也可以实现图纸定位的目的。

识别梁

12.3.6　识别板及板钢筋

通过本节的学习，你将能够：

进行板及板钢筋的CAD识别。

一、任务说明

①完成首层板的识别。

②完成首层板受力筋的识别。

③完成首层板负筋的识别。

二、任务分析

在梁识别完成后，接着识别板。识别板钢筋之前，首先需要在图中绘制板。绘制板的方法参见前面介绍的"现浇板的属性定义和绘制"。另外，也可通过"识别板"功能将板创建出来。

三、任务实施

双击进入"一三层板配筋图"，进行以下操作。

1)识别板

①选择导航栏构件，将目标构件定位至"板"，如图12.65所示。

图12.65

②单击"建模"选项卡→"识别板",如图12.66所示。

图12.66

识别板有以下3个步骤:提取板标识→提取板洞线→自动识别板。

a.单击识别面板上"提取板标识"(图12.67),利用"单图元选择""按图层选择"或"按颜色选择"的功能选中需要提取的CAD板标识,选中后变成蓝色。此过程也可以点选或框选需要提取的CAD板标识。

按照软件下方的提示,单击鼠标右键确认选择,则选择的标识自动消失,并存放在"已提取的CAD图层"中。

b.单击识别面板上的"提取板洞线",利用"单图元选择""按图层选择"或"按颜色选择"的功能选中需要提取的CAD板洞线,选中后变成蓝色。

按照软件下方的提示,单击鼠标右键确认选择,则选择的板洞线自动消失,并存放在"已提取的CAD图层"中。

【注意】

　　若板洞图层不对,或板洞较少时,也可跳过该步骤,后期直接补画板洞即可。

c.单击识别面板上的"自动识别板",弹出"识别板选项"对话框,选择板支座的图元范围,单击"确定"按钮进行识别,如图12.68所示。

图12.67

图12.68

【注意】

　　①识别板前,请确认柱、墙、梁等图元已绘制完成。
　　②通过复选框可以选择板支座的图元范围,从而调整板图元生成的大小。

2)识别板受力筋

①选择导航栏构件,将目标构件定位至"板受力筋",如图12.69所示。

图12.69

②单击"建模"选项卡→"识别板受力筋"→"识别受力筋",如图12.70所示。

图12.70

识别受力筋有以下3个步骤:提取板筋线→提取板筋标注→识别受力筋(点选识别受力筋或自动识别板筋)。

3)识别板负筋

①选择导航栏构件,将目标构件定位至"板负筋",如图12.71所示。

图12.71

②单击"建模"选项卡→"识别板负筋"→"识别负筋",如图12.72所示。

图12.72

识别负筋有以下3个步骤:提取板筋线→提取板标注→识别负筋(点选识别负筋或自动识别板筋)。

四、任务结果

任务结果同3.4节的任务结果。

五、总结扩展

识别板筋(包含板和筏板基础)的操作流程如下:添加图纸→分割图纸→定位钢筋构件→提取板钢筋线→提取板钢筋标注→识别板筋。

【注意】

使用"自动识别板筋"之前,需要对"CAD识别选项"中"板筋"选项进行设置,如图12.73所示。

在"自动识别板筋"之后,如果遇到有未识别成功的板筋,可灵活应用识别"点选识别受力筋""点选识别负筋"的相关功能进行识别,然后再使用板受力筋和负筋的绘图功能进行修改,这样可以提高对板钢筋建模的效率。

图12.73

识别板、板钢筋

12.3.7 识别砌体墙

通过本小节的学习,你将能够:

进行砌体墙的CAD识别。

一、任务说明

用CAD识别的方式完成砌体墙的属性定义和绘制。

二、任务分析

本工程首层为框架结构,首层墙为砌体墙,需要使用的图纸是含完整砌体墙的"一层建筑平面图"。

三、任务实施

分割完图纸后,双击进入"一层建筑平面图",进行以下操作。

1)选择导航栏构件

将目标构件定位至"砌体墙",如图12.74所示。

图12.74

2)识别砌体墙

在砌体墙构件下,选择"建模"选项卡→"识别砌体墙",如图12.75所示。

图12.75

"识别砌体墙"有4个步骤:提取砌体墙边线→提取墙标识→提取门窗线→识别砌体墙(自动识别、框选识别和点选识别),如图12.76所示。

图12.76

【说明】

①当建筑平面图中无砌体墙标识时,需要先新建砌体墙,定义好砌体墙的属性。

②对于砌体墙,用"提取砌体墙边线"功能来提取;对于剪力墙,需要在剪力墙构件中选择"提取混凝土墙边线",这样识别出来的墙才能分开材质类别。

③识别墙中的"剪力墙"操作和"砌体墙"操作一样。

四、任务结果

任务结果同3.5节的任务结果。

五、知识扩展

①"识别墙"可识别剪力墙和砌体墙,因为墙构件存在附属构件,所以在识别时需要注意此类构件。对墙构件的识别,其流程如下:添加图纸→提取墙线→提取门窗线→识别墙→识别暗柱(存在时)→识别连梁(存在时)。

通过以上流程,即可完成对整个墙构件的识别。

②识别暗柱。"识别暗柱"的方法与识别柱相同,可参照"识别柱"部分的内容。

③识别连梁表。有些图纸是按22G101—1规定的连梁表形式设计的,此时就可以使用软件提供的"识别连梁表"功能,对CAD图纸中的连梁表进行识别。

④识别连梁。识别连梁的方法与"识别梁"完全一致,可参照"识别梁"部分的内容。

识别墙

12.3.8　识别门窗

通过本小节的学习,你将能够:

进行门窗的CAD识别。

一、任务说明

通过CAD识别门窗表和门窗洞,完成首层门窗的属性定义和绘制。

二、任务分析

在墙、柱等识别完成后,进行识别门窗的操作。通过"添加图纸"功能导入CAD图,添加"建筑设计说明"建施-01(含门窗表),完成门窗表的识别;添加"首层平面图",进行门窗洞的识别。

三、任务实施

1)识别门窗表

分割完图纸后,双击进入"建筑设计总说明",进入以下操作。

(1)选择导航栏构件

将目标构件定位至"门""窗",如图12.77所示。

(2)识别门窗表生成门窗构件

①单击"建模"选项卡→"识别门窗表",如图12.78所示,拉框选择门窗表中的数据,黄色线框为框选的门窗范围,单击鼠标右键确认选择。

图12.77

图12.78

②在"识别门窗表"对话框中,选择对应行或列,使用"删除行"或"删除列"功能删除无用的行或列,调整后的表格可参考图12.79。

③单击"识别"按钮,即可完成门窗表的识别,如图12.80所示。

图12.79

图12.80

2)识别门窗洞

通过识别门窗表完成门窗的属性定义后,再通过识别门窗洞完成门窗的绘制。

双击进入"一层平面图"进行以下操作:

(1)选择导航栏构件

将目标构件定位至"门""窗",方法同上。

(2)识别门窗洞

单击"建模"选项卡→"识别门窗洞",如图12.81所示。

识别门窗洞有以下3个步骤:提取门窗线→提取门窗洞标识→识别(自动识别、框选识别和点选识别)。

图12.81

四、任务结果

任务结果同3.6节的任务结果。

五、总结拓展

①在识别门窗之前一定要确认已经绘制完墙并建立门窗构件(可通过识别门窗表创建),以便提高识别率;

②若未创建构件,软件可以对固定格式进行门窗尺寸解析,如M0921,自动反建为900 mm×2100 mm的门构件。

识别门窗

12.3.9　识别基础

通过本小节的学习,你将能够:

进行基础的CAD识别。

一、任务说明

用CAD识别方式完成独立基础的识别。

二、任务分析

软件提供识别独立基础、识别桩承台、识别桩的功能,本工程采用的是独立基础。下面以识别独立基础为例,介绍识别基础的过程。

三、任务实施

双击进入"基础结构平面图",进行以下操作。

1)选择导航栏构件

将目标构件定位至"独立基础",如图12.82所示。

图12.82

2)识别独基表生成独立基础构件

单击"建模"选项卡→"识别独立基础"→"识别独基表",如图12.83所示。

图12.83

"识别独立基表"的操作方法同"识别柱表",请参考"识别柱表"部分的内容。本工程无"独基表",可先定义独立基础构件。

3)识别独立基础

单击"建模"选项卡→"识别独立基础"。识别独立基础有以下3个步骤:提取独基边线→提取独基标识→识别(自动识别、框选识别、点选识别)。

四、任务结果

任务结果同第7章的任务结果。

五、知识扩展

①上面介绍的方法为识别独立基础,在识别完成之后,需要进入独立基础的属性定义界面,对基础的配筋信息等属性进行修改,以保证识别的准确性。

②独立基础还可先定义,再进行CAD图的识别。这样识别完成之后,不需要再进行修改属性的操作。

12.3.10 识别装修

通过本小节的学习,你将能够:

进行装修的CAD识别。

识别基础

一、任务说明

用CAD识别的方式完成装修的识别。

二、任务分析

在做实际工程时,CAD图上通常会有房间做法明细表,表中注明了房间的名称、位置以及房间内各种地面、墙面、踢脚、天棚、吊顶、墙裙的一系列做法名称。例如,在1号办公楼图纸中,建筑设计说明中就有"室内装修做法表",如图12.84所示。

图12.84

如果通过识别表的功能能够快速地建立房间及房间内各种细部装修的构件,那么就可以极大地提高绘图效率。

三、任务实施

识别房间装修表有按房间识别装修表和按构件识别装修表两种方式。

1)按房间识别装修表

图纸中明确了装修构件与房间的关系,这时可以使用"按房间识别装修表"的功能,操作如下:

①在图纸管理界面"添加图纸",添加一张带有装修做法表的图纸。

②在"建模"选项卡中,"识别房间"分栏选择"按房间识别装修表"功能,如图12.85所示。

图12.85

③左键拉框选择装修表,单击鼠标右键确认,如图12.86所示。

④在"按房间识别装修法"对话框中,在第一行的空白行处单击鼠标左键,从下拉框中选择对应列关系,单击"识别"按钮。

图 12.86

【说明】

①对于构件类型识别错误的行,可以调整"类型"列中的构件类型;

②可利用表格的一些功能对表格内容进行核对和调整,删除无用的部分;

③需要对应装修表的信息,在第一行的空白行处单击鼠标右键,从下拉框中选择对应列关系,如第一列识别出来的抬头是空,对应第一行,应选择"房间";

④需要将每种门窗所属楼层进行正确匹配,单击所属楼层下的符号,进入"所属楼层"对话框,如图 12.87 所示,将所属楼层进行勾选。

图 12.87

调整后的表格如图 12.88 所示。

图 12.88

⑤识别成功后,软件会提示识别到的构件个数,如图12.89所示。

图12.89

【说明】

　　房间装修表识别成功后,软件会按照图纸上房间与各装修构件的关系自动建立房间并自动依附装修构件,如图12.90所示。

图12.90

2)按构件识别装修表(拓展)

图纸中没有体现房间与房间内各装修之间的对应关系,在此,假设装修如图12.91所示。

装 修 一 览 表

类别	名　称	使 用 部 位	做法编号	备　注
地　面	水泥砂浆地面	全部	编号1	
楼　面	陶瓷地砖楼面	一层楼面	编号2	
楼　面	陶瓷地砖楼面	二至五层的卫生间、厨房	编号3	
楼　面	水泥砂浆楼面	除卫生间厨房外全部	编号4	水泥砂浆毛面找平

图12.91

①在图纸管理界面"添加图纸",添加一张带有装修做法表的图纸。

②在"建模"选项卡中"识别房间"分栏选择"按构件识别装修表"功能。

③左键拉框选择装修表,单击鼠标右键确认。

④在"按构件识别装修表"对话框中,在第一行的空白行处单击鼠标左键,从下拉框中选择对应列关系,单击"识别"按钮,如图12.92所示。

图12.92

⑤识别完成后软件会提示识别到的构件个数,共10个构件。

【说明】

这种情况下需要在识别完装修构件后,再建立房间构件,然后把识别好的装修构件依附到房间里,最后画房间即可。

识别装修

评价反馈

序号	评价项目	评价标准	满分	评价			综合评分
				自评	互评	师评	
1	识别楼层	(1) 正确进行图纸管理; (2) 正确识别楼层完成楼层创建。	10				
2	识别轴网	(1) 正确选择图纸进行轴网识别; (2) 正确完成轴网的创建。	10				
3	识别柱	(1) 正确选择图纸进行柱表识别,完成柱构件创建; (2) 正确选择图纸进行柱识别,完成柱图元绘制; (3) 核对识别的构件及图元,对识别错误的地方进行修正; (4) 汇总计算工程量,查验柱工程量。	10				
4	识别梁	(1) 正确选择图纸进行梁识别; (2) 通过梁识别正确完成梁构件创建及梁图元绘制; (3) 核对识别的构件及图元,对识别错误的地方进行修正; (4) 汇总计算工程量,查验梁工程量。	10				

续表

序号	评价项目	评价标准	满分	评价			综合评分
				自评	互评	师评	
5	识别板及板钢筋	（1）正确选择图纸进行板及板钢筋识别； （2）通过板识别正确完成梁构件创建及板图元绘制； （3）通过板钢筋识别正确完成板钢筋图元绘制； （4）核对识别的构件及图元，对识别错误的地方进行修正； （5）汇总计算工程量，查验板及板钢筋工程量。	10				
6	识别砌体墙	（1）正确选择图纸进行识别； （2）通过砌体墙识别正确完成砌体墙构件创建及砌体墙图元绘制； （3）核对识别的构件及图元，对识别错误的地方进行修正； （4）汇总计算工程量，查验砌体墙工程量。	10				
7	识别门窗	（1）正确选择图纸进行门窗表识别，完成门窗构件创建； （2）正确选择图纸进行门窗识别，完成柱图元绘制； （3）核对识别的构件及图元，对识别错误的地方进行修正； （4）汇总计算工程量，查验门窗工程量。	10				
8	识别独立基础	（1）正确选择图纸进行独基表识别，完成独立基础构件创建； （2）正确选择图纸进行独立基础识别，完成独立基础图元绘制； （3）核对识别的构件及图元，对识别错误的地方进行修正； （4）汇总计算工程量，查验独立基础工程量。	10				
9	识别装修	（1）正确选择图纸进行装修表识别，完成房间创建； （2）正确选择图纸进行房间识别，完成房间图元绘制； （3）核对识别的构件及图元，对识别错误的地方进行修正； （4）汇总计算工程量，查验装修工程量。	10				
10	工作过程	（1）遵守纪律，按时提交工作成果； （2）乐学善学，具备自主学习能力； （3）求真务实，实践中国工匠精神； （4）团结协作，积极参与小组活动； （5）与时俱进，创新智慧领航前行。	10				
小计			100				

自我总结

请针对任务的完成情况，对相关知识点与技能点、知识难点与重点、工作流程与方法、自我感受等内容进行梳理与总结。

13 报表实例

通过本章的学习,你将能够:
熟悉编制工程量清单。

一、任务说明

按照国家及地方标准规范、工程设计及招标等文件的要求,编制工程量清单。

二、任务分析

工程量清单的内容和格式是如何规定的?

如何通过BIM土建计量平台编制工程量清单?

三、任务实施

①在BIM土建计量平台中,汇总计算整个工程楼层后,单击"工程量"选项卡中的"查看报表",切换到"报表"界面。

②"设置报表范围",选择"土建报表量"中的"清单工程量",导出EXCEL报表。

③根据国家及地方标准规范、工程设计及招标等文件的要求,在导出的EXCEL报表中,手动添加钢筋工程量清单、措施项目清单等,完善工程量清单。

四、任务结果

工程量清单实例(扫二维码阅读)。

工程量清单
报表

下篇
建筑工程计价

14 编制招标控制价要求

通过本章的学习,你将能够:

(1)了解工程概况及招标范围;

(2)了解招标控制价的编制依据;

(3)了解造价的编制要求;

(4)掌握工程量清单样表。

1)工程概况及招标范围

①工程概况:本建筑物用地概貌属于平缓场地,为二类多层办公建筑,合理使用年限为50年,抗震设防烈度为7度,结构类型为框架结构体系,总建筑面积为3 155.18 m²,建筑层数为地上4层,地下1层,檐口距地高度为14.850 m。

②工程地点:××市区。

③招标范围:第一标段结构施工图及第二标段建筑施工图的全部内容。

④本工程计划工期为180天,经计算定额工期210天,合同约定开工日期为2024年5月1日。

⑤建筑类型:公共建筑。

2)招标控制价编制依据

该工程的招标控制价依据《建设工程工程量清单计价规范》(GB 50500—2013)、《重庆市建筑工程消耗量标准》(2018)、《重庆市房屋建筑与装饰工程计价定额》(2018)、《重庆市建设工程费用定额》(2018)、重庆市市区信息价(2024年1月)以及配套解释和相关文件,结合工程设计及相关资料、施工现场情况、工程特点及合理的施工方法,以及建设工程项目的相关标准、规范、技术资料编制。

3)造价编制要求

(1)价格约定

①除暂估材料及甲供材料外,材料价格按"重庆市2024年1月工程造价信息"及市场价计取。

②综合人工(建筑)按115元/工日计,综合人工(装饰)按125元/工日计。

③计税方式按一般计税法,纳税地区为市区,增值税为9%,附加税为12%。

④安全文明施工费、规费足额计取。

⑤暂列金额为100万元。

⑥幕墙工程(含预埋件)为专业工程暂估价80万元。

(2)其他要求

①原始地貌暂按室外地坪考虑,开挖设计底标高暂按垫层底标高,放坡宽度暂按300 mm计算,放坡坡度按0.3计算,按挖土考虑,外运距离1 km。

②所有混凝土采用商品混凝土计算。

③旋转玻璃门M5021材料单价按42 735.04元/樘计算。

④本工程大型机械进出场费用，暂按塔吊1台、挖机1台计算。

⑤本工程设计的砂浆都为非现拌砂浆，为干混商品砂浆计算。

⑥不考虑总承包服务费及施工配合费。

4)甲供材料一览表(表14.1)

表14.1　甲供材料一览表

序号	名称	规格型号	单位	单价(元)
1	C15商品混凝土	最大粒径40 mm	m³	440
2	C25商品混凝土	最大粒径40 mm	m³	470
3	C30商品混凝土	最大粒径40 mm	m³	480
4	C30 P6商品混凝土	最大粒径40 mm	m³	490
5	C15细石商品混凝土	最大粒径40 mm	m³	460

5)材料暂估单价表(表14.2)

表14.2　材料暂估单价表

序号	名称	规格型号	单位	单价(元)
1	面砖		m²	42
2	防滑地砖	10 mm厚防滑地砖	m²	33
3	高级地面砖	10 mm厚	m²	35
4	深色地面砖	400 mm×100 mm	m²	43
5	花岗石板	500 mm×400 mm×20 mm	m²	138
6	大理石	20 mm	m²	136
7	深色大理石	800 mm×100 mm	m²	136
8	普通大理石	20 mm	m²	135
9	装饰石材		m²	135

6)计日工表(表14.3)

表14.3　计日工表

序号	名称	工程量	单位	单价(元)	备注
1	人工				
	木工	10	工日	250	
	瓦工	10	工日	300	
	钢筋工	10	工日	280	
2	材料				
	砂子(中粗)	5	m³	72	
	水泥	5	m³	460	
3	施工机械				
	载重汽车	1	台班	1 000	

7)评分办法(表14.4)

表14.4 评分办法

序号	评标内容	分值范围	说明
1	工程造价	70	不可竞争费单列
2	工程工期	5	招标文件要求工期进行评定
3	工程质量	5	招标文件要求质量进行评定
4	施工组织设计	20	招标工程的施工要求、性质等进行评定

8)报价单(表14.5)

表14.5 报价单

工程名称	第　　标段　　(项目名称)	
工程控制价		
其中	安全文明施工措施费(万元)	
	税金(万元)	
	规费(万元)	
除不可竞争费外工程造价(万元)		
措施项目费用合计(不含安全文明施工措施费)(万元)		

9)工程量清单样表

工程量清单样表参见《建设工程工程量清单计价规范》(GB 50500—2013),主要包括以下表格(具体内容可在软件报表中查看)。

①封面：封-2。

②总说明：表-01。

③单项工程招标控制价汇总表：表-03。

④单位工程招标控制价汇总表：表-04。

⑤分部分项工程和单价措施项目清单与计价表：表-08。

⑥综合单价分析表：表-09。

⑦总价措施项目清单与计价表：表-11。

⑧其他项目清单与计价汇总表：表-11。

⑨暂列金额明细表：表-12-1。

⑩材料（工程设备）暂估单价及调整表：表-12-2。

⑪专业工程暂估价及结算价表：表-12-3。

⑫计日工表：表-12-4。

⑬总承包服务费计价表：表-12-5。

⑭规费、税金项目计价表：表-13。

⑮主要材料价格表。

15 编制招标控制价

通过本章的学习,你将能够:

(1)掌握招标控制价的编制过程和编制方法;

(2)熟悉招标控制价的组成内容。

15.1 新建招标项目结构

通过本节的学习,你将能够:

(1)建立建设项目;

(2)建立单项工程;

(3)建立单位工程;

(4)按标段多级管理工程项目;

(5)修改工程属性。

一、任务说明

在计价软件中完成招标项目的建立。

二、任务分析

①招标项目的单项工程和单位工程分别是什么?

②单位工程的造价构成是什么?各构成所包括的内容分别又是什么?

三、任务实施

①新建预算。单击"招标项目"。

输入项目名称、项目编码、地区标准、定额标准、单价形式等信息,单击"立即新建",如图14.1所示。

图15.1

②输入项目信息,如图15.2所示。

图15.2

【注意】

在建设项目下,可以新建单项工程;在单项工程下,可以新建单位工程,如图15.3所示。

图15.3

③单击右键将"单项工程"重命名为"1号办公楼",单击"单位工程",选择"公共建筑工程",完成工程信息输入,如图15.4所示。

图15.4

四、任务结果

任务结果参考图15.3和图15.4。

五、总结拓展

1)标段结构保护

项目结构建立完成后,为防止误操作而更改项目结构内容,用鼠标右键单击项目名称,选择"标段结构保护"对项目结构进行保护,如图15.5所示。

图 15.5

2)编辑

①在项目结构中进入单位工程进行编辑时，可直接用鼠标右键双击项目结构中的单位工程名称或者选中需要编辑的单位工程。

②也可以直接用鼠标左键单击"1号办公楼"及单位工程进入。

新建招标
项目结构

15.2 导入GTJ算量工程文件

通过本节的学习，你将能够：

(1)导入算量文件；

(2)整理清单项；

(3)项目特征描述；

(4)增加、补充清单项。

一、任务说明

①导入算量工程文件。

②添加钢筋工程清单和定额，以及相应的钢筋工程量。

③补充其他清单项。

二、任务分析

①算量与计价软件的接口在哪里?

②分部分项工程中如何增加钢筋工程量?

三、任务实施

1)导入图形算量文件

①进入单位工程界面,单击"量价一体化",选择"导入算量文件",如图15.6所示,选择相应图形算量文件。

图15.6

②弹出如图15.7所示的"打开文件"对话框,选择算量文件所在的位置,单击"打开"按钮即可。

图15.7

然后再检查列是否对应,无误后单击"导入"按钮即可完成算量工程文件的导入,如图15.8所示。

图15.8

2)整理清单

在分部分项界面进行分部分项整理清单项。

①单击"整理清单",选择"分部整理",如图15.9所示。

图15.9

②弹出如图15.10所示的"分部整理"对话框,选择按专业、章、节整理后,单击"确定"按钮。

图15.10

③清单项整理完成后,如图15.11所示。

图 15.11

3)项目特征描述

项目特征描述主要有以下3种方法：

①图形算量中已包含项目特征描述的，在"特征及内容"界面下选择"应用规则到全部清单"即可，如图15.12所示。

②选择清单项，可以在"特征及内容"界面进行添加或修改来完善项目特征，如图15.13所示。

图15.12   图15.13

③直接单击清单项中的"项目特征"对话框，进行修改或添加，如图15.14所示。

图15.14

4)补充清单项

完善分部分项清单,将项目特征补充完整,方法如下：

①单击"插入"按钮，选择"插入清单"和"插入子目"，如图15.15所示。

②单击鼠标右键选择"插入清单"和"插入子目"，如图15.16所示。

图15.15   图15.16

该工程需补充的清单子目如下(仅供参考):

①增加钢筋清单项,如图15.17所示。

010515001001	项	现浇构件钢筋	[工作内容] 1.钢筋制作、运输 2.钢筋安装 3.焊接(绑扎)	□	t	39.821			39.821
AE0177	定	现浇钢筋 钢筋直径 φ10mm以内			t	QDL		1	39.821
010515001002	项	现浇构件钢筋	[工作内容] 1.钢筋制作、运输 2.钢筋安装 3.焊接(绑扎)	□	t	135.51			135.51
AE0178	定	现浇钢筋 钢筋直径 φ10mm以上			t	QDL		1	135.51
010515001003	项	现浇构件钢筋	[工作内容] 1.钢筋制作、运输 2.钢筋安装 3.焊接(绑扎)	□	t	8.08			8.08
AE0179	定	现浇钢筋 箍筋			t	QDL		1	8.08
010516003001	项	机械连接	[工作内容] 1.钢筋套丝 2.套筒连接	□	个	2506			2506
AE0194	定	机械连接 钢筋直径(mm) 25以内			10个	QDL		0.1	250.6
010516003002	项	机械连接	[工作内容] 1.钢筋套丝 2.套筒连接	□	个	524			524
AE0195	定	机械连接 钢筋直径(mm) 25以上			10个	QDL		0.1	52.4

图15.17

②补充雨水配件等清单项,如图15.18所示。

010902004001	项	屋面排水管	[工作内容] 1.排水管及配件安装、固定 2.雨水斗、山墙出水口、雨水 算子安装 3.接缝、嵌缝 4.刷漆	□	m	14.85*4			59.4
AJD034 ···	定	塑料水落管(直径mm) φ75			10m	QDL		0.1	5.94

图15.18

四、检查与整理

1)整体检查

①对分部分项的清单与定额的套用做法进行检查,确认是否有误。

②查看整个分部分项中是否有空格，如有，则删除。

③按清单项目特征描述校核套用定额的一致性，并进行修改。

④查看清单工程量与定额工程量的数据的差别是否正确。

2)整体进行分部整理

对于分部整理完成后出现的"补充分部"清单项，可以调整专业章节位置至应该归类的分部。具体操作如下：

①鼠标右键单击清单项编辑界面，选择"页面显示列设置"，在弹出的"页面显示列设置"对话框中勾选"指定专业章节位置"，如图15.19和图15.20所示。

图15.19

图15.20

②单击清单项的"指定专业章节位置"，弹出"指定专业章节"对话框，选择相应的分部，调整完后再进

行分部整理。

五、单价构成

在对清单项进行相应的补充、调整后,需要对清单的单价构成进行费率调整。具体操作如下:

①在工具栏中单击"单价构成"→"单价构成",如图15.21所示。

图15.21

②根据专业选择对应"管理取费文件"下的对应费率,如图15.22所示。

	序号	费用代号	名称	计算基数	基数说明	费率(%)	费用类别	备注	是否输出
1	1	A	定额综合单价	A1 + A2 + A3 + A4 + A5 + A6	定额人工费+定额材料费+定额施工机具使用费+企业管理费+利润+一般风险费		直接费		☑
2	1.1	A1	定额人工费	RGF	人工费		定额人工费		☑
3	1.2	A2	定额材料费	CLF	材料费		定额材料费		☑
4	1.3	A3	定额施工机具使用费	JXF	机械费		定额机械费		☑
5	1.4	A4	企业管理费	A1 + A3	定额人工费+定额施工机具使用费	24.1	企业管理费		☑
6	1.5	A5	利润	A1 + A3	定额人工费+定额施工机具使用费	12.92	利润		☑
7	1.6	A6	一般风险费	A1 + A3	定额人工费+定额施工机具使用费	1.5	一般风险费		☑
8	2	B	未计价材料	ZCSCJHJ + SBSCJHJ	主材市场价合计+设备市场价合计		未计价材料费		☑
9	3	C	人材机价差	C1 + C2 + C3	人工费价差+材料费价差+施工机具使用费价差				☑
10	3.1	C1	人工费价差	RGJC	人工费价差		人工费价差		☑
11	3.2	C2	材料费价差	CLJC	材料费价差		材料费价差		☑
12	3.3	C3	施工机具使用费价差	C3_1 + C3_2	机上人工费价差+燃料动力费价差		机械费价差		☑
13	3.3.1	C3_1	机上人工费价差	JSRGFJC	机上人工费价差				☑
14	3.3.2	C3_2	燃料动力费价差	RLDLFJC	燃料动力费价差				☑
15	4	D	其他风险费				其他风险费		☑
	5		综合单价	A + B + C + D	定额综合单价+未计价材料+人材机差+其他		工程造价		☑

已有取费文件:公共建筑工程、住宅工程、工业建筑工程、仿古建筑工程、烟囱、水塔、筒仓、贮池、生化池、道路工程、桥梁工程、隧道工程、广(停车)场、排水工程、过河工程、挡墙工程、盾构工程、高架桥工程、地下工程、轨道工程、机械(爆破)土石方工程、围墙工程、房屋建筑修缮工程、钢结构工程、装饰工程、幕墙工程

保存模板　载入模板　上移　下移　查询费用代码　查询费率　　单价构成文件:公共建筑工程

确定　取消

图15.22

六、任务结果

详见报表实例。

导入GTJ算量工程文件

15.3	**计价中的换算**

通过本节的学习,你将能够:

(1)掌握清单与定额的套定一致性;

(2)调整人材机系数;

(3)换算混凝土、砂浆强度等级;

(4)补充或修改材料名称。

一、任务说明

根据编制要求、规范要求及项目特征描述,完成对应换算。

二、任务分析

①如何确定清单与定额套定的一致性?

②如何调整人材机系数?

③分部分项工程中如何换算混凝土、砂浆?

④清单描述与定额子目材料名称不同时,应如何进行修改?

三、任务实施

1)替换子目

根据清单项目特征描述校核套用定额的一致性,如果套用子目不合适,可单击"查询",选择相应子目进行"替换",如图15.23所示。

图15.23

2)子目换算

按清单描述进行子目换算时,主要包括以下3个方面的换算。

①调整人材机系数。以砌块墙为例,介绍调整人材机系数的操作方法。定额中说明"定额中的墙体砌筑高度是按3.6 m进行编制的,超过3.6 m时,其超过部分工程量的定额人工乘以系数1.3",按相应项目人工乘以系数1.10,其他不变,如图15.24所示。

图15.24

②换算混凝土、砂浆强度等级时,方法如下:

a. 标准换算。选择需要换算混凝土强度等级的定额子目,在"标准换算"界面下选择相应的混凝土强度等级,本项目选用的全部为商品混凝土,如图15.25所示。

图15.25

b. 批量系数换算。若清单中的材料进行换算的系数相同时,可选中所有换算内容相同的清单项,单击常用功能中的"其他",选择"批量换算",如图15.26所示。在弹出的"批量换算"对话框中对材料进行换算，如图15.27所示。

图15.26

图15.27

③修改材料名称。若项目特征中要求材料与子目相对应，人材机材料不相符时，需要对材料名称进行修改。下面以混凝土及钢筋混凝土工程按混凝土等级划分为例，介绍人材机中材料名称的修改。

选择需要修改的定额子目，在"工料机显示"界面下的"规格及型号"一栏备注混凝土型号等级，如图15.28所示。

图15.28

四、任务结果

详见报表实例。

五、总结拓展

锁定清单

在所有清单项补充完整之后,可运用"锁定清单"对所有清单项进行锁定,锁定之后的清单项将不能再进行添加和删除等操作。若要进行修改,需先对清单项进行解锁,如图15.29所示。

图15.29

15.4 其他项目清单

通过本节的学习,你将能够:

(1)编制暂列金额;

(2)编制专业工程暂估价;

(3)编制计日工表。

一、任务说明

①根据招标文件所述,编制其他项目清单。

②按本工程招标控制价编制要求,本工程暂列金额为100万元(列入建筑工程专业)。

③本工程幕墙(含预埋件)为专业暂估工程,暂估工程价为80万元。

二、任务分析

①其他项目清单中哪几项内容不能变动?

②暂估材料价如何调整?计日工是不是综合单价?应如何计算?

三、任务实施

1)添加暂列金额

单击"其他项目",如图15.30所示。

图 15.30

单击"暂列金额",按招标文件要求暂列金额为1000000元,在名称中输入"暂估工程价",在金额中输入"1000000",如图15.31所示。

图 15.31

2)添加专业工程暂估价

选择"其他项目"→"专业工程暂估价",按招标文件内容,幕墙工程(含预埋件)为专业暂估工程,在工程名称中输入"玻璃幕墙工程",在金额中输入"800000",如图15.32所示。

图 15.32

3)添加计日工

选择"其他项目"→"计日工费用",按招标文件要求,本项目有计日工费用,需要添加计日工,如图15.33所示。

图 15.33

添加材料时,如需增加费用行,可用鼠标右键单击操作界面,选择"插入费用行"进行添加即可,如图15.34所示。

图 15.34

四、任务结果

详见报表实例。

五、总结拓展

总承包服务费

在工程建设施工阶段实行施工总承包时,当招标人在法律、法规允许的范围内对工程进行分包和自行采购供应部分设备、材料时,要总承包人提供相关服务(如分包人使用总包人脚手架、水电接剥等)和施工现场管理等所需的费用。

其他项目清单

15.5 编制措施项目

通过本节的学习,你将能够:
(1)编制安全文明施工措施费;
(2)编制脚手架、模板、大型机械等技术措施项目费。

一、任务说明

根据招标文件所述,编制措施项目:
①参照定额及造价文件计取安全文明施工措施费。
②编制垂直运输、脚手架、大型机械进出场费用。
③提取分部分项模板项目,完成模板费用的编制。

二、任务分析

①措施项目中按项计算与按量计算有什么不同? 分别如何调整?
②安全文明施工措施费与其他措施费有什么不同?

三、任务实施

①本工程安全文明施工措施费足额计取,在对应的计算基数和费率一栏中填写即可。

②依据定额计算规则,选择对应的二次搬运费费率和夜间施工增加费费率。本项目不考虑二次搬运、夜间施工及冬雨季施工。

③提取模板项目,正确选择对应模板项目以及需要计算超高的项目。在措施项目界面"其他"下拉菜单中选择"提取模板项目",如果是从土建算量软件导入结果,就可以省略上面的操作,如图15.35和图15.36所示。

④完成垂直运输和脚手架的编制,如图15.37所示。

图 15.35

图 15.36

序号	类别	名称	单位	项目特征	主要清单	组价方式	计算基数	费率(%)	工程量	综合单价
☐ 011701001001		综合脚手架	m2	【项目特征】 1.建筑结构形式:框架结构 2.檐口高度:14.44	☐	可计量清单			3055.18	27.69
AP0007 *1.1	换	多层建筑综合脚手架 檐高(m) 20以内 层高超过3.6m,增加1m(不足1m按1m计算) 单价*1.1	100m2						12.5388	2925.45
AP0007	定	多层建筑综合脚手架 檐高(m) 20以内	100m2						18.013	2659.51
☐ 011703001001		垂直运输	m2	【工作内容】 1.在施工工期内完成全部工程项目所需要的垂直运输机械台班 2.合同工期期间垂直运输机械的修理与保养	☐	可计量清单			3055.18	25.85
AP0045	定	多、高层 檐高(m以内) 30	100m2						30.5518	2585.43

图 15.37

四、任务结果

详见报表实例。

措施项目编制及
人材机调整

15.6 调整人材机

通过本节的学习,你将能够:
(1)调整定额工日;
(2)调整材料价格;
(3)增加甲供材料;
(4)添加暂估材料。

一、任务说明

根据招标文件所述导入信息价,按招标要求修正人材机价格:
①按照招标文件规定,计取相应的人工费。
②材料价格按"重庆市2024年1月工程造价信息"及市场价调整。
③根据招标文件,编制甲供材料及暂估材料。

二、任务分析

①有效信息价是如何导入的? 哪些类型的价格需要调整?
②甲供材料价格如何调整?
③暂估材料价格如何调整?

三、任务实施

①在"人材机汇总"界面下,选择"载价"→"批量载价"按照招标文件要求的"重庆市2024年1月工程造价信息"对材料"市场价"进行调整,如图15.38所示。

图15.38

②按照招标文件的要求,对于甲供材料可以在供货方式处选择"甲供材料",如图15.39所示。

编码	类别	名称	规格型号	单位	数量	预算价	市场价	价格来源	市场价合计	价差	价差合计	供货方式
84020114001	商砼	商品砼	C30	m3	215.1074	266.99	480	自行调价	103251.55	213.01	45820.03	甲供材料
84020114002	商砼	商品砼	C15	m3	106.8683	266.99	440	自行调价	47022.05	173.01	18489.28	甲供材料
84020114003	商砼	商品砼	C25	m3	33.3836	266.99	470	自行调价	15690.29	203.01	6777.2	甲供材料
84020114004	商砼	商品砼	C30P6	m3	1142.8698	266.99	490	自行调价	560006.2	223.01	254871.39	甲供材料
84020114006	商砼	细石商品砼	C15	m3	7.6828	266.99	460	自行调价	3534.09	193.01	1482.86	甲供材料
84020201170	商砼	商品砼 C30		m3	30.6	266.99	485	主城区（重庆）信息价(2019年04月)	14841	218.01	6671.11	甲供材料

图15.39

③按照招标文件要求,对于暂估材料表中要求的暂估材料,可以在"人材机汇总"中将暂估材料选中,如图15.40所示。

编码	类别	名称	规格型号	单位	数量	预算价	市场价	价格来源	市场价合计	价差	价差合计	供货方式	是否暂估	市场价锁定
070101300	材	面砖		m2	1977.8776	30	42		83070.86	12	23734.53	自行采购	☑	☑
07050200001	材	地面砖	10mm厚高级地砖	m2	1447.9253	32.48	35		50677.39	2.52	3648.77	自行采购	☑	☑
07050200002	材	地面砖	10mm防滑地砖	m2	44.2493	32.48	33		1460.23	0.52	23.01	自行采购	☑	
07050200003	材	地面砖	400×100深色地砖	m2	140.8493	32.48	43		6056.52	10.52	1481.73	自行采购	☑	☑
08030033102	材	花岗石板	500×400×20	块	179.7058	39.32	138		24799.4	98.68	17733.37	自行采购	☑	☑
082100010	材	装饰石材		m2	132.1593	120	135		17841.51	15	1982.39	自行采购	☑	☑
08210001001	材	装饰石材	20mm大理石	m2	413.9364	120	136		56295.35	16	6622.98	自行采购	☑	☑
08210001002	材	装饰石材	800×100深色大理石	m2	117.273	120	136		15949.13	16	1876.37	自行采购	☑	☑

图15.40

四、任务结果

详见报表实例。

五、总结拓展

1)市场价锁定

对于招标文件要求的内容,如甲供材料表、暂估材料表中涉及的材料价格是不能进行调整的,为了避免在调整其他材料价格时出现操作失误,可使用"市场价锁定"对修改后的材料价格进行锁定,如图15.41所示。

编码	类别	名称	规格型号	单位	数量	预算价	市场价	价格来源	市场价合计	价差	价差合计	供货方式	是否暂估	市场价锁定
07050200001	材	地面砖	10mm厚高级地砖	m2	1447.9253	32.48	35		50677.39	2.52	3648.77	自行采购	☑	☑
07050200002	材	地面砖	10mm防滑地砖	m2	44.2493	32.48	33		1460.23	0.52	23.01	自行采购	☑	☑
07050200003	材	地面砖	400×100深色地砖	m2	140.8493	32.48	43		6056.52	10.52	1481.73	自行采购	☑	☑
08030033102	材	花岗石板	500×400×20	块	179.7058	39.32	138		24799.4	98.68	17733.37	自行采购	☑	☑
082100010	材	装饰石材		m2	132.1593	120	135		17841.51	15	1982.39	自行采购	☑	☑
08210001001	材	装饰石材	20mm大理石	m2	413.9364	120	136		56295.35	16	6622.98	自行采购	☑	☑
08210001002	材	装饰石材	800×100深色大理石	m2	117.273	120	136		15949.13	16	1876.37	自行采购	☑	☑

图15.41

2)显示对应子目

对于"人材机汇总"中出现的材料名称异常或数量异常的情况,可直接用鼠标右键单击相应材料,选择"显示对应子目",在分部分项中对材料进行修改,如图15.42所示。

3)市场价存档

对于同一个项目的多个标段,发包方会要求所有标段的材料价保持一致,在调整好一个标段的材料价后,可运用"存价"将此材料价运用到其他标段,如图15.43所示。

在其他标段的"人材机汇总"中使用该市场价文件时,可运用"载价",载入Excel市场价文件,如图15.44所示。

图15.42

图15.43　　　　　　　　　　　　　　　　　图15.44

导入Excel市场价文件之后,需要先识别材料号、名称、规格、单位、单价等信息,如图15.45所示。

图15.45

识别完需要的信息后,需要选择匹配选项,然后单击"导入"按钮即可,如图15.46所示。

图15.46

15.7 计取规费和税金

通过本节的学习,你将能够:
(1)查看费用汇总;
(2)修改报表样式;
(3)调整规费、税金。

一、任务说明

在预览报表状态下对报表格式及相关内容进行调整和修改,根据招标文件所述内容和定额规定计取规费和税金。

二、任务分析

①规费都包含哪些项目?
②税金是如何确定的?

三、任务实施

①在"取费设置"界面,可选择费用条件,并对不同专业费率进行调整,如图15.47所示。

图 15.47

②在"费用汇总"界面,查看"工程费用构成",如图15.48所示。

图 15.48

【注意】

费用汇总中可查看规费和税金等,规费和税金的基数和费率可进行调整。

③进入"报表"界面,选择"招标控制价",勾选需要输出的报表,单击鼠标右键选择"报表设计",如图15.49所示;或直接单击"报表设计器",进入"报表设计器"界面调整列宽及行距等格式,如图15.50所示。

图15.49

图15.50

④单击文件,选择"报表设计预览",如需修改,关闭预览,重新调整。

四、任务结果

详见报表实例。

五、总结拓展

调整规费

如果招标文件对规费有特别要求的,可在规费的费率一栏中进行调整,如图15.51所示。本项目没有特别要求,按软件默认设置即可。

图15.51

费用汇总及
标书生成

15.8 生成电子招标文件

通过本节的学习,你将能够:
(1)使用"项目自检"功能进行检查并对检查结果进行修改;
(2)运用软件生成招标书。

一、任务说明
根据招标文件所述内容生成招标书。

二、任务分析
①输出招标文件之前有检查要求吗?
②输出的招标文件是什么类型?如何使用?

三、任务实施

1)项目自检

①在"编制"页签下,单击"项目自检",如图15.52所示。

图15.52

②在"项目自检"对话框中,选择需要检查的项目名称,可以设置检查范围和检查内容,如图15.53所示。

图15.53

③根据生成的"检查结果"对单位工程中的内容进行修改,检查报告如图15.54所示。

图15.54

④还可通过"云检查",判断工程造价计算的合理性,如图15.55所示。

图15.55

2)生成招标书

①在"电子标"页签下,单击"生成招标书",如图15.56所示。

②在"导出标书"对话框中,选择导出位置以及需要导出的标书类型,单击"确定"按钮即可,如图15.57所示。

图15.56   图15.57

四、任务结果

详见报表实例。

五、总结拓展

在生成招标书之前,软件会进行友情提醒:"生成标书之前,最好进行自检",以免出现不必要的错误!假如未进行项目自检,则可单击"是",进入"项目自检"界面;假如已进行项目自检,则可单击"否",如图15.58所示。

图15.58

评价反馈

序号	评价项目	评价标准	满分	评价			综合评分
				自评	互评	师评	
1	新建招标项目	（1）招标项目的各项标准采用正确； （2）招标项目结构正确。	10				
2	分部分项工程清单费用	（1）正确导入计量成果； （2）分部分项工程项目清单5项完整； （3）清单项目输入正确； （4）项目特征输入完整、准确； （5）工程量输入正确； （6）定额套用正确； （7）定额工程量提量正确； （8）定额换算操作正确； （9）暂估单价、甲供材料操作正确； （10）价格调整操作正确。	30				

续表

序号	评价项目	评价标准	满分	评价			综合评分
				自评	互评	师评	
3	措施项目费用	（1）单价措施项目编制正确； （2）总价措施项目编制正确； （3）措施项目费计算正确。	20				
4	其他项目、规费与税金项目费用	（1）暂列金额编制正确； （2）暂估价编制正确； （3）计日工编制正确； （4）总承包服务费编制正确； （5）规费与税金计算正确。	20				
5	招标控制价文件编制	（1）招标控制价文件组成完整、装订顺序正确； （2）封面、扉页及编制说明填写正确； （3）导出招标控制价文件操作正确； （4）导出电子标操作正确。	10				
6	工作过程	（1）遵守纪律，按时提交工作成果； （2）乐学善学，具备自主学习能力； （3）求真务实，实践中国工匠精神； （4）团结协作，积极参与小组活动； （5）与时俱进，创新智慧领航前行。	10				
小计			100				

自我总结

请针对任务的完成情况，对相关知识点与技能点、知识难点与重点、工作流程与方法、自我感受等内容进行梳理与总结。

16 报表实例——工程计价文件

通过本章的学习，你将能够：
熟悉编制招标控制价时需要打印的表格。

一、任务说明
按照招标文件的要求，打印相应的报表，并装订成册。

二、任务分析
①招标文件的内容和格式是如何规定的？
②如何检查打印前的报表是否符合要求？

三、任务实施
①检查报表样式。
②设定需要打印的报表。

四、任务结果
工程量清单招标控制价实例(由于篇幅限制，本书仅提供报表的部分内容，全部内容详见电子版)。

计价实例报表

1号办公楼项目　工程
招标控制价

招标控制价(小写):8110436.62

　　　(大写):捌佰壹拾壹万零肆佰叁拾陆元陆角贰分

其中:安全文明施工费用(小写):223455.04

　　　(大写):贰拾贰万叁仟肆佰伍拾伍元零肆分

工程造价

招标人:_____　　　咨询人:_____

　　　　　（单位盖章）　　　　　　　　　　　　　　（单位资质专用章）

法定代理人　　　　　　　　　　　　法定代表人

或其授权人:_____　　　或其授权人:_____

　　　　　（签字或盖章）　　　　　　　　　　　（签字或盖章）

编制人:_____　　　审核人:_____

　　　（造价人员签字盖专用章）　　　　　（造价工程师签字盖专用章）

时　间:　　　年　　月　　日

建设项目招标控制价汇总表

工程名称:1号办公楼项目　　　　　　　　　　　　　　　　　　　　　　第1页 共1页

序号	单项工程名称	金额(元)	其中		
			暂估价(元)	安全文明施工费(元)	规费(元)
1	1号办公楼	8110436.62	1057838.32	223455.04	159870.81
合计		8110436.62	1057838.32	223455.04	159870.81

注:本表适用于建设项目招标控制价或投标报价的汇总。暂估价包括分部分项工程中的暂估价和专业工程暂估价。

单项工程招标控制价汇总表

工程名称:1号办公楼

序号	单位工程名称	金额(元)	其中		
			暂估价(元)	安全文明 施工费(元)	规费(元)
1	建筑工程	5282915.13	24799.4	168607.26	90018.37
2	装饰工程	2827521.49	1033038.92	54847.78	69852.44
	合计	8110436.62	1057838.32	223455.04	159870.81

注：本表适用于单项工程招标控制价或投标报价的汇总。暂估价包括分部分项工程中的暂估价和专业工程暂估价。

单位工程招标控制价汇总表

工程名称:建筑工程 　　　　　　　　　　　　　　　　　　　　　　　　　　　　第1页 共1页

序号	汇总内容	金额(元)	其中:暂估价(元)
1	分部分项工程费	2759733.96	24799.4
1.1	A.1土石方工程	57410.15	
1.2	A.4砌筑工程	302609.69	
1.3	A.5混凝土及钢筋混凝土工程	1922618.62	24799.4
1.4	A.6金属结构工程	11902.69	
1.5	A.8门窗工程	167711.36	
1.6	A.9屋面及防水工程	297481.45	
2	措施项目费	1003476.1	
2.1	其中:安全文明施工费	168607.26	
3	其他项目费	1011960	
4	规费	90018.37	—
5	税金	417726.7	—
	招标控制价合计=1+2+3+4+5	5282915.13	24799.4

注: 1.本表适用于单位工程招标控制价或投标报价的汇总,如无单位工程划分,单项工程也使用本表汇总。
　　 2.分部分项工程、措施项目中暂估价中应填写材料、工程设备暂估价,其他项目中暂估价应填写专业工程暂估价。

措施项目汇总表

序号	项目名称	金额(元)	
		合价	其中:暂估价
1	施工技术措施项目	777124.49	
2	施工组织措施项目	226351.61	
2.1	其中:安全文明施工费	168607.26	
2.2	建设工程竣工档案编制费	3663.54	
	措施项目费合计=1+2	1003476.1	

分部分项工程项目清单计价表

工程名称:建筑工程　　　　　　　　　　　　　　　　　　　　　　

序号	项目编码	项目名称	项目特征	计量单位	工程量	金额(元)		
						综合单价	合价	其中:暂估价
	A.1		土石方工程					
1	010101001001	平整场地	[项目特征] 土壤类别:三类土	m²	630.68	4.09	2579.48	
2	010101002001	挖一般土方	[项目特征] (1)土壤类别:土方 (2)开挖方式:机械开挖 (3)挖土深度:4.2 (4)场内运距:500 m	m³	4123.55	3.77	15545.78	
3	010103001001	回填方	[项目特征] (1)密实度要求:分层碾压 (2)填方材料品种:土方 (3)填方来源、运距:1000 m以内	m³	1383.12	5.97	8257.23	
4	010103002001	余方弃置	[项目特征] (1)废弃料品种:土石方 (2)运距:1000 m	m³	2753.12	11.27	31027.66	
	A.4		砌筑工程					
1	010401001001	砖基础	[项目特征] (1)砖品种、规格、强度等级:MU10煤矸石砖 (2)基础类型:条形基础 (3)砂浆强度等级:M5水泥砂浆砌筑	m³	4.16	529.84	2204.13	
2	010401003001	实心砖墙(女儿墙240 mm厚砖墙)	[项目特征] (1)砖品种、规格、强度等级:240 mm厚标准砖 (2)墙体类型:外墙 (3)砂浆强度等级、配合比:M5水泥砂浆砌筑	m³	20.44	538.56	11008.17	
3	010401005001	空心砖墙(250 mm厚陶粒空心砖)砌筑高度:超过3.6 m	[项目特征] (1)砖品种、规格、强度等级:250 mm厚陶粒空心砖 (2)墙体类型:外墙 (3)砂浆强度等级、配合比:M5水泥砂浆砌筑 (4)砌筑高度:超过3.6 m	m³	4.95	582.61	2883.92	
			本页小计				73506.37	

分部分项工程项目清单计价表

工程名称:建筑工程

序号	项目编码	项目名称	项目特征	计量单位	工程量	金额(元)		
						综合单价	合价	其中:暂估价
4	010401005002	空心砖墙(200mm厚煤陶粒空心砖)砌筑高度:3.6 m以内	[项目特征] (1)砖品种、规格、强度等级:200mm厚煤陶粒空心砖 (2)墙体类型:内墙 (3)砂浆强度等级、配合比:M5水泥砂浆砌筑 (4)砌筑高度:3.6 m以内	m³	369.7	520.18	192310.55	
5	010401005003	空心砖墙(250mm厚陶粒空心砖)砌筑高度:3.6 m以内	[项目特征] (1)砖品种、规格、强度等级:250mm厚陶粒空心砖 (2)墙体类型:外墙 (3)砂浆强度等级、配合比:M5水泥砂浆砌筑 (4)砌筑高度:3.6 m以内	m³	173.86	520.18	90438.49	
6	010401005004	空心砖墙(200mm厚煤陶粒空心砖)砌筑高度:超过3.6 m	[项目特征] (1)砖品种、规格、强度等级:200mm厚煤陶粒空心砖 (2)墙体类型:内墙 (3)砂浆强度等级、配合比:M5水泥砂浆砌筑 (4)砌筑高度:超过3.6 m	m³	5.25	582.61	3058.7	
7	010401012001	零星砌砖	[项目特征] (1)砖品种、规格、强度等级:200mm厚标准砖 (2)墙体类型:内墙 (3)砂浆强度等级、配合比:M5水泥砂浆砌筑	m³	0.84	840.16	705.73	
	A.5		混凝土及钢筋混凝土工程					
1	010501001001	垫层	[项目特征] (1)混凝土种类:商品混凝土 (2)混凝土强度等级:C15	m³	101.04	509.43	51472.81	
2	010501003001	独立基础	[项目特征] (1)混凝土种类:商品混凝土 (2)混凝土强度等级:C30 P6	m³	182.1	559.73	101926.83	
3	010501004001	满堂基础	[项目特征] (1)混凝土种类:商品混凝土 (2)混凝土强度等级:C30 P6	m³	208.46	556.55	116018.41	
			本页小计				555931.52	

分部分项工程项目清单计价表

工程名称:建筑工程

序号	项目编码	项目名称	项目特征	计量单位	工程量	金额(元)		
						综合单价	合价	其中:暂估价
4	010502001002	矩形柱	[项目特征] (1)混凝土种类:商品混凝土 (2)混凝土强度等级:C30	m³	150.8	544.39	82094.01	
5	010502002002	构造柱	[项目特征] (1)混凝土种类:商品混凝土 (2)混凝土强度等级:C25	m³	18.42	622.67	11469.58	
6	010503001001	基础梁	[项目特征] (1)混凝土种类:商品混凝土 (2)混凝土强度等级:C30	m³	1.29	540.13	696.77	
7	010505001002	有梁板		m³	7.02	652.89	4583.29	
8	010503005001	过梁	[项目特征] (1)混凝土种类:商品混凝土 (2)混凝土强度等级:C25	m³	7.77	605.05	4701.24	
9	010504001006	直形墙	[项目特征] (1)混凝土种类:商品混凝土 (2)混凝土强度等级:C30	m³	35.98	546.14	19650.12	
10	010504004001	挡土墙(负一层挡土墙)	[项目特征] (1)混凝土种类:商品混凝土 (2)混凝土强度等级:C30 P6	m³	153.18	556.07	85178.8	
11	010505001001	有梁板	[项目特征] (1)混凝土种类:商品混凝土 (2)混凝土强度等级:C30	m³	523.46	557.99	292085.45	
12	010505007001	天沟(檐沟)、挑檐板	[项目特征] (1)混凝土种类:商品混凝土 (2)混凝土强度等级:C30	m³	27.03	584.6	15801.74	
13	010506001001	直形楼梯	[项目特征] (1)混凝土种类:商品混凝土 (2)混凝土强度等级:C30	m²	69.53	159.47	11087.95	
14	010507001001	散水、坡道	[项目特征] (1)60 mm 厚 C15 细石混凝土面层,撒1:1水泥砂子压实赶光 (2)150 mm 厚3:7 灰土宽出面层300 mm (3)素土夯实,向外坡4%	m²	99.84	139.09	13886.75	
本页小计							541235.7	

分部分项工程项目清单计价表

工程名称:建筑工程

序号	项目编码	项目名称	项目特征	计量单位	工程量	金额(元)		
						综合单价	合价	其中:暂估价
15	010507004001	台阶	[项目特征] (1)20 mm厚花岗岩板铺面,正、背面及四周边满涂防污剂,稀水泥浆擦缝 (2)撒素水泥面(洒适量清水) (3)30 mm厚1:4硬性水泥砂浆黏结层 (4)素水泥浆一道(内掺建筑胶) (5)100 mm厚C15混凝土,台阶面向外坡1% (6)300 mm厚3:7灰土垫层分两步夯实 (7)素土夯实	m²	35.41	1098.28	38890.09	24799.4
16	010507005001	扶手、压顶	[项目特征] (1)混凝土种类:商品混凝土 (2)混凝土强度等级:C25	m³	7.25	667.35	4838.29	
17	010515001001	现浇构件钢筋	[项目特征] (1)钢筋种类、规格:HPB300、HRB400综合钢筋 (2)规格:钢筋直径ϕ10 mm以内	t	55.65	5611.3	312268.85	
18	010515001002	现浇构件钢筋	[项目特征] (1)钢筋种类、规格:HPB300、HRB400综合钢筋 (2)规格:钢筋直径ϕ10 mm以上	t	135.51	5233.8	709232.24	
19	010516003001	机械连接	[项目特征] (1)连接方式:螺纹套筒连接件 (2)规格:钢筋直径25 mm以内	个	2506	14.94	37439.64	
20	010516003002	机械连接	[项目特征] (1)连接方式:螺纹套筒连接件 (2)规格:钢筋直径25 mm以上	个	524	17.74	9295.76	
A.6		金属结构工程						
1	010607003001	成品雨篷	[项目特征] (1)材料品种、规格:成品玻璃雨篷 (2)雨篷宽度:3770 mm	m²	27.72	429.39	11902.69	
本页小计							1123867.56	24799.4

分部分项工程项目清单计价表

工程名称:建筑工程

序号	项目编码	项目名称	项目特征	计量单位	工程量	综合单价	合价	其中:暂估价
						金额(元)		
	A.8		门窗工程					
1	010801001001	木质门 M1021	[项目特征] (1)门代号及洞口尺寸:M1021 (2)门框或扇外围尺寸:1000 mm×2100 mm (3)门框、扇材质:木质复合门	m²	205.8	179.39	36918.46	
2	010802003001	钢质防火门 FM甲1021	[项目特征] (1)门代号及洞口尺寸:FM甲1021 (2)门框或扇外围尺寸:1000 mm×2100 mm (3)门框、扇材质:甲级钢质防火门	m²	4.2	514.15	2159.43	
3	010802003002	钢质防火门 FM乙1121	[项目特征] (1)门代号及洞口尺寸:FM甲1121 (2)门框或扇外围尺寸:1100 mm×2100 mm (3)门框、扇材质:乙级钢质防火门	m²	4.62	505.57	2335.73	
4	010805002001	旋转门 M5021	[项目特征] (1)门代号及洞口尺寸:M5021 (2)门框或扇外围尺寸:5000 mm×2100 mm (3)门框、扇材质:全玻璃转门	樘	1	44449.82	44449.82	
5	010807001001	塑钢窗 C0924	[项目特征] (1)窗代号及洞口尺寸:C0924 (2)门框或扇外围尺寸:900 mm×2400 mm (3)门框、扇材质:塑钢	m²	34.56	285.48	9866.19	
6	010807001002	塑钢窗 C1524	[项目特征] (1)窗代号及洞口尺寸:C1524 (2)门框或扇外围尺寸:1500 mm×2400 mm (3)门框、扇材质:塑钢	m²	28.8	285.48	8221.82	
7	010807001003	塑钢窗 C1624	[项目特征] (1)窗代号及洞口尺寸:C1624 (2)门框或扇外围尺寸:1600 mm×2400 mm (3)门框、扇材质:塑钢	m²	38.4	285.48	10962.43	
			本页小计				114913.88	

分部分项工程项目清单计价表

序号	项目编码	项目名称	项目特征	计量单位	工程量	综合单价	合价	其中：暂估价
8	010807001004	塑钢窗 C1824	［项目特征］ (1)窗代号及洞口尺寸：C1824 (2)门框或扇外围尺寸：1800 mm×2400 mm (3)门框、扇材质：塑钢	m²	34.56	285.48	9866.19	
9	010807001005	塑钢窗 C2424	［项目特征］ (1)窗代号及洞口尺寸：C2424 (2)门框或扇外围尺寸：2400 mm×2400 mm (3)门框、扇材质：塑钢	m²	46.08	285.48	13154.92	
10	010807001006	塑钢窗 C5027	［项目特征］ (1)窗代号及洞口尺寸：C5027 (2)门框或扇外围尺寸：5000 mm×2700 mm (3)门框、扇材质：塑钢	m²	40.5	285.48	11561.94	
11	010807001007	塑钢窗 C3424	［项目特征］ (1)窗代号及洞口尺寸：C3424 (2)门框或扇外围尺寸：3400 mm×2400 mm (3)门框、扇材质：塑钢	m²	65.28	279.02	18214.43	
	A.9		屋面及防水工程					
1	010902001001	屋面卷材防水（屋面1）	［项目特征］ (1)满土银粉保护剂 (2)防水层(SBS)，四周卷边250 mm (3)20 mm厚1:3水泥砂浆找平层 (4)平均40 mm厚1:0.2:3.5水泥粉煤灰页岩陶粒 找2%找坡 (5)保温层（采用80 mm厚现喷硬质发泡聚氨酯） (6)现浇混凝土屋面板	m²	610.47	483.27	295021.84	
2	010902001003	屋面卷材防水（屋面2）	［项目特征］ (1)20 mm厚防水砂浆 (2)保温层（50 mm厚聚苯板保温层） (3)现浇混凝土屋面板	m²	31.04	79.24	2459.61	
			本页小计				350278.93	
			合计				2759733.96	24799.4

施工技术措施项目清单计价表

工程名称:建筑工程　　　　　　　　　　　　　　　　　　　　　　　　　　　　　　

序号	项目编码	项目名称	项目特征	计量单位	工程量	综合单价	合价	其中:暂估价
							金额(元)	
	一		施工技术措施项目				777124.49	
1	011705001001	大型机械设备进出场及安拆	[工作内容] (1)安拆费包括施工机械、设备在现场进行安装拆卸所需的人工、材料、机械和试转费用以及机械辅助设施的折旧、搭设、拆除等费用 (2)进出场费包括施工机械、设备整体或分体自停放地点运至施工现场或由一施工地点运至另一施工地点所发生的运输、装卸、辅助材料等费用 (3)垂直运输机械的固定装置、基础制作、安装 (4)行走式垂直运输机械轨道的铺设、拆除、摊销	台次	1	45203.19	45203.19	
2	011701001001	综合脚手架	[项目特征] (1)建筑结构形式:框架结构 (2)檐口高度:14.44 m	m²	3055.18	27.69	84597.93	
3	011702001001	基础	[项目特征] 基础类型:垫层 [工作内容] (1)模板制作 (2)模板安装、拆除、整理堆放及场内外运输 (3)清理模板黏结物及模内杂物、刷隔离剂等	m²	21.04	42.27	889.36	
4	011702001002	基础	[项目特征] 基础类型:独立基础 [工作内容] (1)模板制作 (2)模板安装、拆除、整理堆放及场内外运输 (3)清理模板黏结物及模内杂物、刷隔离剂等	m²	112.78	48.49	5468.7	
			本页小计				136159.18	

施工技术措施项目清单计价表

工程名称:建筑工程　　　　　　　　　　　　　　　　　　　　　　　　　　　

序号	项目编码	项目名称	项目特征	计量单位	工程量	金额(元)		
						综合单价	合价	其中:暂估价
5	011702001003	基础	[项目特征] 基础类型:筏板基础 [工作内容] (1)模板制作 (2)模板安装、拆除、整理堆放及场内外运输 (3)清理模板黏结物及模内杂物、刷隔离剂等	m²	48.23	48.59	2343.5	
6	011702002002	矩形柱(负一层和首层)	[工作内容] (1)模板制作 (2)模板安装、拆除、整理堆放及场内外运输 (3)清理模板黏结物及模内杂物、刷隔离剂等 (4)对拉螺栓(片)	m²	483.88	65.92	31897.37	
7	011702002001	矩形柱(二层及以上)	[工作内容] (1)模板制作 (2)模板安装、拆除、整理堆放及场内外运输 (3)清理模板黏结物及模内杂物、刷隔离剂等 (4)对拉螺栓(片)	m²	714.5	60.72	43384.44	
8	011702003001	构造柱(负一层和首层)	[工作内容] (1)模板制作 (2)模板安装、拆除、整理堆放及场内外运输 (3)清理模板黏结物及模内杂物、刷隔离剂等	m²	44	64.22	2825.68	
9	011702003002	构造柱(二层及以上)	[工作内容] (1)模板制作 (2)模板安装、拆除、整理堆放及场内外运输 (3)清理模板黏结物及模内杂物、刷隔离剂等	m²	132.6	59.02	7826.05	
10	011702001004	基础	[项目特征] 基础类型:条形基础 [工作内容] (1)模板制作 (2)模板安装、拆除、整理堆放及场内外运输 (3)清理模板黏结物及模内杂物、刷隔离剂等	m²	16.32	48.49	791.36	
			本页小计				89068.4	

施工技术措施项目清单计价表

工程名称:建筑工程

序号	项目编码	项目名称	项目特征	计量单位	工程量	金额(元)		
						综合单价	合价	其中:暂估价
11	011702009001	过梁	[工作内容] (1)模板制作 (2)模板安装、拆除、整理堆放及场内外运输 (3)清理模板黏结物及模内杂物、刷隔离剂等	m²	114.18	56.61	6463.73	
12	011702011001	直形墙(负一层挡土墙)	[工作内容] (1)模板制作 (2)模板安装、拆除、整理堆放及场内外运输 (3)清理模板黏结物及模内杂物、刷隔离剂等 (4)对拉螺栓(片)	m²	899	61.18	55000.82	
13	011702011002	直形墙(负一层和首层直形墙)	[工作内容] (1)模板制作 (2)模板安装、拆除、整理堆放及场内外运输 (3)清理模板黏结物及模内杂物、刷隔离剂等 (4)对拉螺栓(片)	m²	96.91	63.63	6166.38	
14	011702011003	直形墙(二层及以上)	[工作内容] (1)模板制作 (2)模板安装、拆除、整理堆放及场内外运输 (3)清理模板黏结物及模内杂物、刷隔离剂等 (4)对拉螺栓(片)	m²	38.35	58.89	2258.43	
15	011702014001	有梁板(负一层和首层)	[工作内容] (1)模板制作 (2)模板安装、拆除、整理堆放及场内外运输 (3)清理模板黏结物及模内杂物、刷隔离剂等	m²	1476.84	63.52	93808.88	
16	011702014002	有梁板(二层及以上)	[工作内容] (1)模板制作 (2)模板安装、拆除、整理堆放及场内外运输 (3)清理模板黏结物及模内杂物、刷隔离剂等	m²	2451.96	57.98	142164.64	
本页小计							305862.88	

施工技术措施项目清单计价表

工程名称:建筑工程

序号	项目编码	项目名称	项目特征	计量单位	工程量	综合单价	合价	其中:暂估价
17	011702022001	天沟、檐沟	[工作内容] (1)模板制作 (2)模板安装、拆除、整理堆放及场内外运输 (3)清理模板黏结物及模内杂物、刷隔离剂等	m²	326.9	76.94	25151.69	
18	011702024001	楼梯	[工作内容] (1)模板制作 (2)模板安装、拆除、整理堆放及场内外运输 (3)清理模板黏结物及模内杂物、刷隔离剂等	m²	90.8	144.28	13100.62	
19	011702027001	台阶	[工作内容] (1)模板制作 (2)模板安装、拆除、整理堆放及场内外运输 (3)清理模板黏结物及模内杂物、刷隔离剂等	m²	35.41	68.17	2413.9	
20	011702025001	其他现浇构件	[工作内容] (1)模板制作 (2)模板安装、拆除、整理堆放及场内外运输 (3)清理模板黏结物及模内杂物、刷隔离剂等	m²	121.95	1036.42	126391.42	
21	011703001001	垂直运输	[工作内容] (1)在施工工期内完成全部工程项目所需要的垂直运输机械台班 (2)合同工期期间垂直运输机械的修理与保养等	m²	3055.18	25.85	78976.4	
			本页小计				246034.03	
			合计				777124.49	

工程名称：建筑工程

分部分项工程项目清单综合单价分析表 （一）（局部）

| 项目编码 | 01010100 1001 | 项目名称 | 平整场地 | | | | | | 计量单位 | m² | | 数量 | 0.01 | | | 合价 | 4.09 |

定额编号	定额项目名称	单位	数量	定额人工费	定额材料费	定额施工机具使用费	企业管理费		利润		一般风险费用		定额综合单价	综合单价			合价	备注
							费率(%)		费率(%)		费率(%)				人材机价差	其他风险费	
				1	2	3	4	5	6	7	8	9			10	11	12
								(1+3)×(4)		(1+3)×(6)		(1+3)×(8)					1+2+3+5+7+9+10+11
AA0001	人工平整场地	100 m²	0.01	3.58	0	0	10.78	0.39	3.55	0.13	0	0			10	0	4.09
合计				3.58	0	0	—	0.39	—	0.13	—	0			0	0	4.09

人工、材料及机械名称	单位	数量	定额单价	市场单价	市场合价	价差合计	备注
1.人工							
土石方综合工	工日	0.0358	100	100	3.58	0	
2.材料							
(1)计价材料							
(2)其他材料费							
3.机械							
(1)机上人工							
(2)燃油动力费							

注:1.此表适用于房屋建筑工程、仿古建筑工程、构筑物工程、市政工程、城市轨道交通的盾构工程及地下工程和轨道工程、爆破工程、机械土石方工程、房屋建筑修缮工程分部分项工程或技术措施项目清单综合单价分析。

2.此表适用于定额人工费与定额施工机具使用费之和为计算基础并按一般计税方法计算的工程使用。

3.投标报价如不使用本市定额施工机具使用费的依据，可不填定额项目，按暂估中注明为"暂估价"。

4.招标文件提供了暂估单价的材料，按暂估的单价填入表内，并在备注栏中注明为"暂估价"。

5.材料应注明名称、规格、型号。

施工技术措施项目清单综合单价分析表（一）（局部）

工程名称：建筑工程　　　　　　　　　　　　　　　　　　　　第 11 页 共 41 页

| 项目编码 | 011702002002 | 项目名称 | | 现浇混凝土模板 矩形柱(负一层和首层) | | 计量单位 | m² | 综合单价 | 65.92 |

定额综合单价

定额编号	定额项目名称	单位	数量	定额人工费	定额材料费	定额施工机具使用费	企业管理费			利润			一般风险费用			人材机价差	其他风险费	合价
				1	2	3	费率(%) 4	(1+3)×(4) 5		费率(%) 6	(1+3)×(6) 7		费率(%) 8	(1+3)×(8) 9		10	11	12
AE0136	现浇混凝土模板 矩形柱	100 m²	0.01	27.79	19.23	1.29	24.1	7.01		12.92	3.76		1.5	0.44		1.2	0	60.72
AE0173	构件超高模板 高度超过3.6 m每超过1 m柱	100 m²	0.01	3.3	0.45	0.09	24.1	0.82		12.92	0.44		1.5	0.05		0.05	0	5.2
	合计			31.09	19.68	1.39	—	7.83		—	4.2		—	0.49		1.25	0	65.92
	人工、材料及机械名称	单位	数量	定额单价				市场单价					价差合计			市场合价		备注
1.人工																		
	模板综合工	工日	0.2591	120				120					0			31.09		
2.材料																		
(1)计价材料																		
	木材锯材	m³	0.0057	1547.01				1726					1.02			9.84		
	复合模板	m²	0.2468	23.93				23.93					0			5.91		
	支撑钢管及扣件	kg	0.4882	3.68				3.88					0.1			1.89		
(2)其他材料																		
	其他材料费	元	—	—				1					—			3.09		
3.机械																		
(1)机上人工																		
	机上人工	工日	0.0035	120				120					0			0.42		
(2)燃油动力费																		
	柴油	kg	0.0632	5.64				6.95					0.08			0.44		
	汽油	kg	0.028	6.75				8.16					0.04			0.23		
	电	kW·h	0.012	0.7				0.7					0			0.01		

合价＝1+2+3+5+7+9+10+11

施工组织措施项目清单计价表

工程名称:建筑工程

序号	项目编码	项目名称	计算基础	费率(%)	金额(元)	调整费率(%)	调整后金额(元)	备注
1	011707B16001	组织措施费	分部分项人工费+分部分项机械费+技术措施人工费+技术措施机械费	6.2	54080.81			
2	011707001001	安全文明施工费	税前合计	3.59	168607.26			
3	011707B15001	建设工程竣工档案编制费	分部分项人工费+分部分项机械费+技术措施人工费+技术措施机械费	0.42	3663.54			
	合计				226351.61			

注: 1.计算基础和费用标准按本市有关费用定额或文件执行。

    2.根据施工方案计算的措施费,可不填写"计算基础"和"费率"的数值,只填写"金额"数值,但应在备注栏说明施工方案出处或计算方法。

其他项目清单计价汇总表

工程名称:建筑工程

序号	项目名称	计量单位	金额(元)	备注
1	暂列金额	项	1000000	明细详见表-11-1
2	暂估价	项		
2.1	材料(工程设备)暂估价	项	—	明细详见表-11-2
2.2	专业工程暂估价	项		明细详见表-11-3
3	计日工	项	11960	明细详见表-11-4
4	总承包服务费	项		明细详见表-11-5
5	索赔与现场签证	项		明细详见表-11-6
	合计		1011960	

注:材料、设备暂估单价进入清单项目综合单价,此处不汇总。

暂列金额明细表

工程名称:建筑工程

序号	项目名称	计量单位	暂定金额(元)	备注
1	暂列金额		1000000	
合计			1000000	—

注：此表由招标人填写，如不能详列，也可只列暂列金额总额，投标人应将上述暂列金额计入投标总价中。

计日工表

编号	项目名称	单位	暂定数量	实际数量	综合单价（元）	合价(元)	
						暂定	实际
1	人工						
1.1	木工	工日	10		250	2500	
1.2	瓦工	工日	10		300	3000	
1.3	钢筋工	工日	10		280	2800	
	人工小计		—		—	8300	
2	材料						
2.1	砂子(中粗)	m³	5		72	360	
2.2	水泥	m³	5		460	2300	
	材料小计		—		—	2660	
3	机械						
3.1	卡车	台班	1		1000	1000	
	施工机械小计		—		—	1000	
	合计					11960	

注：此表项目名称、暂定数量由招标人填写，编制招标控制价时，单价由招标人按有关计价规定确定；投标时，单价由投标人自助报价，按暂定数量计算合价计入投标总价中。结算时，按发承包双方确认的实际数量计算合价。

规费、税金项目计价表

序号	项目名称	计算基础	费率(%)	金额(元)
1	规费	分部分项人工费+分部分项机械费+技术措施项目人工费+技术措施项目机械费	10.32	90018.37
2	税金	2.1 + 2.2 + 2.3		417726.70
2.1	增值税	分部分项工程费+措施项目费+其他项目费+规费−甲供材料费	9	372970.27
2.2	附加税	增值税	12	44756.43
2.3	环境保护税	按实计算		
合计				507745.07

单位工程招标控制价汇总表

工程名称:装饰工程

序号	汇总内容	金额(元)	其中:暂估价(元)
1	分部分项工程费	1598451.48	233038.92
1.1	A.11楼地面装饰工程	414858.99	130602.56
1.2	A.12墙、柱面装饰与隔断、幕墙工程	780709.98	102436.36
1.3	A.13天棚工程	342390.64	
1.4	A.14油漆、涂料、裱糊工程	23531.48	
1.5	D.6其他装饰工程	36960.39	
2	措施项目费	100369.59	
2.1	其中:安全文明施工费	54847.78	
3	其他项目费	800000	800000
4	规费	69852.44	—
5	税金	258847.98	—
	招标控制价合计=1+2+3+4+5	2827521.49	1033038.92

注:1.本表适用于单位工程招标控制价或投标报价的汇总,如无单位工程划分,单项工程也使用本表汇总。

　　2.分部分项工程、措施项目中暂估价中应填写材料、工程设备暂估价,其他项目中暂估价应填写专业工程暂估价。

措施项目汇总表

工程名称:装饰工程

序号	项目名称	金额(元)	
		合价	其中:暂估价
1	施工技术措施项目		
2	施工组织措施项目	100369.59	
2.1	其中:安全文明施工费	54847.78	
2.2	建设工程竣工档案编制费	5678.68	
	措施项目费合计=1+2	100369.59	

分部分项工程项目清单计价表

工程名称:装饰工程

序号	项目编码	项目名称	项目特征	计量单位	工程量	综合单价	合价	其中:暂估价
1	011101001001	水泥砂浆楼地面(楼面1)	[项目特征] (1)10 mm厚高级地砖,稀水泥浆擦缝 (2)6 mm厚建筑胶水泥砂浆黏结层 (3)素水泥浆一道(内掺建筑胶) (4)20 mm厚1:3水泥砂浆找平层 (5)素水泥浆一道(内掺建筑胶) (6)钢筋混凝土楼板	m²	1417.18	109.91	155762.25	50841.33
2	011101001002	水泥砂浆楼地面(楼面2)	[项目特征] (1)10 mm厚防滑地砖,稀水泥浆擦缝 (2)撒素水泥面(洒适量清水) (3)20 mm厚1:2干硬性水泥砂浆黏结层 (4)1.5 mm厚聚氨酯涂膜防水层靠墙处卷边150 mm (5)20 mm厚1:3水泥砂浆找平层,四周及竖管根部位抹小八字角 (6)素水泥浆一道 (7)平均厚35 mm厚C15细石混凝土从门口向地漏找1%坡 (8)现浇混凝土楼板	m²	43.17	408.4	17630.63	1460.23
3	011101001003	水泥砂浆楼地面(楼面4)	[项目特征] (1)20 mm厚1:2.5水泥砂浆压实赶光 (2)50 mm厚CL7.5轻集料混凝土 (3)钢筋混凝土楼板	m²	628.22	27.74	17426.82	
4	011101001004	地下室底板保温防水地面	[项目特征] (1)地下室底板保温层:粘贴聚苯乙烯板 厚度100 mm (2)地下室底板防水层:防水、防潮改性沥青卷材 热熔	m²	993.35	95.97	95331.8	
5	011102001001	石材楼地面(楼面3)	[项目特征] (1)铺20 mm厚大理石板,稀水泥擦缝 (2)撒素水泥面(洒适量清水) (3)30 mm厚1:3干硬性水泥砂浆黏结层 (4)40 mm厚1:1.6水泥粗砂焦渣垫层 (5)钢筋混凝土楼板	m²	401.88	211.39	84953.41	56295.35
			本页小计				371104.91	108596.91

分部分项工程项目清单计价表

工程名称:装饰工程

序号	项目编码	项目名称	项目特征	计量单位	工程量	金额(元)		
						综合单价	合价	其中:暂估价
6	011105001001	水泥砂浆踢脚线(踢脚3)	[项目特征] (1)踢脚3:水泥踢脚(高100 mm) (2)6 mm厚1:2.5水泥砂浆罩面压实赶光 (3)素水泥浆一道 (4)6 mm厚1:3水泥砂浆打底扫毛或划出纹道	m	366.48	10.38	3804.06	
7	011105002001	石材踢脚线(踢脚2)	[项目特征] (1)用800 mm×100 mm深色大理石,高度为100 mm (2)15 mm厚大理石踢脚板,稀水泥浆擦缝 (3)10 mm厚1:2水泥砂浆(内掺建筑胶)黏结层 (4)界面剂一道甩毛(甩前先将墙面用水湿润)	m	350.31	70.76	24787.94	15949.13
8	011105003001	块料踢脚线(踢脚线1除楼梯间)	[项目特征] (1)用400 mm×100 mm深色地砖,高度为100 mm (2)10 mm厚防滑地砖踢脚,稀水泥浆擦缝 (3)8 mm厚1:2水泥砂浆(内掺建筑胶)黏结层 (4)5 mm厚1:3水泥砂浆打底扫毛或划出纹道	m	748.67	17.81	13333.81	5372.91
9	011105003002	块料踢脚线(踢脚线1楼梯间)	[项目特征] (1)用400 mm×100 mm深色地砖,高度为100 mm (2)10 mm厚防滑地砖踢脚,稀水泥浆擦缝 (3)8 mm厚1:2水泥砂浆(内掺建筑胶)黏结层 (4)5 mm厚1:3水泥砂浆打底扫毛或划出纹道	m²	101.91	17.94	1828.27	683.61
	A.12	墙、柱面装饰与隔断、幕墙工程						
1	011201001002	墙面一般抹灰(内墙1)	[项目特征] (1)喷水性耐擦洗涂料 (2)5 mm厚1:2.5水泥砂浆找平 (3)9 mm厚1:3水泥砂浆打底扫毛 (4)素水泥浆一道甩毛(内掺建筑胶)	m²	4216.8	50.64	213538.75	
		本页小计					257292.83	22005.65

分部分项工程项目清单计价表

序号	项目编码	项目名称	项目特征	计量单位	工程量	综合单价	合价	其中:暂估价
2	011201001003	挡土墙外墙面	[项目特征] (1)墙体类型:钢筋混凝土墙 (2)底层厚度、砂浆配合比:聚氨酯防水涂料厚度3 mm (3)面层厚度、砂浆配合比:改性沥青卷材厚度3 mm	m²	488.24	99.22	48443.17	
3	011204001001	石材墙面(墙裙1)	[项目特征] (1)稀水泥浆擦缝 (2)贴10 mm厚大理石板,正、背面及四周边满刷防污剂 (3)素水泥浆一道 (4)6 mm厚1:0.5:2.5水泥石灰膏砂浆罩面 (5)8 mm厚1:3水泥砂浆打底扫毛划出纹道 (6)素水泥浆一道甩毛(内掺建筑胶)	m²	10.96	263.7	2890.15	1523.99
4	011204003001	块料墙面(外墙1)	[项目特征] (1)10 mm厚面砖,在转粘贴面上随粘随刷一遍YJ-302混凝土界面处理剂,1:1水泥砂浆勾缝 (2)6 mm厚1:0.2:2.5水泥石灰膏砂浆(内掺建筑胶) (3)刷素水泥浆一道(内掺水重5%的建筑胶) (4)50 mm厚聚苯保温板保温层 (5)刷一道YJ-302型混凝土界面处理剂	m²	1232.45	213.74	263423.86	48584.66
5	011204003002	块料墙面(内墙2)	[项目特征] (1)白水泥擦缝 (2)5 mm厚釉面砖面层(粘前先将釉面砖浸水2 h以上) (3)5 mm厚1:2建筑水泥砂浆黏结层 (4)素水泥浆一道 (5)9 mm厚1:3水泥砂浆打底压实抹平 (6)素水泥浆一道甩毛	m²	782	244.47	191175.54	34486.2
			本页小计				505932.72	84594.85

分部分项工程项目清单计价表

工程名称:装饰工程

序号	项目编码	项目名称	项目特征	计量单位	工程量	金额(元)		
						综合单价	合价	其中:暂估价
6	011204004001	干挂石材钢骨架(外墙2)	[项目特征] (1)干挂石材墙面 (2)竖向龙骨间整个墙面用聚合物砂浆粘贴35 mm厚聚苯保温板,聚苯板与角钢竖龙骨交接处严贴不得有缝隙,黏结面积20%聚苯离墙10 mm,形成10 mm厚空气层。聚苯保温板容重≥18 kg/m [工作内容] (1)骨架制作、运输、安装 (2)刷漆	m²	128.31	477.27	61238.51	17841.51
	A.13		天棚工程					
1	011301001001	天棚抹灰(天棚1)	[项目特征] (1)喷水性耐擦洗涂料 (2)3 mm厚1:2.5水泥砂浆找平 (3)5 mm厚1:3水泥砂浆打底扫毛或划出纹道 (4)素水泥浆一道甩毛(内掺建筑胶)	m²	764.63	76.61	58578.3	
2	011302001001	吊顶天棚(吊顶1)	[项目特征] (1)1.0 mm厚铝合金条板,离缝安装带插缝板 (2)U形轻钢次龙骨LB45×48,中距≤1500 mm (3)U形轻钢主龙骨LB38×12,中距≤1500 mm与钢筋吊杆固定 (4)φ6钢筋吊杆,中距横向≤1500 mm,纵向≤1200 mm (5)现浇混凝土板底预留φ10钢筋吊环,双向中距≤1500 mm	m²	1764.34	146.8	259005.11	
3	011302001002	吊顶天棚(吊顶2)	[项目特征] (1)12 mm厚岩棉吸声板面层,规格592 mm×592 mm (2)T形轻钢次龙骨TB24×28,中距600 mm (3)T形轻钢次龙骨TB24×38,中距600 mm,找平后与钢筋吊杆固定 (4)φ8钢筋吊杆,双向中距≤1200 mm (5)现浇混凝土板底预留φ10钢筋吊环,双向中距≤1200 mm	m²	206.16	120.33	24807.23	
	A.14		油漆、涂料、裱糊工程					
			本页小计				403629.15	17841.51

分部分项工程项目清单计价表

工程名称:装饰工程

序号	项目编码	项目名称	项目特征	计量单位	工程量	综合单价	合价	其中:暂估价
1	011407001001	墙面喷刷涂料(外墙3)	[项目特征] (1)喷HJ80-1型无机建筑涂料 (2)6 mm厚1:2.5水泥砂浆找平 (3)12 mm厚1:3水泥砂浆打底扫毛或划出纹道 (4)刷素水泥浆一道(内掺水重5%的建筑胶) (5)50 mm厚聚苯保温板保温层 (6)刷一道YJ-302型混凝土界面处理剂	m²	210.14	111.98	23531.48	
	D.6	其他装饰工程						
1	011503001001	金属扶手、栏杆、栏板(走廊栏杆)	[项目特征] (1)材质:玻璃栏杆 (2)规格:900 mm高 (3)D=60 cm铜管扶手	m	14.2	326.83	4640.99	
2	011503001002	金属扶手、栏杆、栏板(护窗栏杆)	[项目特征] (1)材质:玻璃栏杆 (2)规格:900 mm高 (3)D=60 cm不锈钢扶手	m	80.05	292.01	23375.4	
3	011503001003	金属扶手、栏杆、栏板(楼梯间栏杆)	[项目特征] (1)材质:玻璃栏杆 (2)规格:900 mm高 (3)钢管扶手	m	33.28	268.75	8944	
		本页小计					60491.87	
		合计					1598451.48	233038.92

分部分项工程项目清单综合单价分析表(一)(局部)

工程名称:装饰工程

项目编码	项目名称	计量单位	综合单价
011101001001	水泥砂浆楼地面(楼面1)	m²	109.91

定额编号	定额项目名称	单位	数量	定额人工费 1	定额材料费 2	定额施工机具使用费 3	企业管理费 费率(%) 4	企业管理费 (1+3)×(4) 5	利润 费率(%) 6	利润 (1+3)×(6) 7	一般风险费用 费率(%) 8	一般风险费用 (1+3)×(8) 9	综合单价 人材机价差 10	综合单价 其他风险费 11	合价 1+2+3+5+ 7+9+10+11 12
LA0008	地面砖楼地面 周长 1600 mm 以内	10 m²	0.1	26	39.96	0.52	15.61	4.14	9.61	2.55	1.8	0.48	8.98	0	82.48
AL0021	人工拉毛 水泥砂浆	100 m²	0.01	1.4	0	0	24.1	0.34	12.92	0.18	1.5	0.02	0	0	1.94
AL0021	人工拉毛 水泥砂浆	100 m²	0.01	1.4	0	0	24.1	0.34	12.92	0.18	1.5	0.02	0	0	1.94
AL0001	水泥砂浆找平层厚度 20 mm 在混凝土或硬基层上 现拌	100 m²	0.01	8.34	5.2	0.55	24.1	2.14	12.92	1.15	1.5	0.13	6.05	0	23.55
	合计			37.14	45.16	1.07	—	6.96	—	4.06	—	0.65	15.02	0	109.91

人工、材料及机械名称	单位	数量	定额单价	市场单价	价差合计	市场合价	备注
1. 人工					综合合计	市场合价	
抹灰综合工	工日	0.0891	125	125	0	11.14	
镶贴综合工	工日	0.2	130	130	0	26	
2. 材料							
(1)计价材料							
水	m³	0.0211	4.42	4.42	0	0.09	
水泥 32.5R	kg	24.2678	0.31	0.45	3.4	10.92	
特细砂	t	0.0515	63.11	233	8.75	12	

分部分项工程项目清单综合单价分析表(一)(局部)

工程名称:装饰工程

人工、材料及机械名称	单位	数量	定额单价	市场单价	价差合计	市场合价	备注
水泥砂浆(特细砂)1:2	m³	0.0202	256.68	547.66	5.88	11.06	
素水泥浆 普通水泥	m³	0.002	479.39	694.85	0.43	1.39	
泥砂浆(特细砂)1:2.5	m³	0.0202	232.4	521.16	5.83	10.53	
白色硅酸盐水泥	kg	0.103	0.75	0.75	0	0.08	
普通硅酸盐水泥 P.O 32.5	kg	1.989	0.3	0.45	0.3	0.9	
地面砖 10 mm厚高级地砖	m²	1.025	32.48	35	2.58	35.88	暂估价
(2)其他材料费							
其他材料费	元		—	—	1	—	0.33
3.机械							
(1)机上人工							
机上人工	工日	0.004	120	120	0	0.48	
(2)燃油动力费							
电	kW·h	0.025	0.7	0.7	0	0.02	

注:1.此表适用于房屋建筑工程、仿古建筑工程、构筑物工程、市政工程、城市轨道交通工程的盾构工程及地下工程和物道工程、爆破工程、机械土石方工程、房屋建筑修缮工程房屋建筑修缮工程分部分项工程或技术措施项目清单综合单价分析。

2.此表适用于定额人工费不使用本市建设工程主管部门发布的依据,可不填定额项目,编号等。

3.投标报价如有定额机具使用费之和为计算基础并按一般计税方法计算使用的工程使用。

4.招标文件提供了暂估单价的材料,按暂估的单价填入表内,并在备注栏中注明为"暂估价"。

5.材料应注明名称、规格、型号。

施工组织措施项目清单计价表

工程名称:装饰工程

序号	项目编码	项目名称	计算基础	费率（%）	金额（元）	调整费率（%）	调整后金额（元）	备注
1	011707B16001	组织措施费	分部分项人工费+技术措施人工费	8.63	39843.13			
2	011707001001	安全文明施工费	分部分项人工费+人工价差_预算+技术措施人工费+技术措施人工价差_预算	11.88	54847.78			
3	011707B15001	建设工程竣工档案编制费	分部分项人工费+技术措施人工费	1.23	5678.68			
	合计				100369.59			

注：1.计算基础和费用标准按本市有关费用定额或文件执行。

2.根据施工方案计算的措施费，可不填写"计算基础"和"费率"的数值，只填写"金额"数值，但应在备注栏说明施工方案出处或计算方法。

其他项目清单计价汇总表

工程名称:装饰工程

序号	项目名称	计量单位	金额(元)	备注
1	暂列金额	项		明细详见表-11-1
2	暂估价	项	800000	
2.1	材料(工程设备)暂估价	项	—	明细详见表-11-2
2.2	专业工程暂估价	项	800000	明细详见表-11-3
3	计日工	项		明细详见表-11-4
4	总承包服务费	项		明细详见表-11-5
5	索赔与现场签证	项		明细详见表-11-6
	合计		800000	

注:材料、设备暂估单价进入清单项目综合单价,此处不汇总。

材料（工程设备）暂估单价及调整表

工程名称:装饰工程

序号	材料(工程设备)名称、规格、型号	计量单位	数量		暂估价(元)		调整价(元)		差额±(元)		备注
			暂估数量	实际数量	单价	合价	单价	合价	单价	合价	
1	面砖	m²	1977.878		42	83070.86					
2	地面砖 10 mm 厚高级地砖	m²	1452.61		35	50841.33					
3	地面砖 10 mm 防滑地砖	m²	44.2493		33	1460.23					
4	地面砖 400 mm×100 mm 深色地砖	m²	140.8493		43	6056.52					
5	装饰石材	m²	132.1593		135	17841.51					
6	装饰石材 20 mm 大理石	m²	413.9364		136	56295.35					
7	装饰石材 800 mm×100 mm 深色大理石	m²	117.273		136	15949.13					
8	装饰石材 10 mm 普通大理石	m²	11.2888		135	1523.99					

注：1.此表由招标人填写"暂估单价"，并在备注栏说明暂估价的材料、工程设备拟用在哪些清单项目上，投标人应将上述材料、工程设备暂估单价计入工程量清单综合单价报价中。

2.材料包括原材料、燃料、构配件以及按规定应计入建筑安装工程造价的设备。

专业工程暂估价及结算价表

工程名称:装饰工程

序号	专业工程名称	工程内容	暂估金额（元）	结算金额（元）	差额 ±（元）	备注
1	幕墙工程专业暂估价		800000			
	合计		800000			—

注：此表由招标人填写，投标人应将上述专业工程暂估价计入投标总价中。结算时按合同约定结算金额填写。

规费、税金项目计价表

工程名称:装饰工程

序号	项目名称	计算基础	费率(%)	金额(元)
1	规费	分部分项人工费+技术措施项目人工费	15.13	69852.44
2	税金	2.1 + 2.2 + 2.3		258847.98
2.1	增值税	分部分项工程费+措施项目费+其他项目费+规费–甲供材料费	9	231114.27
2.2	附加税	增值税	12	27733.71
2.3	环境保护税	按实计算		
合计				328700.42

参考文献

［1］中国建筑标准设计研究院.混凝土结构施工图平面整体表示方法制图规则和构造详图(现浇混凝土框架、剪力墙、梁、板):22G101—1［D］.北京:中国标准出版社,2022.

［2］中国建筑标准设计研究院.混凝土结构施工图平面整体表示方法制图规则和构造详图(现浇混凝土板式楼梯):22G101—2［D］.北京:中国标准出版社,2022.

［3］中国建筑标准设计研究院.混凝土结构施工图平面整体表示方法制图规则和构造详图(独立基础、条形基础、筏板基础、桩基础):22G101—3［D］.北京:中国标准出版社,2022.

［4］中华人民共和国住房和城乡建设部.房屋建筑与装饰工程工程量计算规范GB 50854—2013［D］.北京:中国标准出版社,2013.

［5］中华人民共和国住房和城乡建设部.建设工程工程量清单计价规范:GB 50500—2013［D］.北京:中国标准出版社,2013.

［6］重庆市城乡建设委员会.重庆市房屋建筑与装饰工程计价定额:CQJZZSDE—2018［D］.重庆:重庆大学出版社,2018.